国家骨干高职院校重点建设专业教材

安徽省高等学校"十二五"省级规划教材

高职机械类精品教材

焊接结构的装焊技术

HANJIE JIEGOU DE
ZHUANGHAN JISHU

主　审　杨海卉

主　编　王小平　胥　锴

编写人员（以姓氏笔画为序）

王小平　王立跃　王恒伯

王德伟　杨化雨　李国强

张书权　张帅谋　沈　旭

胥　锴　顾　伟　韩丙寅

谭言松

中国科学技术大学出版社

内 容 简 介

本书以校企合作制定的《焊接制造岗位职业标准》为依据,针对高职焊接专业培养学生焊接结构装焊技术能力的需要,通过校企合作、校校合作编写而成。

本书按照制造业焊接产品的实际生产过程,以典型的焊接结构为载体,以焊接结构生产工艺流程为主线进行编写。全书共分8个项目,包括焊接结构基础知识、备料、放样和号料、加工成型、连接、典型焊接结构化工设备的制作工艺与质量检验、大型储罐的现场装焊、典型焊接结构的制作实例。

本书在编写过程中广泛吸纳了国内企业焊接结构制造的成熟技术和生产实际经验,贴近生产、贴近工程实践。使学生学习后初步掌握现代化焊接结构生产工艺流程,明确工艺工作的内容及工艺人员的职责,熟悉焊接结构的装焊方法,为学生以后走上工作岗位打下良好的基础。

本书可作为高职高专院校焊接专业教材使用,也可作为企业有关焊接人员的参考用书。

图书在版编目(CIP)数据

焊接结构的装焊技术/王小平,胥锴主编. —合肥:中国科学技术大学出版社,2014.7
ISBN 978-7-312-03448-0

Ⅰ. 焊… Ⅱ. ①王…②胥… Ⅲ. 焊接结构—焊接工艺 Ⅳ. TG44

中国版本图书馆 CIP 数据核字(2014)第 127454 号

出版	中国科学技术大学出版社
	安徽省合肥市金寨路 96 号,230026
	网址:http://press.ustc.edu.cn
印刷	合肥市宏基印刷有限公司
发行	中国科学技术大学出版社
经销	全国新华书店
开本	787 mm×1092 mm 1/16
印张	13.5
字数	345 千
版次	2014 年 7 月第 1 版
印次	2014 年 7 月第 1 次印刷
定价	28.00 元

前　言

　　本书为高职院校焊接技术与自动化专业工学结合规划教材,是针对高职焊接专业培养学生焊接结构装焊技术能力的需要,以行业主导、校企合作制定的《焊接制造岗位职业标准》为依据,组织国家骨干高职院校教师和企业专家共同编写的。

　　"焊接结构的装焊技术"是一门涉及多种焊接相关知识及多种工程技术、理论与实际结合极为紧密的课程。本书按照制造业焊接产品的实际生产过程,以典型的焊接结构为载体,以焊接结构加工工艺流程为主线,以点带面、点面结合地编排内容。在编写过程中广泛吸纳了国内企业焊接结构制造的成熟技术和生产实际经验,贴近生产、贴近工程实践,体系完整。通过对焊接结构装焊过程中各个环节相关知识的学习、典型焊接结构制作等的训练,学生将初步掌握现代化焊接结构生产工艺流程,明确工艺工作的内容及工艺人员的职责,熟悉焊接结构的装焊技术,培养学生理论联系实际、分析问题和解决问题的能力。

　　本书教学内容分为8个项目,共23个任务。按照校企合作、校校合作原则,由安徽机电职业技术学院副教授王小平和安徽机电职业技术学院讲师胥锴任主编,负责整体策划、设计和校企编审人员整合与组织协调。王小平编写了项目一、项目二和项目五中的任务三与任务四,胥锴编写了项目三、项目四和项目六;项目五中任务一和任务二由安徽机电职业技术学院讲师王立跃和合肥聚能电物理高技术开发有限公司焊接工程师沈旭编写;项目七由胥锴和中国科学院合肥物质科学研究院等离子体物理研究所博士生张书权编写;项目八中任务一由安徽机电职业技术学院副教授顾伟和安徽海螺川崎节能设备制造有限公司焊接工程师韩丙寅编写;项目八中任务二由安徽机电职业技术学院讲师张帅谋和安徽金鼎锅炉股份有限公司技师谭言松编写;项目八中任务三由安徽机电职业技术学院高级工程师李国强和安徽博瑞特热能设备有限公司技师王恒伯编写;项目八中任务四由安徽机电职业技术学院技师杨化雨和安徽金鼎锅炉股份有限公司焊接工程师王德伟编写。全书由胥锴统稿,由安徽机电职业技术学院杨海卉教授主审。

　　本书在编写过程中,参阅了有关同类教材、书籍和网络资料,并得到参编学校和企业的大力支持,在此向他们致以深深的谢意!

　　由于编者水平有限,加之时间仓促,书中难免存在某些需要改进和进一步完善的地方,恳请广大读者批评指正。

编　者

2014 年 3 月

目　录

项目一　焊接结构基础知识

任务一　焊接结构简介

一、焊接结构在工业中的应用及特点

(一) 焊接结构的应用及发展

随着国民经济的发展,焊接结构的应用日益广泛,尤其在桥梁建筑、重型机械、压力容器、舰船制造、化工和石油设备、核容器、航天飞行器和海洋工程领域中,焊接结构的应用更为广泛,见图 1.1。

(a) WY32液压挖掘机

(b) 氨精馏塔

(c) LNG船

(d) 上海卢浦大桥(全焊钢结构)

图 1.1　焊接结构的应用

焊接是金属连接的一种工艺方法,特别是在钢铁连接方面,也是一门古老的综合性应用技术,焊接技术从近代史以后随着科学技术的整体进步而快速发展。焊接技术是随着金属的应用而出现的,古代的焊接方法主要是铸焊、钎焊和锻焊。中国商朝制造的铁刃铜钺,就

是铁与铜的铸焊件,其表面铜与铁的熔合线蜿蜒曲折,接合良好。春秋战国时期曾侯乙墓中的建鼓铜座上有许多盘龙,是分段钎焊连接而成的。经分析,所用的材料与现代软钎料成分相近。19 世纪初,英国的戴维斯发现电弧和氧乙炔焰两种能局部熔化金属的高温热源,1885~1887 年,俄国的别纳尔多斯发明碳极电弧焊钳,开始了电弧焊的应用。20 世纪前期发明和推广了焊条电弧焊,中期发明和推广了埋弧焊和气体保护焊;随着现代科学的发展和进步,各种高能束(电子束、激光束)也在焊接上得到应用。到了 20 世纪 70 年代,在世界范围内,焊接技术已经成为机械制造业中的关键技术之一。特别是 20 世纪后期,随着世界新技术革命的到来和电子技术及自动控制技术的进步,焊接产业开始向高新技术方向发展,出现了焊接机器人和高智能型的焊接成套设备及焊接新技术,焊接技术更加突出地反映了整个国家的工业生产发达水平和机械制造技术水平。

由于世界工业化进程的加快,钢铁产量大幅提高,钢铁应用不断扩大,促使焊接技术不断发展和进步。钢铁作为主要金属的焊接结构的应用越来越广泛,目前各国的焊接结构用钢量,均已占其钢材消费量的 40%～60%。焊接结构几乎渗透到国民经济的各个领域,如工业中的重型与矿山机械、起重与吊装设备、冶金建筑、石油与化工机械、各类锻压机械等;交通航务中的汽车、列车、舰船、海上平台、深潜设备的制造;兵器工业中的常规兵器、炮弹、导弹、火箭的制造;航空航天技术中的人造卫星和载人宇宙飞船如"神六"、"神七"等。对于许多产品和工程,例如用于核电站的工业设备和三峡水电站的闸门以及开发海洋资源所必需的海底作业机械或潜水装置等,为了确保加工质量和后期使用的可靠性,均采用了焊接结构,因为很难找到比焊接更好的制造技术,也难以找到比只通过焊接工艺保证这些机械结构满足其使用性能要求更好的方法。因此,焊接结构的应用无论是现在或者是将来仍会在相当长的时间内,展现出它巨大的优越性。

(二) 焊接结构的特点

1. 焊接结构的优点
焊接结构具有一系列其他结构无法比拟的优点,主要体现在以下几个方面:

(1) 焊接结构的整体性强。由于焊接是一种金属原子间的连接,刚度大、整体性好,在外力作用下不会像其他机械连接那样因间隙变化而产生过大的变形,因此焊接接头的强度、刚度一般可达到与母材相等或相近,能够随基本金属承受各种载荷的作用。

(2) 焊接结构的致密性好。由于焊缝的致密性,焊接结构能保证产品的气密性和水密性要求,这是锅炉、储气罐、储油罐等压力容器在正常工作时不可缺少的重要条件。

(3) 焊接结构适宜制作的外形尺寸范围特别宽。焊接结构不仅可以制造微型机器零件(采用微焊接技术),而且可以制造现代钢结构,特别适用于几何尺寸大而形状复杂的产品,如船体、桁架、球形容器等。对大型或超大型的复杂工程,可以将结构分解,对分解后零件或部件分别进行焊接加工,再通过总体装配焊接连接成一个整体结构。

(4) 焊接结构比较经济实惠。在使用一些型材时,采用焊接结构比轧制更经济。例如用宽扁钢与钢板焊成的大型工字钢(高度大于 700 mm)往往比轧制的型钢成本更低。

(5) 焊接结构的零件或部件可以直接通过焊接方法进行,不需要附加任何连接件,与铆接结构相比,具有相同结构的质量可减轻 10%～20%。

2. 焊接结构的不足

焊接结构的不足之处,集中表现在以下几个方面:

(1) 由于焊接接头要经历冶炼、凝固和热处理三个阶段,所以焊缝中难免产生各类焊接缺陷,虽然大多焊接缺陷可以修复,但修复不当或缺陷漏检则可能带来严重的问题,最终形成过大的应力集中,从而降低整个焊接结构的承载能力。

(2) 由于焊接结构是整体的大刚度结构,裂纹一旦扩展,就难以被制止住,因此焊接结构对于脆性断裂、疲劳、应力腐蚀和蠕变破坏都比较敏感。

(3) 由于焊接过程是一个不均匀的加热和冷却过程,焊接结构必然存在焊接残余应力和变形,这不仅影响焊接结构的外形尺寸和外观质量,同时给焊后的继续加工带来很多麻烦,甚至直接影响焊接结构的强度。

(4) 焊接会改变材料的部分性能,使焊接接头附近变为一个不均匀体,即具有几何形状的不均匀性、力学性能的不均匀性、化学成分的不均匀性以及金相组织的不均匀性。

(5) 对于一些高强度的材料,因其焊接性能较差,容易产生焊接裂纹等缺陷。

根据以上这些特点可以看出,若要获得优质的焊接结构,必须做到合理地设计结构,正确地选择材料和具备合适的焊接设备,制定正确的焊接工艺和进行必要的质量检验,才能保证合格的产品质量。

二、典型焊接结构的类型及制造特点

(一) 焊接结构的类型

焊接结构形式各异,繁简程度不一,类型很多。但焊接结构都是由一个或若干个不同的基本构件组成的,如梁、柱、框架、箱体、容器等。分类的方法有好几种:按半成品的制造方法可分为板焊结构、铸焊结构、锻焊结构、冲焊结构等;按结构的用途则可分为车辆结构、船体结构、飞机结构、容器结构等;按材料厚度可分为薄壁结构、厚壁结构;按材料种类可分为钢制结构、铝制结构、钛制结构等。现在国内通用的分类方法是根据焊接结构的工作特性来分类的,主要分为以下几种类型:

(1) 梁及梁系结构。梁是在一个或两个主平面内承受弯矩作用的构件。这类结构的工作特点是结构件受横向弯曲,当多根梁通过焊接组成梁系结构时,其各梁的受力情况变得比较复杂。如大型水压机的横梁,桥式起重机架中的主梁以及大型栓焊钢桥主桥钢结构中的"I形"主梁等。

(2) 柱类结构。柱类结构是轴心受压和偏心受压(带有纵向弯曲的)的构件。柱和梁一起组成厂房、高层房屋和工作平台的钢骨架。这类结构的特点是,承受压力或在受压同时又承受纵向弯曲。与梁类结构一样,其结构的断面形状大多为"I形"、"箱形"或管式圆形断面。

(3) 桁架结构。桁架结构常用于大跨度的厂房、展览馆、体育馆和桥梁等公共建筑中。这里的桁架指的是桁架梁,是格构化的一种梁式结构。由于大多用于建筑的屋盖结构,桁架通常也被称作屋架。其主要结构特点在于,各杆件受力均以单向拉、压为主,通过对上下弦杆和腹杆的合理布置,可适应结构内部的弯矩和剪力分布。由于水平方向的拉、压内力实现了自身平衡,整个结构不对支座产生水平推力。结构布置灵活,应用范围非常广。如用于大中型工业和民用建筑、大跨度的桥式起重机、门式起重机等。

(4)壳体结构。这类结构承受较大的内压或外压载荷,因而要求焊接接头具有良好的气密性,如容器、锅炉、管道等,大型储罐和运送液体或液化气体的罐车罐体等均由钢板焊成。

(5)骨架结构。这类结构的作用同动物骨骼,大多数用于起重运输机械,通常承受动载荷,故要求具有最小的重量和较大的刚度。如奥运"鸟巢"、船体肋筋、客车棚架、列车和汽车箱体等,均属此类结构。

(6)机器结构。这类结构通常是在交变载荷或多次重复性载荷下工作,要求有良好的动载性能和刚度。此外,它本身往往还需机械加工以保证尺寸精度和稳定性。主要包括机器的机身、机座、大型机械零件(如齿轮、滚筒、轴)等。大多数采用钢板焊接或铸焊、锻焊联合工艺,可以解决铸锻设备能力不足的问题,同时大大缩短了制造周期。这类结构有机座、机架、机身、机床横梁及齿轮、连杆和轴等。

各种结构形式如图1.2所示。

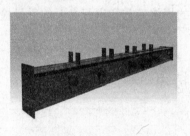

(a) 梁柱结构

(b) 发电厂的配套设备(凝汽器)

(c) CGH型桁架结构门式起重机

(d) 厂房骨架结构

图1.2 焊接结构类型

(二)焊接结构的制造特点

焊接作为一种特殊的加工工艺,企业在投产前,对于焊接工艺评定、焊接工艺规程、焊工资格及无损检测人员的资格尚需进行不同程度的认定。

焊接结构的制造是从焊接生产的准备工作开始的,它包括结构的工艺性审查、工艺方案和工艺规程设计、工艺评定、编制工艺文件(含定额编制)和质量保证文件、定购原材料和辅助材料、外购和自行设计制造装配—焊接设备和装备;然后从材料入库真正开始了焊接结构制造工艺过程,包括材料复验入库、备料加工、装配—焊接、焊后热处理、质量检验、成品验收;其中还穿插返修、涂饰和喷漆;最后合格产品入库的全过程。典型的焊接制造工艺顺序,如图 1.3 所示。

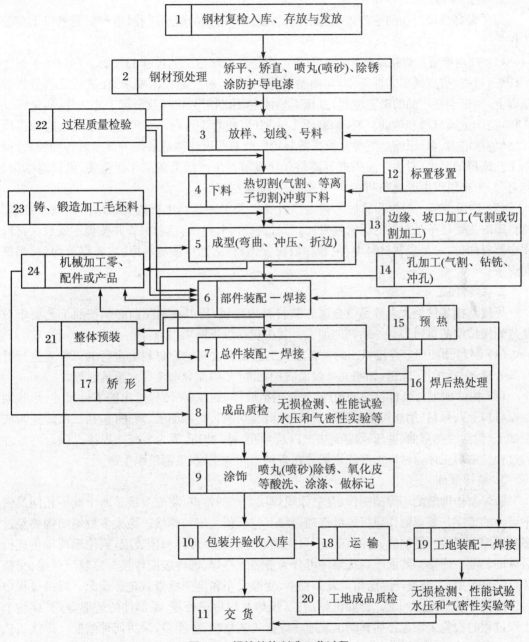

图 1.3　焊接结构制造工艺过程

图 1.3 中序号 1～11 表示焊接结构制造流程,其中序号 1～5 为备料工艺过程的工序,12～14 工序穿插其间。应当指出,由于热切割技术,特别是数字切割技术的发展,下料工序的自动化程度和精细程度大大提高,手工的划线、号料和手工切割等工艺正逐渐被淘汰。序号 6、7 以及 15～17 为装配—焊接工艺过程的工序。需要在结构使用现场进行装配—焊接的,还需执行 18～21 工序。序号 22 需在各工艺工序后进行,序号 23、24 表明焊接车间和铸、锻、冲压与机械加工车间之间的关系,在许多以焊接为主导工艺的企业中,铸、锻、冲压与

机械加工车间为焊接车间提供毛坯,并且机械加工和焊接车间又常常互相提供零件、半成品。下面具体介绍各主要过程。

1. 生产准备

为了提高焊接产品的生产效率和质量,保证生产过程的顺利进行,生产前需做以下准备工作。

(1) 技术准备。焊接结构生产的准备工作是整个制造工艺过程的开始。它包括了解生产任务,审查(重点是工艺性审查)与熟悉结构图样,了解产品技术要求,在进行工艺分析的基础上,制定全部产品的工艺流程,进行工艺评定,编制工艺规程及全部工艺文件、质量保证文件,定购金属材料和辅助材料,编制用工计划(以便着手进行人员调整与培训)、能源需用计划(包括电力、水、压缩空气等),根据需要定购或自行设计制造装配—焊接设备和装备,根据工艺流程的要求,对生产面积进行调整和建设等。生产的准备工作很重要,做得越细致、越完善,未来组织生产越顺利,生产效率越高,质量越好。

(2) 物质准备。根据产品加工和生产设备以及工夹量具进行购置、设计、制造或维修。材料库的主要任务是材料的保管和发放,对材料进行分类、储存和保管并按规定发放。材料库主要有两种,一是金属材料库,主要存放保管钢材;二是焊接材料库,主要存放焊丝、焊剂和焊条。

2. 材料加工

焊接结构零件绝大多数是以金属轧制材料为坯料,所以在装配前必须按照工艺要求对制造焊接结构的材料进行一系列的加工。其中包括以下两项内容:

(1) 材料预处理。焊接生产的备料加工工艺是在合格的原材料上进行的。首先进行材料预处理,包括矫正、除锈(如喷丸)、表面防护处理(如喷涂导电漆等)、预落料等。

(2) 构件加工。除材料预处理外,备料包括放样、划线(将图样给出的零件尺寸、形状划在原材料上)、号料(用样板来划线)、下料(冲剪与切割)、边缘加工、矫正(包括二次矫正)、成型加工(包括冷热弯曲、冲压)、端面加工以及号孔、钻(冲)孔等为装配—焊接提供合格零件的过程。备料工序通常以工序流水形式在备料车间或工段、工部组织生产。

3. 装焊制作

装焊制作即装配—焊接制作,充分体现焊接生产的特点,装焊接是两个既不相同又密不可分的工序。装焊制作包括边缘清理、装配(包括预装配)、焊接。绝大多数钢结构要经过多次装配—焊接才能制成,有的在工厂只完成部分装配—焊接和预装配,到使用现场再进行最后的装配—焊接。装配—焊接顺序可分为整装—整焊、部件装配焊接—总装配焊接、交替装焊三种类型,主要按产品结构的复杂程度、变形大小和生产批量选定。装配—焊接过程中时常还需穿插其他的加工。例如机械加工、预热及焊后热处理、零部件的矫形等,贯穿整个生产过程的检验工序也穿插其间。装配—焊接工艺复杂、种类多,采用何种装配—焊接工艺要由产品结构、生产规模、装配—焊接技术的发展决定。

4. 焊后热处理

焊后热处理是焊接工艺的重要组成部分,与焊件材料的种类、型号、板厚、所选用的焊接工艺及对接头性能的要求密切相关,是保证焊件使用特性和寿命的关键工序。焊后热处理不仅可以消除或降低结构的焊接残余应力,稳定结构的尺寸,而且能改善接头的金相组织,提高接头的各项性能,如抗冷裂性、抗应力腐蚀性、抗脆断性、热强性等。根据焊件材料的类别,可以选用下列不同种类的焊后热处理:消除应力处理、回火、正火+回火(又称空气调质处理)、调质处理(淬火＋回火)、固溶处理(只用于奥氏体不锈钢)、稳定化处理(只用于稳定型奥氏体不锈钢)、时效处理(用于沉淀硬化钢)。

5. 质量检验与后处理

检验工序贯穿整个生产过程,检验工序从原材料的检验,如入库的复验开始,随后在生产加工每道工序都要采用不同的工艺进行不同内容的检验,最后,制成品还要进行最终质量检验。最终质量检验可分为:焊接结构的外形尺寸检查;焊缝的外观检查;焊接接头的无损检查;焊接接头的密封性检查;结构整体的耐压检查。检验是对生产实行有效监督,从而保证产品质量的重要手段。在全面质量管理和质量保证标准工作中,检验是质量控制的基本手段,是编写质量手册的重要内容。质量检验中发现的不合格工序和半成品、成品,按质量手册的控制条款,一般可以进行返修。但应通过改进生产工艺、修改设计、改进原供应等措施将返修率减至最小。

焊接结构的后处理是指在所有制造工序和检验程序结束后,对焊接结构整个内外表面或部分表面或仅限焊接接头及邻近区进行修正和清理,清除焊接表面残留的飞溅物,消除击弧点及其他工艺检测引起的缺陷。修正的方法通常采用小型风动工具和砂轮打磨,氧化皮、油污、锈斑和其他附着物的表面清理可采用砂轮、钢丝刷和抛光机等进行,大型焊件的表面清理最好采用喷丸处理,以提高结构的疲劳强度。不锈钢焊件的表面处理通常采用酸洗法,酸洗后再作钝化处理。

产品的涂饰(喷漆、作标志以及包装)是焊接生产的最后环节,产品涂装质量不仅决定了产品的表面质量,而且也反映了生产单位的企业形象。

对一些重要的焊接结构需作安全性评价,因为这些结构不仅影响经济的发展,同时还关系到人民群众的生命安全。因此,发展与完善焊接结构的安全评定技术和在焊接生产中实施焊接结构安全评定,已经成为现代工业发展与进步的迫切需要。

任务二 焊接应力与变形

焊接时,由于焊接热源高度集中,使焊件各部位受热不均匀,加热不同时,从而使构件各部分金属在受热时的膨胀各不相同,这样在焊接构件中就产生了焊接瞬时应力和变形。如果应力超过了材料的屈服极限,就会发生塑性变形,冷却后结构中将出现残余变形和残余应力。例如在焊接大型储油罐时,会引起罐体的局部变形和整体变形。如果焊后构件的变形超过了精度要求的允许值,就需要进行焊后矫正变形处理。有的变形经矫正以后虽然可以达到精度要求,但耗资较大,有的无法矫正,只好报废,造成浪费。同时,焊后构件内部还会产生焊接残余应力,这种应力会影响结构的承载能力,有的还会影响焊后机械加工的精度,而且也是引起焊接裂纹和脆断的主要因素。

由于焊接应力与变形直接影响到焊接结构的质量和使用安全,所以本章主要讨论焊接应力与变形的产生原因、预防和减少焊接应力与变形的措施、消除焊接残余应力和矫正焊接残余变形的方法。

一、焊接应力与变形的产生

（一）焊接应力与变形的一般概念

1. 应力与变形的基本概念

物体在受到外力作用时，会产生形状和尺寸的变化，这就称为变形。物体的变形分为弹性变形和塑性变形两种。当外力除去后能够恢复到初始状态和尺寸的变形称为弹性变形，不能恢复的就称为塑性变形。

在外力作用下物体会产生变形，同时其内部会出现一种抵抗变形的力，这种力称为内力。单位面积上的内力称为应力。应力的大小与外力成正比，与本身截面积成反比，应力方向与外力相反。如果没有外力作用，物体内部也存在应力，则称为内应力。这种应力存在于许多工程结构中，例如铆接结构、铸造结构和焊接结构等。内应力的特点是同一截面上的内应力合力及合力矩为零，即构成平衡力系。

2. 焊接应力的分类

焊接应力和变形的种类很多，可以根据不同的要求来分类。为了简便起见，这里先对焊接应力分类，焊接变形的分类将在下节详细介绍。焊接应力可从不同的角度来进行划分。

1) 按其分布的范围可分为三类。

(1) 第一类内应力：它们具有一定数值和方向，并且内应力在整个焊件内部平衡，故又称为宏观内应力，这种应力与焊件的几何形状或焊缝的方向有关。

(2) 第二类内应力：内应力在一个或几个金属晶粒内的微观范围内平衡，相对焊件轴线没有明确的方向性，与焊件的大小和形状无关，它主要由金相组织的变化引起。

(3) 第三类内应力：内应力在金属晶格的各构架之间的超微观范围内平衡，在空间也没有一定的方向性。

本课程重点分析第一类内应力产生的原因和防止措施。

2) 按引起应力的原因分为温度应力、残余应力和组织应力等。

(1) 温度应力：它也称热应力，是由于焊接时，结构中温度分布不均匀引起的。如果温度应力低于材料的屈服强度，结构中将不会产生塑性变形，当结构各区的温度均匀以后，应力即可消失。焊接时，由于焊件不均匀加热和冷却而产生温度应力。焊接温度应力的特点是随时间在不断变化。

(2) 残余应力：当不均匀温度场（即温度在结构中的分布状态）所造成的内应力达到材料的屈服强度时，结构局部区域发生塑性变形，而当温度恢复到原始均匀状态后留在结构中的变形没有消失，焊件在焊接完毕冷却之后便残存着内应力，这种应力就是残余应力。

(3) 组织应力：焊接时由于金属温度变化而产生组织转变、晶粒体积改变所产生的应力。

3) 按应力作用的方向分为纵向应力和横向应力。

(1) 纵向应力：方向平行于焊缝轴线的应力。

(2) 横向应力：方向垂直于焊缝轴线的应力。

4) 按应力在空间作用的方向分为单向应力、双向应力（平面应力）和三向应力（体积应力）。

通常结构中的应力总是三向的,但有时在一个或两个方向上的应力值较另一方向上的应力值小得多时,内应力可假定为单向的或平面的。对接焊缝中的内应力,如图 1.4 所示。

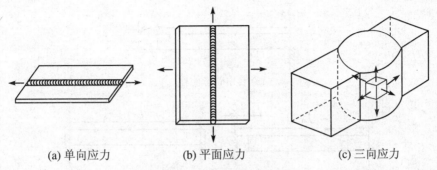

(a) 单向应力   (b) 平面应力   (c) 三向应力

图 1.4 对接焊缝中的应力

通常,窄而薄的线材对接焊缝中的应力为单向的,中等厚度的板材对接焊缝中的应力为平面的,而大厚度板材对接焊缝中的应力为三向的。在这三种应力中,以三向应力对结构的承载能力影响最大,极容易导致焊接接头产生裂纹,焊接中应尽量避免产生三向应力。

(二) 焊接引起的应力与变形的分析

产生焊接应力与变形的因素很多,其中最根本的原因是焊件受热不均匀,其次是由于焊缝金属的收缩、金相组织的变化及焊件的刚性不同所致。另外,焊缝在焊接结构中的位置、装配焊接顺序、焊接方法、焊接电流及焊接方向等对焊接应力与变形也有一定的影响。

1. 不均匀加热引起的应力与变形

焊接时,焊件上各个部位的温度各不相同,受热后的变化也不相同。这里我们从分析杆件在均匀加热时的应力和变形的情况着手,来研究焊接时周围的应力和变形问题。

1) 均匀加热引起的应力与变形

均匀加热时,杆件上各点的温度及变化都是相同的,其伸缩情况也相同,最后的应力与变形主要取决于加热温度和外部约束条件。

(1) 自由状态的杆件。自由状态的杆件在均匀加热、冷却过程中,其伸长和收缩没有受到任何阻碍,能自由收缩,当冷却到原始温度时,杆件恢复到原来的长度,不会产生残余应力和残余变形,如图 1.5(a)所示。

(2) 加热时不能自由膨胀的杆件。假定杆件两端被阻于两壁之间,如图 1.5(b)所示,杆件受热后的伸长受到了限制,而冷却时的收缩却是自由的。假设杆件在受纵向力压缩时不产生弯曲,两壁为绝对刚性的,不产生任何变形和移动,杆件与壁之间没有热传导。

当均匀受热时,杆件由于受热而要伸长,但由于两端受刚性壁的阻碍,实际上没有伸长,这相当于在自由状态下将杆件加热到温度 T,杆件伸长了 ΔL,然后施加外力将杆件压缩到原来的长度,这时杆件内部便产生了压应力 σ 及压缩变形 ΔL。随着温度的增高,压应力和压缩变形都将随之增大。如果压应力 σ 没有达到材料的屈服强度 σ_s,则杆件的变形为弹性压缩变形,此时若将杆件冷却,杆件的伸长没有了,压缩变形也消失了,杆中不再有压应力的存在,杆件恢复到原始状态。

继续进行加热,当压应力 σ 达到 σ_s 以后,杆件发生了塑性变形,这时杆件的压缩变形由

达到 σ_s 以前的弹性变形和达到 σ_s 以后的塑性变形两部分组成。此时若将杆件冷却,弹性变形可以恢复,塑性变形保留下来,杆件长度比原来缩短了,即产生了残余压缩变形,由于杆件能自由收缩,不产生内部压应力。

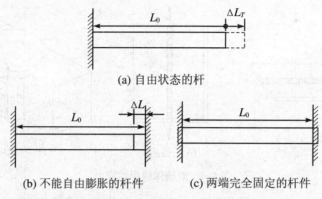

(a) 自由状态的杆

(b) 不能自由膨胀的杆件   (c) 两端完全固定的杆件

图 1.5　杆件在不同状态下均匀加热和冷却时的应力与变形

(3) 两端刚性固定的杆件。假定杆件两端完全刚性固定,如图 1.5(c)所示,杆件加热时不能自由伸长,冷却时也不能自由收缩。此杆件加热过程的情形与不能自由膨胀的杆件相同。冷却过程由于杆件不能自由收缩,情形就有所不同了。如果加热温度不高,加热过程没有产生塑性变形,则冷却后杆件与原始状态一样,既没有应力也没有变形。但若在加热过程有塑性变形产生,则冷却后杆件将比原始状态短一截,但由于杆件受固定端的限制不能自由收缩,这就产生了拉应力和拉伸变形。

2) 焊接(不均匀加热)引起的应力变形

焊接时温度场的变化范围很大,在焊缝处最高温度可达到材料的熔点以上,而离开焊缝温度急剧下降,直至室温,所以焊接时引起应力与变形的过程较为复杂。

图 1.6 所示为钢板中间堆焊或对接时的应力与变形情况。图 1.6(a)为长度为 L_0,厚度为 δ 的长板条,材料为低碳钢,在其中间沿长度方向上进行焊接。为简化讨论,我们将板条上的温度分为两种,中间为高温区,其温度均匀一致;两边为低温区,其温度也均匀一致。

焊接时,如果板条的高温区与低温区是可分离的,高温区将伸长,低温区不变,如图 1.6(b)所示。但实际上板条是一个整体,所以板条将整体伸长,此时高温区内产生较大的压缩塑性变形和压缩弹性变形,如图 1.6(c)所示。同时在板条内部也产生了瞬时应力,中间高温区为压应力,两侧低温区为拉应力。

冷却时,由于压缩塑性变形不可恢复,所以,如果高温区与低温区是可分离的,高温区应缩短,低温区应恢复原长,如图 1.6(d)所示。但实际上板条是一个整体,所以板条将整体缩短,这就是板条的残余变形,如图 1.6(e)所示。同时在板条内部也产生了残余应力,中间高温区为拉应力,两侧低温区为压应力。

图 1.7 所示为钢板边缘堆焊时的应力与变形情况。图 1.7(a)为材质均匀钢板的原始状态,在其上边缘施焊。假设钢板由许多互不相连的窄条组成,则各窄条在加热时将按温度高低而伸长,如图 1.7(b)所示。但实际上,板条是一个整体,各板条之间是互相牵连、互相影响的,上一部分金属因受下一部分金属的阻碍作用而不能自由伸长,因此产生了压

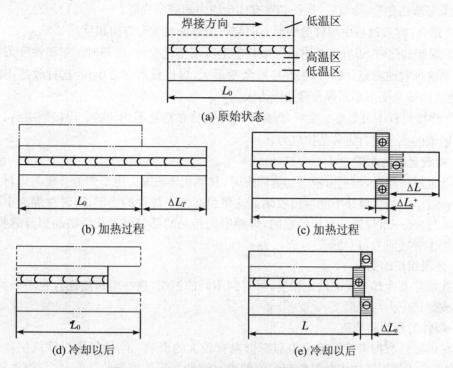

图 1.6　平板中间堆焊或对接时的应力与变形

缩塑性变形。由于钢板上的温度分布是自上而下逐渐降低,因此,钢板产生了向下的弯曲变形,如图 1.7(c)所示。同时在钢板内产生了瞬时应力,即钢板中部为拉应力,钢板两侧为压应力。

钢板冷却后,各板条的收缩应如图 1.7(d)所示。但实际上钢板是一个整体,上一部分金属要受到下一部分的阻碍而不能自由收缩,所以钢板产生了与焊接时相反的残余弯曲变形,如图 1.7(e)所示。同时在钢板内产生了如图 1.7(e)所示的残余应力,即钢板中部为压应力,钢板两侧为拉应力。

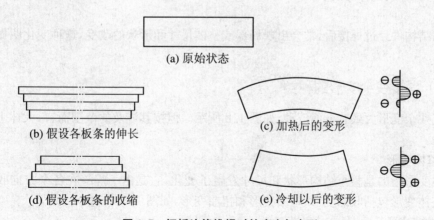

图 1.7　钢板边缘堆焊时的应力与变形

由此可见:

(1) 对构件进行不均匀加热,在加热过程中,只要温度高于材料屈服点的温度,构件就会产生压缩塑性变形,冷却后,构件必然有残余应力和残余变形。

(2) 通常,焊接过程中焊件的变形方向与焊后焊件的变形方向相反。

(3) 焊接加热时,焊缝及其附近区域将产生压缩塑性变形,冷却时压缩塑性变形区要收缩。如果这种收缩能充分进行,则焊接残余变形大,焊接残余应力小;若这种收缩不能充分进行,则焊接残余变形小而焊接残余应力大。

(4) 焊接过程中及焊接结束后,焊件中的应力分布都是不均匀的。焊接结束后,焊缝及其附近区域的残余应力通常是拉应力。

2. 焊缝金属的收缩

焊缝金属冷却时,当它由液态转为固态时,其体积要收缩。由于焊缝金属与母材是紧密联系的,因此,焊缝金属并不能自由收缩。这将引起整个焊件的变形,同时在焊缝中引起残余应力。另外,一条焊缝是逐步形成的,焊缝中先结晶的部分要阻止后结晶部分的收缩,由此也会产生焊接应力与变形。

3. 金属组织的变化

钢在加热及冷却过程中发生相变,可得到不同的组织,这些组织的比容也不一样,由此也会造成焊接应力与变形。

4. 焊件的刚性和拘束

焊件的刚性和拘束对焊接应力和变形也有较大的影响。刚性是指焊件抵抗变形的能力;而拘束是焊件周围物体对焊件变形的约束。刚性是焊件本身的性能,它与焊件材质、焊件截面形状和尺寸等有关;而拘束是一种外部条件。焊件自身的刚性及受周围的拘束程度越大,焊接变形越小,焊接应力越大;反之,焊件自身的刚性及受周围的拘束程度越小,则焊接变形越大,而焊接应力越小。

由上述讨论可以看出,在焊接结构制造中应力与变形是普遍存在的,而应力与变形在结构中是同时存在而又相互矛盾的,即是一种对立统一的关系。在焊接生产中,应根据结构的特点及技术要求有针对性地采取防止变形和降低应力的措施。

二、焊接残余变形

金属结构件经过焊接后,常会出现局部或整体尺寸和形状的改变,这种变化叫做焊接残余变形。

(一) 焊接残余变形的种类

焊接残余变形大致有下面五种,如图1.8所示。但按其涉及的范围而言,大体上可分为以下两种。

1. 整体变形

整体变形指的是整个结构形状和尺寸发生了变化,它是由于焊缝在各个方向收缩而引起的。整体变形包括收缩变形、弯曲变形和扭曲变形,如图1.8(a)、(c)、(e)所示。

1) 收缩变形

收缩变形是由焊缝的纵向和横向收缩造成整个结构的长度缩短和宽度变窄,如图1.9所示。收缩变形是焊接变形的基本表现形式,也是其他变形产生的原因。

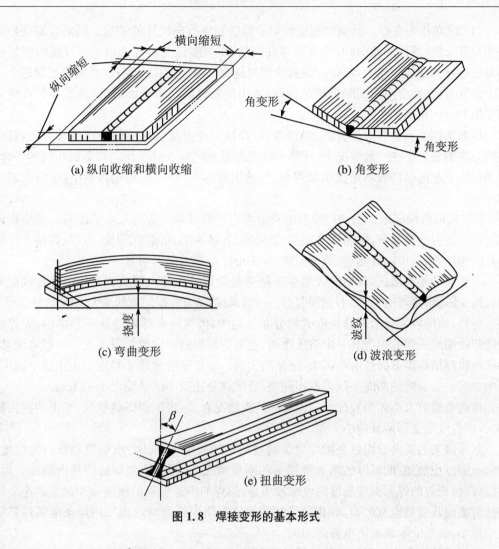

(a) 纵向收缩和横向收缩

(b) 角变形

(c) 弯曲变形

(d) 波浪变形

(e) 扭曲变形

图 1.8　焊接变形的基本形式

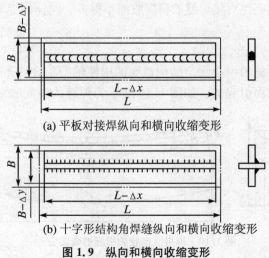

(a) 平板对接焊纵向和横向收缩变形

(b) 十字形结构角焊缝纵向和横向收缩变形

图 1.9　纵向和横向收缩变形

（1）纵向收缩变形。纵向收缩变形即沿焊缝轴线方向尺寸的缩短。纵向收缩变形量取决于焊缝长度、焊件的截面积、材料的弹性模量、压缩塑性变形区的面积以及压缩塑性变形率等。焊件的截面积越大，焊件的纵向收缩量越小。焊缝的长度越长，纵向收缩量越大。从这个角度考虑，在受力不大的焊接结构内，采用间断焊缝代替连续焊缝，是减小焊件纵向收缩变形的有效措施。

压缩塑性变形量与焊接方法、焊接参数、焊接顺序以及母材的热物理性质有关，其中以热输入影响最大。在一般情况下，压缩塑性变形量与热输入成正比。对截面相同的焊缝，采用多层焊引起的纵向收缩量比单层焊小，分的层数越多，每层的热输入越小，纵向收缩量就越小。

（2）横向收缩变形。横向收缩变形指沿垂直于焊缝轴线方向尺寸的缩短。产生横向收缩变形的过程比较复杂，影响因素很多，如线能量、接头形式、装配间隙、板厚、焊接方法以及焊件的刚性等，其中以线能量、装配间隙、接头形式等影响最为明显。

不管何种接头形式，其横向收缩变形量总是随焊接热输入增大而增加。装配间隙对横向收缩变形量的影响也较大，且情况复杂。一般来说，随着装配间隙的增大，横向收缩也增加。

另外，横向收缩量沿焊缝长度方向分布不均匀，因为一条焊缝是逐步形成的，先焊的焊缝冷却收缩对后焊的焊缝有一定挤压作用，使后焊的焊缝横向收缩量更大。一般来说，焊缝的横向收缩沿焊接方向是由小到大，逐渐增大到一定长度后便趋于稳定。由于这个原因，生产中常将一条焊缝的两端头间隙取不同值，后半部分比前半部分要大 1～3 mm。

横向收缩的大小还与装配后定位焊和装夹情况有关，定位焊焊缝越长，装夹的拘束程度越大，横向收缩变形量就越小。

对接接头的横向收缩量是随焊缝金属量的增加而增大；线能量、板厚和坡口角度增大，横向收缩量也增加，而板厚的增大使接头的刚度增大，又可以限制焊缝的横向收缩。另外，多层焊时，先焊的焊道引起的横向收缩较明显，后焊的焊道引起的横向收缩逐层减小。焊接方法对横向收缩量也有影响，如相同尺寸的构件采用埋弧自动焊比采用焊条电弧焊其横向收缩量小；气焊的收缩量比电弧焊的大。

角焊缝的横向收缩要比对接焊缝的横向收缩小得多。同样的焊缝尺寸，板越厚，横向收缩变形越小。

2）弯曲变形

弯曲变形是由于焊缝的中心线与结构截面的中性轴不重合或不对称，焊缝的收缩沿构件宽度方向分布不均匀而引起的。如图 1.10 所示为焊缝的纵向收缩引起的弯曲变形。由

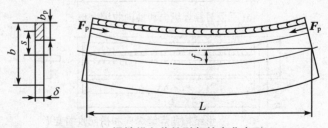

图 1.10 焊缝纵向收缩引起的弯曲变形

于焊缝的中心线在结构截面中性轴的一侧，其焊缝的纵向收缩沿宽度方向不均匀分布，因而引起弯曲变形。弯曲变形的大小与塑性变形区的中心线到焊件截面中性轴的距离 s 成正

比,s 越大,弯曲变形越严重;焊缝位置对称或接近于截面中性轴,则弯曲变形就比较小。纵向收缩引起的弯曲变形还与焊缝长度的平方成正比,所以,在细长形焊接结构(如焊接梁、柱结构)制造中特别要注意弯曲变形。

焊缝的横向收缩在结构上分布不对称时,也会引起构件的弯曲变形。如工字梁上布置若干短筋板(如图 1.11 所示),由于筋板与腹板及筋板与上翼板的角焊缝均分布于结构中性轴的上部,它们的横向收缩将引起工字梁的下挠变形。

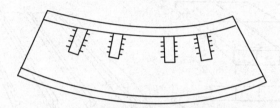

图 1.11　焊缝横向收缩引起的弯曲变形

3) 扭曲变形

产生扭曲变形的原因主要是焊缝的角变形沿焊缝长度方向分布不均匀。如图 1.12 中的工字梁,若按图示 1～4 顺序和方向焊接,则会产生图示的扭曲变形,这主要是角变形沿焊缝长度逐渐增大的结果。若使两条相邻的焊缝同时向同一方向焊接,或在夹具中进行焊接,则可以减小或防止扭曲变形。

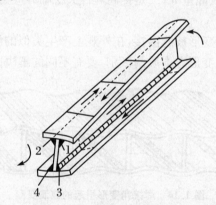

图 1.12　工字梁的扭曲变形

2. 局部变形

局部变形指的是结构部分发生的变形,它包括图 1.8(b)、(d)所示的角变形和波浪变形。

1) 角变形

角变形主要是由于温度沿板厚方向分布不均匀和熔化金属沿厚度方向收缩量不一致而引起的,因此一般多发生在中、厚板的对接接头。对接接头角变形主要与坡口形式、坡口角度、焊接层数、焊接方式等有关。坡口截面不对称的焊缝,其角变形大,因而用 X 形坡口代替 V 形坡口,有利于减小角变形;坡口角度越大,焊缝横向收缩沿板厚分布越不均匀,角变形越大。同样板厚和坡口形式下,多层焊比单层焊角变形大,焊接层数越多,角变形越大。多层多道焊比多层焊角变形大。

薄板焊接时,正面与背面的温差小,同时薄板的刚度小,焊接过程中,在压应力作用下易产生失稳,使角变形方向不定,没有明显规律性。

2）波浪变形

波浪变形常发生于板厚小于 6 mm 的薄板焊接结构制造中,它是由于纵向和横向的压应力使薄板失去稳定而造成的,又称之为失稳变形。大面积平板拼接,如船体甲板、大型油罐罐底板等,极易产生波浪变形。图 1.13 所示为船体结构的焊接变形,其中图 1.13(a)为船底分段产生的纵、横向缩短和弯曲变形,图 1.13(b)为舱壁分段产生的波浪变形。

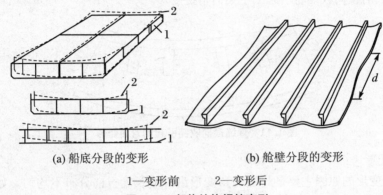

(a) 船底分段的变形　　　　　　(b) 舱壁分段的变形

1—变形前　　　　2—变形后

图 1.13　船体结构焊接变形

防止波浪变形可从两方面着手:一是降低焊接残余压应力,如采用能使塑性变形区小的焊接方法,选用较小的焊接线能量等;二是提高焊件失稳临界应力,如给焊件增加筋板,适当增加焊件的厚度等。

也有的结构因众多的角变形彼此衔接,在外观上产生类似的波浪变形,如图 1.14 所示。这种波浪变形与失稳的波浪变形有本质的区别,要有不同的解决办法。

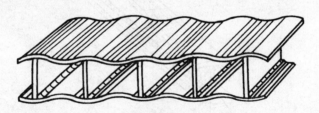

图 1.14　焊接角变形引起的波浪变形

(二) 影响焊接变形的因素

焊接结构中产生的焊接变形是个很复杂的问题,涉及的具体因素虽然很多,但总体来讲,影响焊接变形的主要因素无非是材料、结构和制造这三大因素。

1. 金属材料的热物理性能

金属材料的热物理性能对焊接变形有一定的影响,这种影响是材料本身特性引起的,也与工艺因素有关。通常材料的膨胀系数越大,则焊接时产生的塑性变形越大,冷却后纵横向收缩也越大。如不锈钢和铝的线膨胀系数都比低碳钢大,因而焊后变形也大。导热性大的金属,焊后的变形也较大,铝及其合金即属此类。

2. 施焊方法和焊接参数

不同施焊方法引起的收缩量也不同。当焊件的厚度相同时,单层焊的纵向收缩量要比多层焊收缩大,这是因为多层焊时,先焊焊道冷却后阻止了后焊焊道的收缩。逐步退焊比直通焊收缩小,这是因为前者可使焊件温度比较均匀,产生压缩塑性变形比较分散的缘故。

焊接参数的影响主要为线能量。一般规律是,随着线能量的增加,压缩塑性变形区扩大,因而收缩量增大。

3. 焊缝的长度及其截面积

焊缝的长度和截面积的大小对收缩量有很大影响。一般来说,焊缝的纵向收缩量随着焊缝长度的增加而增加,而焊缝的横向收缩量随焊缝宽度增加而增加。横向收缩量还与板厚、坡口形式及接头形式有关。焊条电弧焊时,板厚增加,收缩量增大,自动焊时则有所不同。在同样厚度条件下,V 形坡口比 X 形坡口收缩量大,对接焊缝的横向收缩量比角焊缝大。

图 1.15(a)是自动焊对接焊缝横向收缩量与板厚的关系,而图 1.15(b)是焊条电弧焊的情形。

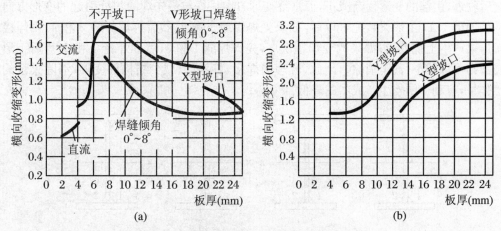

图 1.15 对接焊缝横向收缩量与板厚关系

4. 焊缝在结构中的位置

焊缝在结构中布置得不对称,是造成焊接结构弯曲变形的主要因素。当焊缝处在焊件截面中性轴一侧时,由于焊缝的收缩变形,焊件将出现弯曲。焊缝离中性轴越近,弯曲变形越小,焊缝离中性轴越远,弯曲变形越大。因此,在焊接结构中应尽量使焊缝靠近中性轴或对称在中性轴两侧。

5. 结构的刚性和几何尺寸

钢结构的刚性大小决定于结构的截面形状和尺寸,截面积越大,则结构抗弯刚度越大,弯曲变形越小。在同样截面形状和大小时,结构的抗弯刚度还决定于截面的布置,即决定于截面惯性矩。如图 1.16 所示箱形梁,按图 1.16(a)放置抗弯刚度大于按图 1.16(b)放置的。

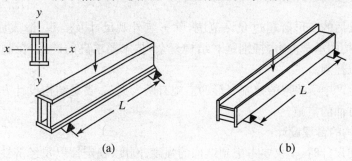

图 1.16 箱形梁惯性矩对弯曲变形的影响

6. 装配和焊接程序

随着装配过程的进展,结构的整体刚性也在增大。因此就整个结构生产而言,这就有边装配边焊接和装配成整体后再焊接两种方式可供选择。如果仅从增加刚性以减少变形的角度看,采用后一种方式,即先装配成整体再焊接的方式,对于结构截面和焊缝布置都对称的简单结构来说,可以减少其弯曲变形。例如工形梁的装焊,如果采取边装边焊方式,则焊后将产生较大的弯曲变形,而采用全部构件装配之后再焊接的方式,则弯曲变形较小。

对于复杂结构来说,全部构件装配后再焊接的方式,往往是不合理的。一是边装配边焊接方式所产生的变形不一定都反映到总变形量中去;二是有些零部件因施工上的需要,只能采用边装配边焊接的方式进行,因此需根据实际情况决定所采取的装焊方式。

焊接顺序对变形的影响也是很大的。由于先焊的焊缝先收缩,引起的变形最大,后焊的焊缝后收缩,引起的变形逐渐减小,而最终变形方向往往与最先焊的焊缝引起的变形方向一致。例如图 1.17 工形梁装配好以后,如果先焊焊缝 1 和 2,然后再焊焊缝 3 和 4,则焊接之后工形梁产生上挠变形;如果改变焊接次序,先焊焊缝 1 和 4,后焊焊缝 3 和 2,焊后工形梁的挠曲则可以减小,甚至消除。因此,合理的焊接顺序可以减少结构的变形,消除大量的矫正工作量,有利于结构生产成本的降低。

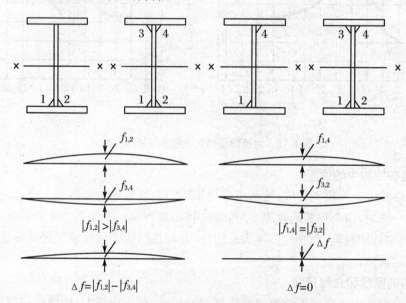

图 1.17 工形梁装焊顺序对弯曲变形的影响

(三)焊接变形的控制

结构经焊接后的变形若超过允许范围,除影响外观尺寸及美观、造成后续装配的困难外,还会影响结构的承载能力,特别是对结构复杂,技术要求高的产品,在制造过程中,必须对焊接变形加以控制。

焊接结构生产中所采取的控制变形的措施有两大类,一类是结构设计方面的措施;另一类是制造工艺方面的措施。

1. 焊接结构的合理设计

在焊接结构设计时,不仅要考虑到结构的强度、刚度、稳定性以及经济性,而且还要考虑到制造工艺。进行结构设计必须充分考虑焊接的特点,只有这样,才能大大减小焊接变形。这里提出几点原则,作为结构设计时的参考。

(1)在结构设计时应考虑结构分段划分的可能性,以便使结构的焊接工作量减至最低程度。

(2)结构中的焊缝应保持对称性,或者靠近结构的中心线,以防止弯曲变形。对于厚度大于 8 mm 的板,应采用 X 形坡口,而不采用 V 型坡口,以减小横向收缩、防止角变形。

(3)在保证结构强度的前提下,减少焊缝的截面尺寸,以减少收缩变形。

(4)尽可能减少焊缝的数量。例如,尽量采用大尺寸的钢板,或者用压筋结构以代替有过多筋板的焊接结构。

(5)设计的结构在装配焊接时,有采用简单装配焊接胎夹具的可能。

2. 防止焊接变形的工艺措施

在制造工艺上采取合理的措施,对防止和减小焊接变形作用十分明显,常见措施有以下几点。

1)预留收缩余量

无论采取何种措施,焊接结构的收缩变形总是要发生的。生产中为了弥补焊后尺寸的缩短,往往在备料中预先考虑加放收缩余量。由于收缩大小受许多因素的影响,所以加放余量的大小往往采用经验数据或经验公式进行近似估计,分别见表 1.1 和表 1.2。

表 1.1 焊缝纵向收缩量的近似值(mm/m)

对接焊缝	连续角焊缝	间断角焊缝
0.15~0.3	0~0.4	0~0.1

表 1.2 焊缝加放收缩余量的经验公式

项 目		公 式(mm)
焊缝的纵向收缩量		$l=15\times10^{-5}q_n L/F$
焊缝的横向收缩量	单面对接	$b=0.16\delta_1+0.3$
	双面对接	$b_2=0.16\delta_1+0.8$
角焊缝的横向收缩量		$B=C\times\delta_n\times K^2/(2\delta_n+\delta)^2$

注:q_n—焊接线能量(J/cm);F—焊件截面积(mm²);L—焊缝长度(cm);δ_1—焊件厚度(mm);δ_n—水平(面板)厚度(mm);δ—垂直(腹板)厚度(mm);K—焊角高度(mm);C—常数,单面焊时取 0.66,双面焊时取 0.75。

2)严格对加工、装配工序的要求

减少和控制结构的焊接变形不仅应注意焊接工序,而且还需要各工序都应按技术条件保证加工零件的尺寸和质量。板材、型材应经过矫平、矫直才能用于装配,因为板的初始凹凸度常常降低其压缩塑性、稳定性,焊接生产时造成更大的变形。坡口的装配间隙不可过大,否则不仅增多熔敷金属量,加大变形,而且在埋弧自动焊时,还有可能烧穿。

3)反变形法

反变形法是根据结构焊后变形情况,预先给出一个方向相反、大小相等的变形,用以抵消结构焊后产生的变形,主要用于防止弯曲变形与角变形。反变形的量化数据应根据经验数据或经验公式来确定。

图 1.18 为对接接头及工形梁采用弹性或塑性反变形法消除焊接变形的情况。图 1.19

为支承座焊接的反变形。

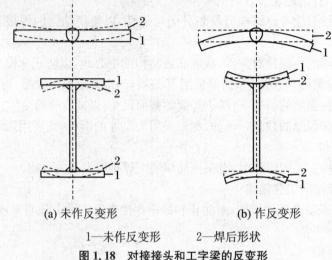

(a) 未作反变形   (b) 作反变形

1—未作反变形   2—焊后形状

图 1.18 对接接头和工字梁的反变形

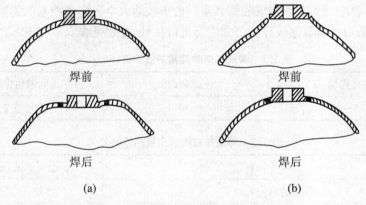

焊前   焊前

焊后   焊后

(a)   (b)

图 1.19 薄壳结构支承座焊接的反变形

4) 刚性固定法

前面曾讲述过刚性大的构件焊后变形小,采用增加结构刚性的办法,可以减小结构的焊接变形。

刚性固定有多种方式,图 1.20(a)所示为薄板焊接时,在接缝两侧放置压铁,并在薄板四周焊上临时点固定焊缝,就可以减少焊接之后产生的波浪变形。也可利用焊接夹具增加结构的刚性和拘束;图 1.20(b)为中厚板采用"马板"固定,是对接的两块板在同一水平面上,马板中间的半圆孔对准焊道,给焊接留出空间;图 1.20(c)为利用夹紧器将焊件固定,以增加构件的拘束,防止构件产生角变形和弯曲变形的应用实例。

5) 合理的焊接顺序

当结构装配后,焊接次序对焊接变形的大小和焊缝应力的分布有很大影响。因此,在施工设计时,要按照总体制造方法、分段结构特点及装配的主要顺序,预先制定出焊接顺序。

图 1.21 所示为薄板拼接时的焊接次序,原则上应当先焊横向焊缝,后焊纵向焊缝,这样,横向焊缝因横向收缩而产生的单值应力可在纵向焊缝纵向收缩的影响下减弱,从而降低

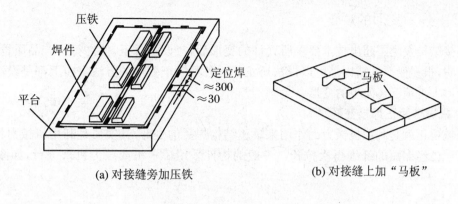

(a) 对接缝旁加压铁　　　　　　　(b) 对接缝上加"马板"

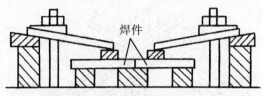

(c) 对接缝上外加"压板"

图 1.20　刚性固定法减少焊接变形

注：图中所标注尺寸单位全书统一(mm)，以后不再赘述。

波浪变形的可能性。纵焊缝的焊接应对称交替焊接(按焊缝 7、6、8 顺序)进行。

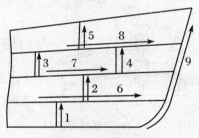

图 1.21　拼板焊接次序

对于焊缝非对称布置的结构，装配焊接时应先焊焊缝少的一侧。长焊缝(1 m 以上)焊接时，可采用图 1.22 所示的方向和顺序进行焊接，来减小其焊后的收缩变形。

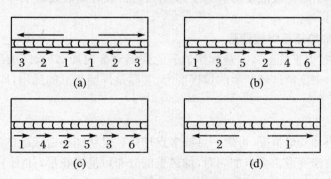

图 1.22　长焊缝的几种焊接顺序

(四) 焊后变形的矫正

焊接结构发生了超出技术要求所允许的变形后,应设法矫正,使之符合产品质量要求。实践表明,很多变形的结构是可以设法矫正的。各种矫正变形的方法实质上都是设法造成新的变形去抵消已经发生的变形。

1. 机械法矫正焊接变形

机械矫正就是利用机械力的作用来矫正结构焊后的变形,其实质是利用机械力将焊接接头区域已经缩短的纤维再次拉长。一般的构件采用矫平机或压力机来进行,如图 1.23 所示。

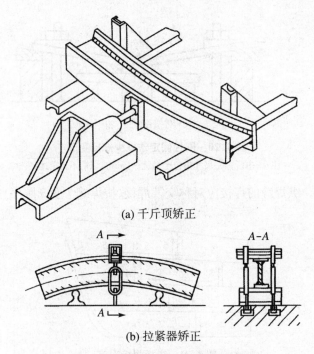

(a) 千斤顶矫正

(b) 拉紧器矫正

图 1.23　工字梁焊后弯曲变形的机械矫正

薄板波浪变形的矫正可以采取手工锤击焊缝区的方法,使焊缝区得到延伸,从而消除焊缝区因纵向缩短而引起的波浪变形。为了避免在钢板或焊缝表面留下印痕,可在焊件表面垫上平锤,然后进行锤击。

2. 气体火焰加热矫正焊接变形

火焰矫正又叫"火工矫正",它是利用氧—乙炔焰对金属局部(长纤维部分)加热使它产生新的变形(收缩)来抵消已经产生的焊接变形,实际是焊接变形的反用,即"什么地方加热,什么地方变短"。

1) 点状加热

根据结构特点和变形情况,可以一点或多点加热。点状加热造成新的压缩塑性变形区,它的收缩可消除波浪变形。多点加热时,加热点的分布可呈梅花形,如图 1.24 所示,也可呈链式密点形。加热点的大小,对厚板来说应大一些,薄板小一些,一般不小于 15 mm,也可按 $d = 4\delta + 10$ mm(d 为加热点直径;δ 为板厚)计算得出。加热点之间的距离 a 由变形大小决定,变形大,a 小些,变形小,a 大些,一般在 50~100 mm 之间。为了提高矫正速度和矫正效果,往往加热每一点后就立刻在该点用木槌锻打,或沿加热点周围浇水冷却并锻打。

2) 线状加热

火焰沿直线缓慢移动或同时作横向摆动,形成一个加热带的加热方式,称为线状加热。线状加热有直通加热、链状加热和带状加热三种形式,如图 1.25 所示。线状加热可用于矫正波浪变形,角变形和弯曲变形等。

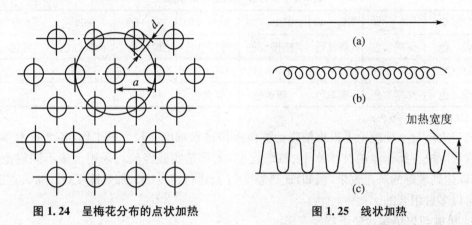

图 1.24　呈梅花分布的点状加热　　　　图 1.25　线状加热

3) 三角形加热法

三角形加热即加热区呈三角形,加热部位是在弯曲变形构件的凸缘,三角形的底边在被矫正构件的边缘,顶点朝内。由于三角形加热面积较大,所以收缩量也较大,尤其在三角形底部。这种方法常用于矫正厚度较大、刚性较强的构件的弯曲变形,如图 1.26 所示。

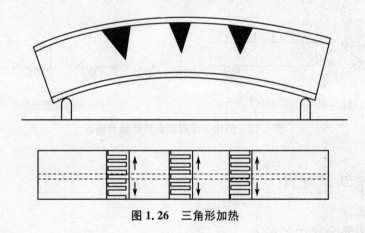

图 1.26　三角形加热

4) 矫正操作要点

决定火焰矫正效果的因素主要是火焰加热的位置和火焰量。不同的加热方式可以矫正不同方向的变形,不同加热量可以获得不同的矫正量,一般情况下,热量越大,矫正能力越强,矫正变形量越大,但是重要的是定出正确的加热位置,因为加热位置不恰当,往往会得到相反的结果。

火焰矫正虽然操作方便,但技术难度大。火矫工人必须具备应力应变的基础理论知识,并有丰富的实践经验,对各种构件的变形,能够准确地判定变形的性质、变形量,恰当地选择加热方式、加热位置、加热温度和矫正步骤等操作技能。

火焰矫正适用于碳钢,也适用于合金钢,各种钢材的火焰矫正加热温度有严格的限制。

对碳钢和普通低合金钢的构件,通常加热温度在 600~800 ℃,有的可达 900 ℃,对高合金钢的加热温度必须控制在 730 ℃以内。钢材加热温度的表面颜色,参见表 1.2。在准备实施矫正前必须了解工件的材质,并按照允许使用的温度和相关的工艺执行。确定合理的火矫工艺规范,应根据各结构件的刚性来确定。

表 1.2　钢材加热温度与表面颜色

温度(℃)	550~580	580~650	650~730	730~770	770~800	800	830
颜　色	深褐红色	褐红色	暗樱红色	深樱红色	樱红色	淡樱红色	红色
温度(℃)	830~900	900~1050	1050~1150	1150~1250	1250~1350	—	—
颜　色	亮樱红色	橘黄色	暗黄色	亮黄色	白黄色	—	—

注:看火色要在室内。

由于火矫是一项理论上很难精确计算而操作技术难度又较大的工作,各个技术参数的确定常常取决于操作者的技术水平、熟练程度,尤其是实践经验。采用很多不同规范的组合,可以达到较好的矫正效果,例如:加热温度(T)、运行速度(v)、加热深度(t)、加热宽度(b)等是可以多种组合的。

3. 机械与火焰综合矫正焊接变形

在有些情况下同时采用机械与火焰两种方式矫正焊接变形可以收到更好的效果。如图 1.27 所示的船体结构双层底分段,正装法制得的分段焊后变形为半宽缩小和两舷上翘,倒装法制得的分段变形方向则相反。矫正时需将分段翻身搁置在墩木上,分段中间加重物,再在适当的位置用气焊火焰加热。

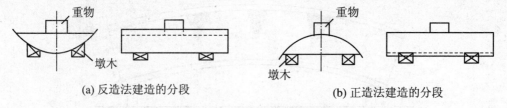

(a) 反造法建造的分段　　　　　　　　(b) 正造法建造的分段

图 1.27　船体分段焊接变形的综合矫正

三、焊接残余应力

(一) 焊接残余应力的分布

在较为复杂的焊接结构中,焊接应力的分布显然是很复杂的,要想清楚地了解各部位的应力有许多困难,但在实际生产中,只要掌握一些简单接头的应力分布情况,就可以定性地分析由简单接头组成的复杂结构中的应力分布情况,从而避免由于焊接应力过大引起的结构失效。

1. 平板对接焊缝

1) 纵向残余应力分布

对接接头中纵向应力沿板宽方向的分布如图 1.28(a)所示,在焊缝及其附近塑性变形区为拉伸应力,该部分应力往往达到屈服强度,而远离焊缝的母材则为压应力,根据板的宽度不同压应力逐渐减小到零(宽板),或维持某个值,甚至有所增加。纵向应力沿焊缝长度方向的分布如图 1.28(b)所示,中段的纵向应力保持为常值,但在焊缝的两端,因受自由边界的影响,应力由常值逐渐趋向于零值。

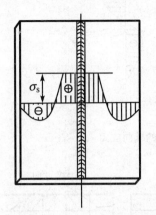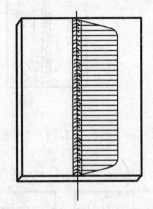

(a) 纵向应力沿板宽方向的分布　　(b) 纵向应力沿焊缝长度方向的分布

图 1.28　对接接头的纵向焊接应力

2) 横向残余应力分布

在对接焊缝中横向应力的分布比较复杂,它与焊件的宽度、定位焊的位置、施焊方向、施焊顺序等因素有关。

横向应力的产生有两方面原因:一方面是由于焊缝及其附近的塑性变形区的纵向收缩引起的,另一方面是由于焊缝及其附近塑性区的横向收缩引起的。

对于平板对接焊缝,如图 1.29(a)所示,可以假设将钢板沿焊缝中心切开,则两块钢板都相当于在其一侧堆焊一样,焊后边缘焊缝区域将产生纵向收缩,两块钢板将产生向外侧弯曲的变形,如图 1.29(b)所示。但实际上,两块钢板是由焊缝连接成一个不可分离的整体的,因此在焊缝两端产生横向压应力,中间部位产生横向拉应力,这就是纵向收缩引起的横向应力,见图 1.29(c)所示。

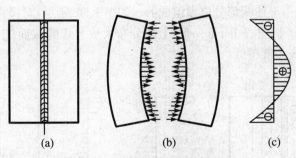

(a)　　　　　　　(b)　　　　　　　(c)

图 1.29　纵向收缩引起的横向应力

由于一条焊缝不可能在同一时间内焊完,总有先焊和后焊之分,焊缝全长上的加热时间不一致,同一时间内各部分的受热温度不均匀,膨胀与收缩也不一致,因此焊缝金属受热后就不能自由变形。先焊部分先冷却,后焊部分后冷却,先冷却的部分又限制后冷却部分的横向收缩,这种相互之间的限制和反限制,最终在焊缝中形成了横向应力,见图 1.30 所示。焊缝末端因为最后冷却,受到拉应力的作用。可见这部分横向应力与焊接方向、焊接方法及焊接顺序有关。图 1.31 所示为对接焊施焊方向不同时横向焊接应力的分布情况。

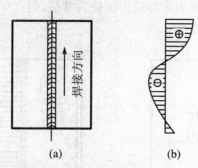

图 1.30　横向收缩引起的横向应力

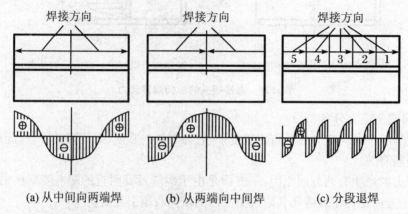

(a) 从中间向两端焊　　　(b) 从两端向中间焊　　　(c) 分段退焊

图 1.31　不同焊接方法的横向应力分布

上面分析的对接焊缝中的横向应力分布只适用于焊条电弧焊。因焊条电弧焊中,电弧移动缓慢,在焊下一段时,前一段来不及冷却,在埋弧自动焊时,采用的电弧功率较大,并且速度很高,因此沿焊缝在长度方向的加热和冷却相对较均匀。所以,埋弧自动焊中横向应力比焊条电弧焊的小一些,分布也均匀一些。

横向应力分布是由上述两部分应力组成的。如图 1.32 所示,对接焊缝横向应力在与焊缝平行的各截面(Ⅰ—Ⅰ、Ⅱ—Ⅱ、Ⅲ—Ⅲ)上的分布大致与焊缝截面(0—0)上的相同,但离开焊缝的距离越远,应力就越低。

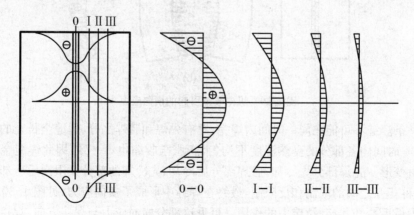

图 1.32　横向应力沿板宽方向上的分布

2. 圆形封闭焊缝

所谓的封闭焊缝是指结构中的人孔、接管孔等四周的焊缝,以及使用圆形补板进行镶板焊接的焊缝,这类焊缝构成封闭回路,故称封闭焊缝。这种焊缝是在较大拘束条件下焊接的,因此内应力比自由状态下的大,封闭(管接头、人孔或镶板四周的)焊缝附近的应力分布如图 1.33 所示。

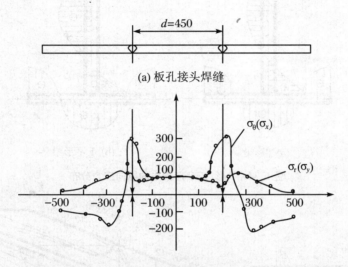

(a) 板孔接头焊缝

(b) 孔周围应力分布

图 1.33　封闭焊缝附近的应力分布

σ_r 为径向应力,σ_θ 为切向应力。从图 1.33 可见,径向应力 σ_r 为拉应力,切应力 σ_θ 在焊缝附近最大,为拉应力,由焊缝向外侧逐渐降低,并变成压应力,由焊缝向中心逐渐达到均匀值。封闭焊缝的内部为均匀双向应力场,切向应力与径向应力相等,其数值与环形焊缝的直径有关。直径越小,刚度越大,其中的内应力也越大,所以在焊接人孔、管道接头及修补中都要注意封闭应力的问题。

3. 梁和柱的焊接结构

1) 工字形和 T 形梁中的焊接残余应力

在焊接结构中会遇到大量 T 形梁、工字形梁的焊接。对于这类构件可将其翼板、腹板分别当作板中心堆焊和板边堆焊,从而可以得出如图 1.34 所示纵向应力分布图。一般情况下,焊缝附近区域总是产生纵向(轴向)拉伸应力,在 T 形梁和工字形梁的腹板中则会产生压应力,该压应力可能导致腹板局部或整体失稳,出现波浪变形。

2) 箱形梁中的焊接残余应力

在现代工程中大量地用到箱形梁结构。箱形结构刚性大,抗变形能力强,但结构中不可避免存在残余应力,其横截面靠近焊缝及其附近出现明显的拉伸应力,图 1.35(a)为箱形梁横截面的纵向应力分布情况,图 1.35(b)为箱形梁横截面焊接应力实测分布情况。

(二) 焊接残余应力的影响

1) 焊接残余应力对构件强度的影响

一般情况下,焊接结构所使用的材料如果塑性较好(如低碳钢、低合金钢等),焊接应力对其静载强度没有不良影响,但焊接应力将消耗材料部分塑性变形的能力。但在低温、动载

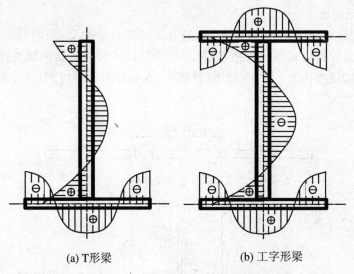

(a) T形梁　　　　　　　　　(b) 工字形梁

图 1.34　T 形、工字形梁中的纵向应力分布

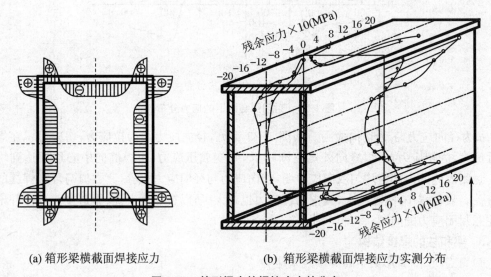

(a) 箱形梁横截面焊接应力　　　　(b) 箱形梁横截面焊接应力实测分布

图 1.35　箱形梁中的焊接应力的分布

或腐蚀介质下使材料处于脆性状态时,由于应力不能重新分配或来不及重新分配,随着外力的增加,内应力与外力叠加在一起,材料中的应力峰值增加,一直达到材料的强度极限 σ_b,就会发生局部破坏,最后导致整个构件断裂。焊接应力与外力 σ 叠加的情况,如图 1.36 所示。

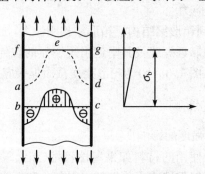

图 1.36　脆性材料中载荷作用下平板中应力的分布

单向与双向拉伸内应力通常不影响材料的塑性,而三向拉伸内应力的存在,将大大降低材料的塑性。厚大焊件焊缝及三向焊缝交叉点处,都会产生三向焊接拉伸应力,所以要特别注意。

对于由塑性较低的金属材料焊接而成的焊件,由于在受力过程中,无足够的塑性变形,所以在加载过程中,应力峰值不断增加,直到达到材料的屈服极限后发生破坏。由此可知,焊接残余应力对材料呈脆性状态的焊接结构的静载强度是有不利影响的。

2) 焊接残余应力对结构疲劳强度的影响

这是人们广为关心的问题,截至目前已进行了大量试验研究,但由于影响因素(诸如结构形式、焊接次序、焊缝截面形状、应力集中程度、焊后是否热处理、疲劳载荷的应力循环特征系数、内应力在外载作用下的变化等)较多,而每项实验仅侧重反映有限个因素的影响,不能包罗全部影响因素,所以尚未得出一致结论。虽然如此,但是大量的疲劳强度试验表明,压应力有可能阻止疲劳断裂的发生和疲劳裂纹的扩展,因此对于承受交变载荷的构件,往往在表面造成压应力层,以防止疲劳断裂。

3) 焊接应力将降低机械加工的精度

工件中如果存在残余应力,则在机械加工中随着材料的切除,原来存在于这部分材料中的内应力也一起消失,这样便破坏了原来工件中内应力的平衡关系,加工好的工件卸去卡具以后,不平衡的内应力使工件产生新的变形,因而零件的最终加工精度受到影响。

保证焊件的加工精度最有效的办法有两个:一是消除内应力(去应力退火)后再进行机加工,但生产周期长,成本偏高。二是采用分层加工法,即对所要加工的表面分层切割,逐步释放应力,分层的厚度(即加工量)逐渐减少,最终的加工精度就会越高,这种方法足以满足一般结构的精度要求。

4) 焊接应力使受压构件稳定性降低

这是由于焊接后构件存在有压应力区,在与外加压应力叠加后,压应力便迅速增长达到失稳的临界应力状态,致使结构产生波浪变形。对受焊接压应力作用已产生局部失稳的构件来说,塑性区域不断扩大,而承受压载荷的有效面积不断减少,所以更容易出现失稳的现象。

5) 焊接应力对构件应力腐蚀开裂的影响

应力腐蚀开裂(简称应力腐蚀)是拉应力和腐蚀共同作用下产生裂纹的一种现象。应力腐蚀开裂过程大致可分为三个阶段:第一阶段,局部腐蚀逐渐发展成微小裂纹;第二阶段,微小裂纹在拉应力和腐蚀的交替作用下,形成裂纹新界面,新截面又被腐蚀,这样裂纹不断地扩展;第三阶段,当裂纹扩展到一个临界值时,就在拉应力的作用下以极快的速度迅速扩展而造成脆性断裂。第三阶段在某些结构中不一定发生,例如容器,当裂纹扩展到一定时候就发生泄漏,而应力不再增加,此时裂纹也可能停止扩展。

焊接残余拉应力降低构件抗应力腐蚀的能力,所以某些在腐蚀介质中工作的结构要采用消除应力措施。有些结构工作应力比较低,从理论上看不会在规定时间内产生应力腐蚀,但是焊接后由于残余应力较大,并和工作应力叠加,这就促使焊缝附近很快产生了应力腐蚀。当然消除内应力不是唯一的办法,还可以从防腐和涂装保护等方面采取措施。

（三）焊接生产中调节内应力的措施

在焊接过程中采用一些简单的工艺措施往往可以调节内应力，降低残余应力的峰值，有利于消除焊接裂纹，并可以使内应力分布更为合理，从而提高结构的使用性能，主要措施如下。

1. 控制焊接线能量

不要一味追求生产率而盲目提高线能量。大的线能量应力变形也较大，这点在脆硬倾向大的材料和刚性较大的结构焊接时更应注意。

2. 采用合理的焊接顺序和方向

尽量使焊缝能自由收缩，先焊收缩量比较大的焊缝。图 1.37 所示某构件角接接头中，应先焊板的对接焊缝 1，后焊角焊缝 2，使对接焊缝 1 能自由收缩，从而减少内应力。

先焊工作时受力较大的焊缝，如图 1.38 所示，在工地现场焊接梁的接头时，应预先留出一段翼缘角焊缝最后焊接，先焊受力最大的翼缘对接焊缝①，然后焊接腹板对接焊缝②，最后再焊接翼缘角焊缝③。这样的焊接顺序可以使受力较大的翼缘焊缝预先承受压应力，而腹板则为拉应力。翼缘角焊缝留在最后焊接，则可使腹板有一定的收缩余地，同时也可以在焊接翼缘板对接焊缝时采取反变形措施，防止产生角变形。试验证明，用这种焊接顺序焊接的梁，疲劳强度比先焊腹板后焊翼缘板的高 30%。

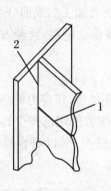

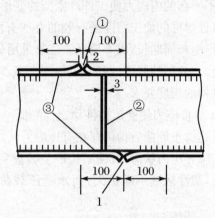

①、②—对接焊缝　　③—角焊缝

图 1.37　按收缩量大小确定焊接顺序　　　　**图 1.38　按受力大小确定焊接顺序**

在拼版时，应先焊错开的短焊缝，然后焊直通的长焊缝，如图 1.39 所示。采用相反的次序，即先焊焊缝 3，再焊焊缝 1 和 2，由于短焊缝的横向收缩受到限制将产生很大的拉应力，从而易产生裂纹。在焊接交叉（不论是丁字交叉或十字交叉）焊缝时，应该特别注意交叉处的焊缝质量。如果在附近纵向焊缝的横向焊缝处有缺陷（如未焊透等），则这些缺陷正好位于纵焊缝的拉伸应力场中，如图 1.40 所示，造成复杂的三轴应力状态。此外，缺陷尖端部位的金属，在焊接过程中不但经受了一次焊接热循环，而且由于应变集中的原因，同时又受到了依次比其他没有缺陷地区大得多的挤压和拉伸塑性变形过程，消耗了材料的塑性，对强度大为不利，这往往是脆性断裂的根源。

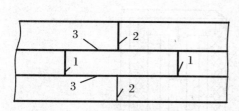

图 1.39 按焊缝布置确定焊接次序

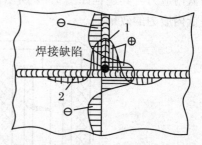

图 1.40 交叉焊缝的应力分布及缺陷

3. 降低局部刚度

在焊接封闭焊缝或其他刚性较大、自由度较小的焊缝时,可以采用反变形法来增加焊缝的自由度,如图 1.41 所示。

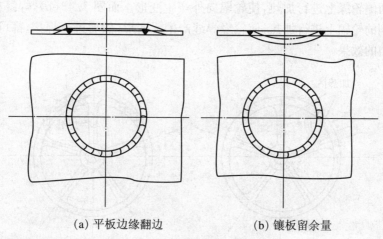

(a) 平板边缘翻边　　　　　(b) 镶板留余量

图 1.41 降低局部刚度减小内应力

4. 锤击或辗压焊缝

每焊一道焊缝用带小圆弧面的风枪或小手锤锤击焊缝区,使焊缝得到延伸,从而降低内应力。锤击应保持均匀、适度,避免锤击过分产生裂纹。采用辗压焊缝的方法,亦可有效地降低结构内应力。

5. 减小不均匀加热程度

1)预热法

预热法是在施焊前,预先将焊件局部或整体加热到 150~650 ℃。对于焊接或焊补那些淬硬倾向较大的材料的焊件,以及刚性较大或脆性材料焊件时,常常采用预热法。

2)冷焊法

冷焊法是通过减少焊件受热来减小焊接部位与结构上其他部位间的温度差。具体做法有:尽量采用小的线能量施焊,选用小直径焊条,小电流、快速焊及多层多道焊。另外,应用冷焊法时,环境温度应尽可能高。

3)加热减应区

在结构适当部位加热使之伸长,加热区的伸长带动焊接部位,使它产生一个与焊缝收缩方向相反的变形,在冷却时,加热区的收缩和焊缝的收缩方向相同,使焊缝能自由地收缩,从而降低内应力。其过程如图 1.42 所示。利用这个原理可以焊接一些刚性比较大的焊缝,获得降低内应力的效果。

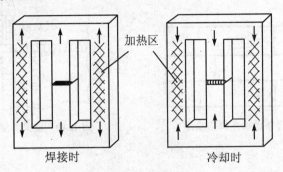

图 1.42　框架断口焊接

例如图 1.43(a)所示的大皮带轮或齿轮的某一轮辐需要焊修,为了减少内应力,则在需焊修的轮辐两侧轮缘上进行加热,使轮辐向外产生变形。而图 1.43(b),焊缝在轮缘上,则应在焊缝两侧的轮辐上进行加热,使轮缘焊缝产生反变形,然后进行焊接,都可取得良好的降低焊接应力的效果。

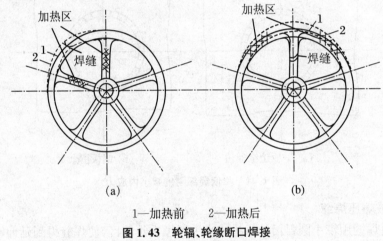

1—加热前　　2—加热后

图 1.43　轮辐、轮缘断口焊接

(四) 焊后降低或消除焊接残余应力的方法

焊接残余应力的不利影响只有在一定的条件下才表现出来,例如,对常用的低碳钢及低合金结构钢来说,只有在工作温度低于某一临界值并存在严重缺陷的情况下才有可能降低其静载强度。要保证焊接结构不产生低应力脆性断裂,是可以从合理选材,改进焊接工艺,加强质量检查,避免严重缺陷来解决的,消除应力仅仅是其中的一种方法。

事实证明,许多焊接结构未经消除残余应力的处理,也能安全运行。焊接结构是否需要消除残余应力,采用什么消除残余应力方法,必须根据生产实践经验,科学实验以及经济效果等方面综合考虑。目前,钢结构常用的消除焊接残余应力的方法是采用焊后热处理——去应力退火(高温回火),就是把焊件整体或局部均匀加热至材料相变温度下,其屈服强度降低,使它内部由于残余应力的作用而产生一定的塑性变形,从而使应力得到消除,然后再均匀缓慢地冷却下来,这样,可消除大部分应力,并可改善焊缝热影响区的组织与性能。

焊后降低或消除残余应力的方法可分为：整体高温回火、局部高温回火、机械拉伸、温差拉伸以及振动法等几种。前两种方法在降低内应力的同时还可以改善焊接接头的性能,提高其塑性。下面将各种方法分述如下。

1. 整体高温回火

这个方法是将整个焊接结构加热到一定的温度,然后保温到一段时间,再冷却。整体焊后消除应力热处理,一般是在炉内进行的。消除残余应力的效果主要取决于加热温度、材料的成分和组织,也和应力状态,保温时间有关。对于同一种材料,回火温度越高,时间越长,应力也就消除得越彻底。如图 1.44 为低碳钢 Q235-A 在 500 ℃、550 ℃、600 ℃、650 ℃下经过不同的时间保温后的残余应力消除效果。

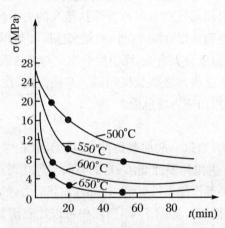

图 1.44　消除应力退火温度与时间的关系

热强性好的材料消除应力所需要的回火温度比热强性差的高,在同样的回火温度和时间下,单轴拉伸应力的消除比双轴和三轴的效果好。内应力的消除与许多因素有关,回火规范的确定必须根据生产具体情况而定。对于一些重要结构,如锅炉、化工容器等结构都有专门的规程予以规定。表 1.3 是一些常用钢材消除应力的回火温度,供参考。

表 1.3　常用钢材消除应力的回火温度

钢　号	消除应力的厚度(mm)	回火温度(℃)
Q235,20,20g,22g	≥35	600～650
25g,16Mn,15MnV	≥30	600～650
14MnMoV,18MnMoNb	≥20	600～680

回火保温时间目前生产中按厚度来确定,厚度越大,保温时间越长(一般按每毫米板厚保温 2～4 min,但总时间不少于 30 min)。回火处理的费用与回火时间长短有关,从消除应力的需要看保温时间并不一定很长。

在结构尺寸不太大时,一般处理都在加热炉内进行,但遇到结构太大,如大型厚壁容器、球罐、原子能发电站设备的压力外壳等,无法在炉内进行,则可采用在容器外壁覆盖绝热层,而在容器内部用电阻加热器或火焰来进行处理。无论采用炉内处理或后一种方法,费用都比较大,因此是否采用热处理都需要权衡利弊,全面分析后确定。

应该指出,对于不同膨胀系数的金属组成的焊接结构,例如奥氏体钢和马氏体钢、奥氏体钢和珠光体钢焊接,虽然回火处理后可以消除焊接应力,但又将产生由于不同膨胀系数而引起的新的内应力。

2. 局部高温回火处理

这种处理的方法是把焊缝周围的一个局部区域进行加热。对于某些构件无法用加热炉加热的,可采用其他方法进行局部热处理,以降低焊接结构内部残余应力的峰值,使应力分布趋于平缓,起到部分消除应力的作用。局部消除应力热处理时,应保证有足够的加热宽度,一般不应小于工件厚度的 4 倍,并且在加热宽度范围内各点应达到规定的温度。在冷却时,应该用绝缘材料包裹加热区域,以降低冷却速度,达到消除焊接残余应力的目的。

由于这种方法带有局部加热的性质,因此消除应力的效果不如整体处理,它只能降低应力峰值,而不能完全消除,但局部处理可以改善焊接接头的力学性能,处理的对象只限于比较简单的焊接接头。局部处理可用电阻、红外、火焰和感应加热(对厚大件,可采用工频感应加热)。消除应力的效果与温度分布有关,而温度分布又与加热区的范围有关。

平板对接接头的加热宽度取与接头长度相等。必须指出,在复杂结构中采用局部热处理时,存在产生较大的反作用内应力的危险。

3. 机械拉伸法

机械拉伸法又称过载法,通过一次加载拉伸,拉应力区(在焊缝及其附近的纵向应力一般为 σ_s)在外载的作用下产生拉伸塑性变形,它的方向与焊接时产生的压缩塑性变形相反。因为焊接残余内应力正是局部压缩塑性变形引起的,加载应力越高,压缩塑性变形就抵消得越多,内应力也就消除得越彻底。如图 1.45 所示中可以比较清楚地看到加载前、加载后和卸载后的应力分布情况。当拉伸应力为 σ_s 时,经过加载卸载,消除的内应力相当于外载荷产生的平均应力。当外载荷使截面全面屈服时,内应力可以全部消除。

机械拉伸消除内应力对一些焊接容器特别有意义,它可以通过液压试验来解决。液压试验根据不同的具体结构,采用一定的过载系数。液压试验的介质一般为水,也可以用其他介质。这里应该指出的是液压试验介质的温度最好能高于容器材料的脆性断裂临界温度,以免在加载时发生脆断,这种事故国内外都曾发生过。对应力腐蚀敏感的材料,要慎重选择试验介质。在试验时采用声发射监测是防止试验中脆断的有效措施。

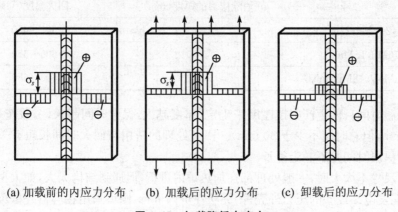

    (a) 加载前的内应力分布   (b) 加载后的应力分布   (c) 卸载后的应力分布

图 1.45　加载降低内应力

4. 温差拉伸法

温差拉伸法又称低温消除应力法,这个方法的基本原理与机械拉伸法相同,是利用拉伸来抵消焊接时所产生的压缩塑性变形的,所不同的是机械拉伸法利用外力来进行拉伸,而本法则是利用局部加热的温差来拉伸焊缝区。它的具体做法是这样的:在焊缝两侧各用一个适当宽度的氧—乙炔焰炬加热,在焰炬后面一定距离用一个带有孔的水管喷头冷却,焰炬和喷水管以相同速度向前移动,如图 1.46 所示,这样就造成了一个两侧温度高(其峰值约为 200 ℃),焊缝区温度低(约为 100 ℃)的温度场。利用温差拉伸这个方法,如果规范选择恰当,可以取得较好的消除应力效果。

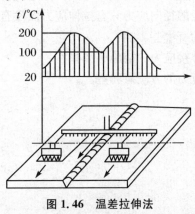

图 1.46　温差拉伸法

5. 振动法

振动法又称振动时效,或振动消除应力法(VSR)。它是将工件(或焊件)在固有频率的作用下,进行数分钟至数十分钟的振动处理,以达到消除残余应力使构件尺寸获得稳定的一种方法。试验证明,当变载荷达到一定数值,经过多次循环加载后,结构中的内应力逐渐降低。例如截面为 30 mm×50 mm 一侧经过堆焊的试件,经过多次应力循环($\sigma_{max}=128$ MPa,$\sigma_{min}=5.6$ MPa)后,内应力不断下降。

从内应力的消除效果看,振动法比用同样大小的静载拉伸好。内应力在变载荷下降的原理有两种不同的意见。一种意见认为在变载荷下材料的 σ_s 有所降低,因此内应力在变载荷下比较容易消除,另一种看法是变载荷增加了金属中原子的振动能量,其效果与回火加热相当,使原子较易克服障碍,产生应力松弛。但后一种意见缺乏充分的理论依据,因为原子的振动频率比外加的机械振动频率大几个数量级。据报道,用振动法来消除碳钢、不锈钢以及某些锆合金结构中的内应力可取得较好的效果。

这种方法的优点是设备简单而廉价,处理成本低,时间比较短,没有高温回火时的金属氧化问题,目前是值得推广的一种高效节能的降低焊接残余应力的方法。

练 习 题

1. 什么是焊接应力? 焊接应力有哪几种?
2. 为什么三向应力对焊接结构的危害最大?
3. 均匀受热的杆件在什么情况下,其杆件既不能伸长又不能缩短?

4. 焊接应力与变形产生的基本原因是什么？

5. 什么是整体变形？什么是局部变形？

6. 焊接变形的基本形式有哪些？

7. 影响焊接变形的因素有哪些？

8. 工字梁焊接顺序对其弯曲变形有何影响？

9. 防止和减少焊接应力的措施有哪些？

10. 金属结构焊后变形处理的方法有哪些？

11. 对接焊缝的钢板纵向应力和横向应力是如何分布的？

12. 为何封闭焊缝的钢板的径向应力只有拉伸应力而没有压缩应力？

13. 焊接应力对金属结构有哪些影响？

14. 在焊接过程中调节焊接应力的措施有哪些？

15. 焊后消除焊接残余应力的方法有哪些？

项目二 备 料

任务一 钢材的基本知识

正确合理地选择和使用材料,首先要了解化工机械制造所用材料的基本知识。所用的材料有金属材料和非金属材料两大类。在金属材料中应用最多的是钢。

一、钢和钢材的分类

(一) 钢的分类

含碳量低于 2.11% 的铁碳合金称为钢。钢中除含有铁、碳外,还含有硅(Si)、锰(Mn)、硫(S)、磷(P)等元素。钢具有高的强度和韧性,同时具有良好的工艺性能,可以进行各种加工,因而获得了广泛的应用。

钢的分类方法很多,常用的分类方法有以下 3 种。

1) 按化学成分分类

(1) 碳素钢。按含碳量的高低分为低碳钢,含碳量小于 0.25%;中碳钢,含碳量在 0.25%~0.6% 之间;高碳钢,含碳量大于 0.6% 的钢。

在碳素钢中含碳量越高,硬度越高,强度也越高,但塑性却降低。

碳素钢按含硫磷量的多少,分普通碳素钢和优质碳素钢结构。

普通碳素钢中含硫不超过 0.055%,含磷量不超过 0.045%;优质碳素钢中含硫量不超过 0.030%~0.040%,含磷量不超过 0.035%~0.040%。

(2) 合金钢。钢中含有一种或多种合金元素的钢称为合金钢。按合金元素的总含量多少又分低合金钢,合金元素的总含量小于 5%;中合金钢,合金元素的总含量在 5%~10%;高合金钢,合金元素的总含量大于 10%。

在低合金钢中应用较广的是普通低合金钢,普通低合金钢是在普通低碳碳素钢中适当加入少量的硅、锰、钒、钛、铌、硼和稀土等元素。这种钢的强度较高,综合机械性能较好,并且具有耐腐蚀、耐磨、耐低温和良好的加工性能和焊接性能,用它代替普通碳素钢,可以节约钢材。

合金钢按硫磷元素的含量分优质钢、高级优质钢 A 和特级优质钢 E。普通合金钢硫磷含量各不超过 0.04%;高级合金钢含硫量不超过 0.03%,含磷量不超过 0.035%。

2) 按用途分类

(1) 压力加工用钢(热压力加工或冷拔坯料)。

（2）切削加工用钢。用于制造各种工具，如切削刀具、量具、模具等。工具钢多数是高、中碳钢或合金钢，如碳素工具钢、合金工具钢、高速工具钢等。工具钢还可以按具体用途分为刃具用钢、量具用钢和模具用钢。

（3）特殊钢。具有特殊的物理和化学性能的钢，如不锈耐酸钢、耐热不起皮钢、电热合金、磁性材料等。

3）按冶炼方法分类

（1）平炉钢。按炉衬材料又分为酸性平炉钢和碱性平炉钢。一般用于冶炼碳素钢和普通低合金钢。

（2）转炉钢。转炉钢又分底吹转炉钢、侧吹转炉钢和氧气顶吹转炉钢三种。一般用于冶炼碳素钢和普通低合金钢。

（3）电炉钢。电炉钢又分电弧炉钢、感应电炉钢、真空感应电炉钢和电渣炉钢。其中应用最广泛的是电弧炉钢。电炉钢主要用于冶炼合金钢。

按脱氧程度的不同，碳素钢又分为沸腾钢、镇静钢和半镇静钢。

沸腾钢的脱氧不完全，脱氧后钢水中还剩有相当量的氧（FeO），FeO 和 C 起作用放出一氧化碳气体，因此钢水在钢锭模内呈沸腾状态，称为沸腾钢。这种钢表面质量好，加工性能良好，因此常用来轧制成各种厚度不同的钢板，另外，没有缩孔，用的脱氧剂少，所以成本低。它的特点是：化学成分不均匀，抗腐蚀性和机械强度较差。

镇静钢的脱氧完全，由于钢中的氧气很少，因此当钢水浇铸在钢锭模内时呈静止状态，即没有 C 和 FeO 作用而产生一氧化碳的沸腾现象，所以称为镇静钢。镇静钢的优点是化学成分均匀，各部分的机械性能也均匀，焊接性和塑性都比较好，抗腐蚀性较强，用来制造重要机件。但这种钢的表面质量一般，有缩孔，同时成本也高。

半镇静钢是介乎镇静钢和沸腾钢之间的钢，它兼有两者的优缺点，它的生产较难控制，故目前在钢的生产中所占比重不大。

（二）钢材的分类

钢材按其横断面的形状特征来分，可分为板材（钢板）、管材（钢管）、型材（型钢）和线材（钢丝）四大类。它们分别由钢板轧机、钢管轧机、型钢轧机、拉丝机轧制和控制而成。

在轧制前，必须对钢锭表面进行精整，即用火焰加热、砂轮打磨、风凿凿削等方法清除钢锭表面的气泡、裂纹、粘沙、结疤等缺陷，以免在轧制过程中扩大，影响材质。

轧制分热轧和冷轧两种。钢锭用热轧，轧制前加热至高温，以提高其塑性、减少其变形抗力，经热轧后，钢的致密性得到提高，同时还可细化晶粒，减少钢中化学成分的不均匀程度，因而使钢的机械性能得到提高。但在轧制的同时，钢锭中的夹杂物沿金属变形方向被拉长，形成纤维组织。使钢材纵、横向的机械性能不同，例如在顺纤维方向的抗拉强度高，而在垂直于纤维方向的抗拉强度低，垂直于纤维方向的剪切强度高，而顺纤维方向的剪切强度低。冷轧是在常温下进行的，它以热轧半成品作为坯料，冷轧可得到表面光洁、尺寸精确、机械性能好的成品，如冷轧钢板、冷轧型钢等。

在构件的制造中，钢材按用途分为锅炉用钢和压力容器用钢。

1）锅炉用钢

（1）钢板。除构架使用普通碳素钢 Q235-A 或 Q235-AF 和低合金钢 16Mn 外，其受压元件均采用优质钢和锅炉专用钢材。锅炉用碳素钢及低合金厚钢板牌号有碳素钢 20g 和

22g,低合金钢16Mng、12Mng、15MnVg、14MoMnVg和18MnMoNbg。

（2）钢管。中低压锅炉用的钢管牌号为10和20钢,高压锅炉钢管的牌号为优质碳素钢20g,合金钢12CrMo、15CrMo、12Cr2Mo、12Cr1MoV、12Cr2MoWvTiB、12Cr3MoVSiTiB。

（3）锻件。碳钢有Q235-A、20、25、35、45。低合金钢有16Mn、12CrMo、15CrMo、30CrMo、35CrMo、12Cr1MoV。高合金钢有0Cr13、2Cr13、1Cr18Ni9Ti。

2）压力容器用钢

包括各种贮存和运输容器、反应容器、塔器和换热器等。大多数压力容器的工作压力在35 MPa以下,个别压力高达100 MPa以上,工作温度在-19～450 ℃范围内,部分低温容器的工作温度可达-200 ℃或更低。盛装介质有各种液相和气相物质,有的介质具有强烈的腐蚀性、毒性和易燃性。故压力容器使用的钢材类型很多,需密切结合使用条件来选定。压力容器的主体用钢板卷焊而成,并连接各种规格的管件和锻件,以及法兰连接螺栓用圆钢等。

（1）钢板。包括碳素钢板、低合金钢板和高合金钢板等。

① 碳素钢板。包括普通碳素钢Q235A、B、C、D级钢板;专门用途优质碳素钢,有压力容器钢20R,焊接气瓶钢HP245、HP265、HP325、HP345、HP365。

② 低合金钢板。包括常温压力容器用钢,如16MnR、15MnVR、15MnVNR、18MnMoNbR、13MnNiMoNbR、15CrMoR;低温压力容器用钢,如16MnDR、15MnNiDR、09Mn2VDR、09MnNiDR;高压容器用层板,如16MnRC、15MnVRC。

③ 高合金钢板。常用的有1Cr13、00Cr13Ni10、1Cr13Ni9Ti、00Cr17Ni14Mo2、Cr18Ni12Mo2Ti等。

（2）钢管。压力容器常用的钢管牌号有:碳素钢管10、20、20g;合金钢管16Mn、15MnV、09Mn2V、12CrMo、15CrMo、10MoWVNb、12Cr2Mo、1Cr5Mo;不锈钢管0Cr18Ni9、0Cr18Ni12Mo2Ti、00Cr19Ni10、00Cr17Ni14Mo2、00Cr19Ni13Mo3等。

（3）锻件。锻件的常用钢牌号有:碳素钢20、25、35、45;合金钢16Mn、20MnMo、15MnMoV、20MnMoNb、15CrMo、35CrMo、12Cr1MoV、12Cr2Mo1;不锈钢1Cr13、1Cr18Ni9Ti。

（4）圆钢。圆钢的常用牌号有:碳素钢Q235-A、35;合金钢40MnB、40MnVB、40Cr、30CrMoA、35CrMoA、35CrMoVA、25Cr2MoVA、1Cr5Mo;不锈钢2Cr13、0Cr19Ni9、0Cr19Ni12Mo2。

二、钢板

钢板是结构制造中广泛应用的材料之一,常用于制造压力容器、机身、壳体和钢结构等。钢板按其厚度分为薄钢板和厚钢板。

（一）薄钢板

厚度在4 mm以下的钢板,称为薄钢板。按国家标准规定供应的薄钢板,其厚度为0.2～4 mm,宽度为500～1500 mm,长度为1000～4000 mm。

根据不同的用途,薄钢板的材料有普通碳素钢、优质碳素结构钢、合金结构钢、不锈钢、弹簧钢等。薄钢板有轧制后直接使用,也有经过酸洗(酸洗薄钢板)、镀锌或镀锡后使用。薄板也有成卷供应的,称带钢。将轧制带钢切成规定的长度,就是钢板。因此,带钢的生产率要比钢板高。

薄钢板的尺寸表示方法是:厚度×宽度×长度。如热轧厚度为 1 mm,宽度为 750 mm,长度为 1500 mm 的薄钢板的尺寸写作:"1.0 mm×750 mm×1500 mm";如果是冷轧薄板则应写作:"冷 1.0 mm×750 mm×1500 mm";如果是酸洗薄钢板,则应在尺寸前用文字写明,如:"酸洗薄钢板 0.35 mm×1000 mm×2000 mm"。

薄钢板主要用于汽车工业、航空工业、电气工业和机械工业等部门,用来制造机壳、水箱、油箱、风机外壳等。酸洗薄钢板用于冲制器皿、器具等;镀锌薄钢板常用于制造器皿、屋面瓦板、化工容器设备的保温外层等。

(二) 厚钢板

厚度在 4 mm 以上的钢板统称厚钢板。通常把厚 4~25 mm 的钢板称中板;25 mm 以上的钢板称厚板。根据厚板轧机所能轧制的最大厚度,厚板的界限常在 60 mm 以内,超过 60 mm 的必须在专门的特厚板轧机上轧制,所以叫特厚板。常用的厚钢板厚度在 4.5~60 mm 之间,宽度为 600~3000 mm 或更大,长度为 4000~12000 mm。

厚钢板尺寸标记方法与薄钢板相同。测量钢板的厚度时,应距板边不小于 40 mm,板角不小于 100 mm 才正确。

使用钢板时,应先检查钢板表面有无裂纹、斑痕、层化、折皱等缺陷。这些缺陷的存在,将减弱钢板的强度,所以不能使用。

厚钢板按其用途分为锅炉钢板、压力容器钢板、造船钢板、桥梁钢板和特殊钢板。

1) 锅炉钢板

锅炉是使水转变为高温高压蒸汽的设备。用于制造锅炉的钢板处于中温(350 ℃以下)高压状态下工作,它除承受较高的压力外,还受到冲击、水和蒸汽介质的腐蚀等,同时在制造过程中还要经受各种冷热加工工序,如卷板、焊接、热处理等。因此,对锅炉钢板的性能要求主要是:有良好的焊接性能,一定的高温强度和耐碱性腐蚀、耐氧化等。常用的锅炉钢板有平炉、氧气顶吹转炉或电炉冶炼(含碳量在 0.16%~0.26%范围内),制造中压锅炉时则应用耐热钢,也有采用普通低合金钢,如 12Mng、15MnVg、18MnMoNbg 等。

锅炉钢板也常用来制造承受压力和温度的容器,如汽包、火箱、管板等。

锅炉钢板的牌号后加注"锅"字,其代号为"g"。例如 20 锅(20g)为优质平炉 20 号锅炉钢板。锅炉钢板的厚度尺寸为 6~120 mm。

2) 压力容器钢板

压力容器钢板用于制造各种受压容器。按 GB 6654—1996 规定在钢号后需加注压力容器的"容"字,其代号为汉语拼音的第一个字母"R"。如 20 容(20R),16 锰容(16MnR),18 锰钼铌容(18MnMoNbR)等。多层压力容器用低碳钢钢板按 GB 6655—86 规定在钢号后加注"层"字,其代号为汉语拼音的第一个字母"C"。如 16 锰容层(16MnRC)和 15 锰钒容层(15MnVRC)。

3) 不锈耐酸钢板

不锈耐酸钢板(简称不锈钢板)常用于化工设备中耐酸碱腐蚀的容器。为了能起防蚀的作用、钢中含有抗腐蚀的合金元素,如 Cr、Mo、Ti 等。其常用钢号有 1Cr13、0Cr18Ni9、00Cr17Ni14Mo2 和 00Cr17Ni14Mo2Ti 等。

4) 不锈复合钢板

为了不使复合板的头绪过多,本节将其焊接和坡口形式等也一起加以叙述。

不锈复合钢板是一种新型材料,它由复层(不锈钢)和基层(碳钢、低合金钢)组成。通常复层只有 1.5～3.5 mm,比单体不锈钢可节约 60％～70％的不锈钢,具有很高的经济价值。

不锈钢复合钢板导热系数比单体不锈钢高 1.5～2 倍,因此特别适用于既要求耐腐蚀又要求传热效率较高的设备。

(1) 适用材料。

① 基层。如 Q235-A、Q235-B、20R、20g、16MnR、15CrMoR 及与此相当的材料。

② 复层。如 0Cr13、0Cr17、0Cr17Ti、0Cr18Ni9、0Cr18Ni10Ti、00Cr19Ni10、0Cr17Ni12Mn2、00Cr17Ni14Mo2 及与此相当的材料。

(2) 切割。不锈钢复合钢板可用机械切割和热切割的方法进行切割。

① 机械切割。根据剪切设备的能力,板材应尽量用剪床剪切。剪切时复层朝上,并应注意防止复层表面损伤。

② 热切割。对于厚度在 12 mm 以上(根据剪板机能力)的复合钢板,可采用等离子切割、气割和氧助熔剂切割。热切割尽量采用等离子切割,切割后应用机械方法切除热影响区及端面缺陷或裂纹。严禁将切割熔渣溅在复层表面上。

等离子切割时,复层朝上,从复层侧开始切割;采用气割时,复合层朝下,从基层侧开始作振动切割。

(3) 焊接。不锈钢复合钢板的焊接按表 2.1 要求进行。

表 2.1　不锈钢复合钢板的焊接

位　置	焊接方法	焊接材料	备　　注
基层	手工电弧焊或自动焊	与基层材质相配的焊条,特殊情况除外	采用低氢碱性药皮焊条,板厚≥30 mm 时需预热(一般指基层材料为 16MnR 而言)
复层	手工电弧焊或自动焊	与复层材质相配的焊条	氩弧焊可采用 TIG 焊(钨极惰性气体保护焊)及 MIG 焊(熔化极惰性气体保护焊)
基层与复层交界处	手工电弧焊或自动焊	采用 25Cr-13Ni 或 25Cr-20Ni	含钼钢复层采用 25Cr-13Ni-Mo

① 坡口。开外坡口时,由基层方向开始的焊接,间隙为 0～2 mm。焊接厚板时,最初 2～3 层手工焊后,再进行自动焊。基层焊完后,把露出复层的基层熔敷金属铲掉,要尽量减少露出的面积。焊接过渡层,将基层完全覆盖后,原则上采用与复层不锈钢相等或以上的熔敷金属焊条。焊接复层。

开内坡口时,由复层方向开始的焊接,焊接顺序有如下两种。

·内侧基层焊接→挑焊根→外侧基层焊接→内侧过渡焊接→复层焊接。

·内侧基层焊接→过渡层焊接→复层焊接→挑焊根→外侧基层焊接(当采用埋弧焊时,不得采用此顺序)。

上述开内坡口的两种方法中任何一种都要注意:内侧基层的焊接不要焊到复层,焊到基层的 70％～80％再用过渡层焊条焊至复层,最后用复层焊条覆盖。

② 预热。不锈钢复合钢板制压力容器焊接预热按基层要求进行。

③ 焊接要点。焊接时一般先焊基层金属,后焊复层。如图 2.1 所示,过渡层的熔焊金

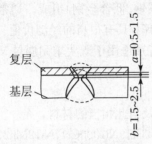

图 2.1　过渡层焊接方法

属,必须完全覆盖碳钢层,碳钢处 $b=1.5\sim2.5$ mm,并盖过不锈钢与碳钢交界面,$a=0.5\sim1.5$ mm。

(4) 焊后热处理。复合钢板制压力容器焊后热处理按基层材料进行,对耐晶间腐蚀要求较高的设备,如果基层需要热处理时,复层在热处理后再焊。当需要消除应力时,对奥氏体系复合钢板在 550 ℃以下作消除应力热处理,对超低碳型奥氏体复合钢板可以在基层、复层焊完后,在 600～650 ℃下热处理。

(三) 几种相近钢种的区别及选材、用材中应注意的问题

(1) Q235 钢号 A 级、B 级、C 级、D 级四个等级的区别和适用范围。主要区别在于冲击温度不同。Q235A 级不做冲击试验;Q235B 级做常温 20 ℃V 型冲击试验;Q235C 级做 0 ℃V 型冲击试验;Q235D 级做−20 ℃低温 V 型冲击试验。它们的适用范围如下。

Q235A:容器设计压力 $p\leqslant1.0$ MPa,钢板使用温度为 0～350 ℃,用于容器壳体时,钢板厚度不大于 16 mm,不得用于液化石油气以及毒性为高度或极度危害介质的压力容器。

Q235B:容器设计压力 $p\leqslant1.6$ MPa,钢板使用温度为 0～350 ℃,用于压力容器时,钢板厚度不大于 20 mm,不得用于毒性为高度或极度危害介质的压力容器。

Q235C:容器设计压力 $p\leqslant2.5$ MPa,钢板使用温度为 0～350 ℃,用于容器壳体时,钢板厚度不大于 32 mm。

Q235D:容器设计压力 $p\leqslant2.5$ MPa,钢板使用温度为−20～350 ℃,用于容器壳体时,钢板厚度不大于 32 mm,其中厚度大于 20 mm 的钢板应在正火状态下使用。

(2) 压力容器用碳素钢和低合金钢的使用状态。在壳体厚度大于 38 mm 的 20R 和壳体厚度大于 30 mm 的 16MnR 时,其他受压元件(法兰、管板、平盖等)厚度大于 50 mm 的 20R 和 16MnR 时,以及厚度大于 25 mm 的 15MnVR 时的三种情况下,钢板应在正火状态下使用。由于国内轧制设备限制、锻轧比小而造成厚钢板中心部分组织疏松,金属本体致密度差。另外,国内冶炼技术还不十分先进,钢材的硫、磷含量与国外差距大。采用钢包吹氩、喷粉、炉外精炼、保护渣浇注等方法可以提高钢的内在质量。同时还可以对钢板通过正火处理以细化晶粒改善组织(消除带状组织、大块状铁素体、网状碳化物)来改善钢的综合力学性能,提高钢的塑性和韧性。

(3) 16Mn 与 16MnR 的区别。16Mn 属于低合金结构钢,是非压力容器用钢。它与 16MnR 相比,除了出厂保证项目不同外,二者在硫磷含量、碳当量控制、吹氩处理及轧制过程的控制方面都有明显的区别,故此种钢仅能作为管板和法兰。

16MnR 属于压力容器用钢,硫磷含量低标准规定必须保证 σ_b、σ_s、δ_s 及冷弯等 5 项指标,所以使用范围不受压力、厚度的限制,使用温度为−20～475 ℃。

因此,16Mn 钢不可代替 16MnR 钢作为压力容器用钢。

(4) 20 与 20g 的区别。20 钢属于优质碳素结构钢,平均含碳量为 0.20% 左右,与普通碳素钢相比,有较高的质量,严格的化学成分,硫磷杂质含量少,同时还保证力学性能的有关指标,用于不经受很大应力而韧性好的机械零件,也可制造在 6.08 MPa、450 ℃以下非腐蚀介质中使用的管子,最高使用温度应低于 475 ℃。

20g 属于锅炉用钢,平均含碳量在 0.20% 左右,具有良好的焊接性能,一定的热强性,较好的耐腐蚀性和抗氧化性,其使用温度范围限制在 -20～475 ℃。

(5) 0Cr18Ni9 与 1Cr18Ni9 的区别。这两个钢种都属于奥氏体不锈耐酸钢,只是含碳量不同,前者 C≤0.07%,后者 C≤0.15%。由于含碳量的不同,焊接时形成碳化铬($Cr_{23}C_6$)就不同,前者有利于防止晶间腐蚀,后者相对较差。另外,前者含碳量低,塑性、韧性、焊接性能较后者好;后者由于含碳量高,经冷加工后有较高的强度,塑性、韧性较差。

(6) 1Cr18Ni9 与 1Cr18Ni9Ti 的区别。这两种钢种都属于奥氏体不锈耐酸钢,只是在含钛(Ti)量上不同。钛是热强性元素,故后者比前者的耐热性、抗蠕变性强,且焊接时因有钛元素,能形成双相组织,不易产生晶间腐蚀。

(7) 不锈耐酸钢的成分分析。例如 00Cr17Ni14Mo2,这是一种超低碳奥氏体不锈耐酸钢,平均含碳量 C≤0.030%,焊接时形成碳化铬($Cr_{23}C_6$)较少,又因铬(Cr)、钼(Mo)都是形成铁素体的元素,焊接时使不锈钢形成奥氏体和铁素体的双相组织,有利于防止晶间腐蚀;由于含量碳低,使钢的塑性、韧性、焊接性能都较好;由于含镍量较高,耐腐蚀性能较好,特别是耐酸、碱、盐、大气腐蚀,且提高钢的塑性、韧性和延展性;由于含钼(Mo)元素(含量小于2%～3%),也能提高钢的热强性和热稳定性。所以此种钢是性能比较全面的奥氏体不锈耐酸钢。

同理,若钢中含硅(Si)元素,可提高钢的抗氧化性,如 1Cr18Ni9Si3;若钢中含氮(N),可提高钢的强度,但不降低其塑性,如 0Cr19Ni9N;若钢中含铌(Nb),可防止钢的晶间腐蚀,如 0Cr18Ni11Nb 等。

(8) 超声波检验。国标《钢制压力容器》GB 150 中明确规定,用于壳体的下列碳素钢和低合金钢钢板,应逐张进行超声检测,钢板的超声检测方法和质量标准按 JB 4730 的规定:厚度大于 30 mm 的 20R 和 16MnR,质量等级应不低于Ⅱ级;厚度大于 25 mm 的 15MnVR、15MnVNR、18MnMoNbR、13MnNiMoNbR 和 Cr-Mo 钢板,质量等级应不低于Ⅲ级;厚度大于 20 mm 的 16MnDR、15MnNiDR、09Mn2VDR 和 09MnNiDR,质量等级应不低于Ⅲ级;多层包扎压力容器的内筒钢板,质量等级应不低于Ⅰ级;调质状态供货的钢板,质量等级应不低于Ⅱ级。

(9) 压力容器受压元件采用国外材料时应符合的条件。

① 应符合产地国压力容器最新规范允许使用的钢材。使用范围一般不应超出该规范的规定。

② 应按国外相应的设计规范规定的许用应力进行强度复核、调整设计壁厚。

③ 按照进口国的压力容器制造规范修改有关的技术要求。

④ 还应符合国标 GB 150—1998 中相近成分和技术要求的钢材的规定。

⑤ 具有材料质量证明书,实物有清晰标记。

⑥ 使用前(指首次),应进行有关试验和验证。

(10) 国产材料代用应遵循的原则。

① 钢材的技术要求或实物性能水平(包括化学成分、交货状态、检验项目、性能指标和检验率以及尺寸公差和外形质量)不低于被代用钢材。

② 个别性能或检验率略低的通过增加检验项目和数量或提高检验率来代用。

③ 升级代用,尚需考虑经济合理性。

(11) 材料的力学性能及其主要指标。材料在一定温度和外力作用下,所表现出抵抗某种变形或破坏的能力称力学性能或机械性能。力学性能的主要指标是强度、塑性、韧性、硬度等。

① 强度。

屈服强度(σ_s)也称物理屈服强度,它表示材料发生塑性变形的最小应力,反映出材料抗微量塑性变形的能力。由于多数材料不像低碳钢那样有明显的屈服点,因而确定屈服强度有困难,实际应用时为便于测量和比较,工程上人为地规定以产生少量塑性变形(通常为0.2%)时的应力值作为条件屈服强度,用 $\sigma_{0.2}$ 表示。

抗拉强度(σ_b),它表示材料在拉断所能承受的最大应力值,超过此应力材料就进入破坏阶段,所以它也表示材料抵抗断裂的能力,其单位是 MPa。

② 塑性。

伸长率($\delta\%$),试样拉断后的伸长量与原长之比,它表示材料被拉伸的程度。

断面收缩率($\psi\%$),试样拉断后的断面与原截面之比,它表示材料被拉细的程度。ψ 和 δ 的物理意义并非完全相同,因为材料的伸长率与试样长度方向和横截面的组织及成分不均匀性有关(有的试样出现缩颈,有的则不出现),而断面收缩率则只表现断裂区的性能,因此与伸长率相比,断面收缩率能更好地反映材料的塑性。

弯曲角(α)经弯曲试验后,试样不出现不允许缺陷而应达到的弯曲角度。它表示材料抗弯曲变形的能力。

③ 硬度(HB、HR、HV)。材料表面抵抗较硬物体压入的能力,以不同方法在不同仪器上测定的硬度。其单位与强度单位一致。

④ 韧性。材料抵抗冲击力,而不发生破断的能力。

冲击功(A_k),在冲击载荷的作用下,材料破坏时所能承受的冲击功。其单位现用国际单位 J 表示。

冲击韧性(α_k),单位面积上所承受的冲击功。单位用 J/cm^2 表示。对全尺寸(10 mm×10 mm×55 mm)的试样其冲击功除以 0.8 即为冲击韧性的值。

三、钢管

钢管分无缝和有缝两种。

(一) 无缝钢管

无缝钢管由整块金属轧制而成,断面上无接缝。根据生产方法,无缝钢管又分热轧管、冷拔管、挤压管等;按断面形状分圆形和异形两种。异形钢管有方形、椭圆形、三角形、星形和带翅管等各种复杂形状;根据用途不同,有厚壁管和薄壁管。

无缝钢管主要用作石油化工用的裂化管、锅炉管及汽车、拖拉机、航空用的高精度结构钢管。材料有普通碳素钢、优质碳素结构钢和合金结构钢。热轧无缝钢管的外径自 32～630 mm,壁厚自 2.5～75 mm,长度 3～12.5 m。冷拔无缝钢管的外径自 6～200 mm,壁厚0.25～14 mm,长度 1.5～9 m。

对于锅炉上承受一定压力和温度的管子,常用锅炉无缝钢管,其成分有碳素无缝钢管和合金无缝钢管。

(二) 有缝钢管

有缝钢管又称焊接钢管,用钢带焊成,有镀锌和不镀锌两种,前者称为白铁管,后者称为黑铁管。

镀锌的有缝钢管常做水管,因其外表面镀上一层锌,可以防止水锈。不镀锌的有缝钢管用于普通低压或无压力的管道系统中。

管子的规格在公称中用外径和壁厚表示,在英制中则以内径(英寸)表示。

钢管的尺寸标记方法是:外径×壁厚×长度。如外径为 57 mm,壁厚 3.5 mm,长度 6000 mm的热轧无缝钢管,则应标记为:"管 ϕ57 mm×3.5 mm×6000 mm"。对水煤气输送管应在尺寸前用文字说明,如:煤气管"ϕ20 mm×2.75 mm×1500 mm"。

四、型钢

型钢的种类很多,根据断面形状分简单断面型钢和复杂断面型钢两种。简单断面的型钢有圆钢、方钢、六角钢、扁钢和角钢;复杂断面的型钢有槽钢、工字钢、钢轨和其他异型钢材等。

(一) 圆钢、方钢和六角钢

圆钢是断面圆形的钢材,分热轧、锻制和冷拉三种。热轧圆钢的直径为 5~250 mm,其中 5~9 mm 的常用做拉拔钢丝的原料,叫做线材。线材由于是成盘供应的,所以又名叫热轧盘料。锻制圆钢的直径较粗,其直径为 50~250 mm,常用于制造轴的毛坯。冷拉圆钢直径为 3~100 mm,其尺寸精度较高。

方钢是断面为方形的钢材,分热轧和冷拉两种。热轧方钢的边长为 5~250 mm,冷拉方钢的边长为 3~100 mm。

六角钢是断面为六角形的钢材。热轧六角钢内切圆直径自 8~70 mm,冷拉六角钢尺寸自 3~75 mm。

圆钢、方钢、六角钢的长度通常为 2~6 m。

圆钢、方钢、六角钢在冷作中一般用作撑条、箍、轴、螺栓、螺母等,也可作锻造毛坯之用。

热轧圆钢尺寸的标记方法是:直径×长度。如"方钢 50 mm×6000 mm",则表示方钢的边长为 50 mm,长度为 6000 mm。如"六角钢 50 mm×3000 mm",表示六角钢的对边距离为 50 mm,长度为 3000 mm。

(二) 扁钢

扁钢是断面为长方形的钢材,在冷作件中应用广泛,可以弯成扁钢圆,也可制作框架、拉条等。

扁钢的尺寸用厚度、宽度和长度来表示。热轧扁钢的宽度为 10~200 mm,厚度为 3~60 mm,长度为 3~9 m。扁钢的尺寸表示方法是:厚度×宽度×长度,如"扁钢 10 mm×50 mm×2000 mm",表示扁钢的厚度为 10 mm,宽度为 50 mm,长度为 2000 mm。扁钢一般采用

Q235-A、35、45、14Mn、16Mn、15MnTi、14Mn2Si 等。

（三）角钢

角钢分等边角钢和不等边角钢，其断面形状如图 2.2 所示。

角钢在冷作件中，常用于制造圈、框架、梁、柱和其他轻型的钢结构。

角钢的规格用边长和边厚的尺寸表示，其标记方法为 ∟ $b \times b \times d$—L 或 ∟ $B \times b \times d$—L，b 或 B 为角钢的边长，d 为角钢的边厚，L 为角钢的长度。如边宽为 50 mm，边厚 5 mm、长 3000 mm 的热轧等边角钢，标记为"∟ $50 \times 50 \times 5$—3000"。如边宽为 80 mm 与 50 mm，边厚 5 mm，长 4000 mm 的热轧不等边角钢，其标记为"∟ $80 \times 50 \times 5$—4000"。

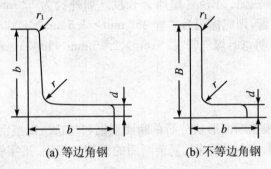

(a) 等边角钢   (b) 不等边角钢

图 2.2　角钢

角钢的大小也可用号数来表示，号数表示边长（cm），例如 4 号角钢，即边长为 40 mm 的等边角钢。角钢规格从 2～20 号，长度为 3～19 m，同一号角钢常有 2～5 种不同的边厚。

角钢一般采用的材料为 Q235-AF、Q235-A 等普通碳素结构钢，也有用普通低合金钢的，如 16Mn、16MnCu、08Mn2Si 等。

（四）槽钢

槽钢分普通热轧槽钢、热轧轻型槽钢和普通低合金钢轻型槽钢。其断面形状如图 2.3 所示，h 为槽钢的高度，b 为腿宽，d 为腰厚，t 为平均腿厚，r 为内面圆角半径，r_1 为边端圆角半径。

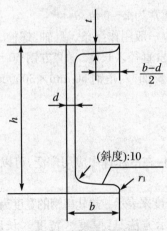

图 2.3　槽钢的断面图

槽钢在钢结构中常用作柱、框架或轻型的梁,车辆制造中用作底盘。和角钢一样,在受力较大的结构中,可将槽钢成对地组合在一起使用。

槽钢的大小用型号表示,其型号代表槽钢的高度,以厘米计算,如 12 号槽钢,其高度为 120 mm。目前生产的槽钢型号从 5~40 号,即相应的高度为 5~40 cm,长度为 5~19 m。热轧轻型槽钢与普通槽钢相比,在相同高度的尺寸下,轻型槽钢的腿窄、腰薄、重量轻。

槽钢的材料一般有 Q235-AF、Q235-A 等。普通低合金钢槽钢的钢号有 16Mn、16MnCu 等。

槽钢的尺寸标记方法:若槽钢的高为 400 mm,腿宽 102 mm,腿厚 12.5 mm,长度为 8000 mm 的热轧普通槽钢,其标记为:槽钢 40b-8000 或 [40b-8000。

热轧轻型槽钢应在号数前用文字标明。例如,热轧轻型槽钢 [40-8000。普通低合金钢热轧轻型槽钢在其型号后边标注"Q"以示区别。如 20 号低合金热轧轻型槽钢,长 8 m,则标记为 [20Q-8000。

(五) 工字钢

工字钢分热轧普通工字钢、热轧轻型工字钢和普通低合金热轧工字钢。其断面形状如图 2.4 所示:h 为工字钢的高度,b 为腿宽,d 为腰厚,t 为平均腿厚,r 为内面圆角半径,r_1 为边端圆角半径。

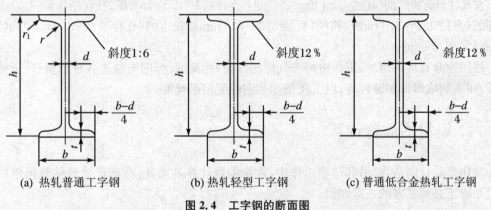

(a) 热轧普通工字钢　　　　(b) 热轧轻型工字钢　　　　(c) 普通低合金热轧工字钢

图 2.4　工字钢的断面图

工字钢在钢结构中通常用作立柱、框架和横梁等。

工字钢的规格以号数表示,号数表示工字钢的高度(cm),如 10 号工字钢,其高度为 10 cm。目前生产的普通工字钢的规格从 10~63 号,即相应的高度为 10~63 cm。在相同的高度下,轻型的工字钢比普通的工字钢腿窄、腰薄、重量轻。工字钢的长度为 5~19 m。

工字钢一般采用的材料是 Q235-AF、Q235-A 等或普通低合金钢,如 16Mn、16MnCu 等。

工字钢的尺寸标记方法:若工字钢的高为 200 mm,腿宽 100 mm,腰厚 7 mm,长 6000 mm,其标记为:工字钢 20a-5000 或 I20a-5000。对热轧轻型工字钢应在号数前用文字标明,例如:"热轧轻型工字钢 I20-8000"。普通低合金钢热轧轻型工字钢在其型号边上加"Q"以示区别。如 10 号普通低合金钢热轧轻型工字钢,长 10 m,则标记为:I10Q-10000。

（六）异型钢材

异型钢材是为了特殊需要而轧制的，在很多工业部门都得到应用。如常见的钢轨，建筑结构中应用的丁字钢和乙字钢等。

除采用轧制的异型钢材外，还广泛应用模压型钢，这种型钢可以制成各种形状，其特点是断面积小、重量轻，且刚性较好。

五、钢丝

钢丝是钢材四大品种之一。钢丝通常指的是用热轧线材（盘条）为原料，经过冷拔加工而成。由于应用广泛，钢丝的分类比较复杂。

按断面形状分有圆的、椭圆的、方的、三角形和各种异形的。

按化学成分分有低碳（C<0.25%）、中碳（C>0.25%～0.60%）、高碳（C>0.60%）钢钢丝；低合金钢（含合金元素总量<3%）、中合金钢（含合金元素总量2.5%～10.0%）和高合金钢（含合金元素总量>10%）钢丝多种。

按表面情况分有镀锌的和不镀锌的两种。不镀锌钢丝就其表面状况又分为光面钢丝和黑钢丝。光面钢丝表面光滑平整。黑钢丝表面粗糙，有一层氧化铁膜。

按尺寸分有特细的（直径<0.1 mm）、较细的（直径0.1～0.5 mm）、细的（直径0.5～1.5 mm）、中等的（直径1.5～3.0 mm）、粗的（直径3.0～6.0 mm）、较粗的（直径6.0～8.0 mm）和特粗的（直径>8.0 mm）。

按用途分有焊条钢丝，用作电焊和气焊的焊条；弹簧钢丝，用来制造各种弹簧；冷顶锻用钢丝，用来制成铆钉和螺钉等；电工用钢丝和钢丝绳用钢丝等。

六、钢材的质量计算

冷作产品在制造、起吊和运输工作中，常常需要计算其质量，准确迅速地估算出钢材的质量是铆工必须掌握的基本知识。

（一）钢材质量的理论计算方法

钢材质量的理论计算方法是用钢材的断面积乘以长度，再乘以钢材的密度，其计算式为

$$G = F \times L \times \gamma \times 1/1000$$

式中，G——钢材的质量（kg）；

F——钢材的断面积（mm²），各种钢材断面积的计算公式查阅金属材料手册；

L——钢材的长度（m）；

γ——金属的密度（g/cm³），碳钢为7.85 g/cm³，铝为2.73 g/cm³，纯钢为8.90 g/cm³等。

由上式算的是钢材的理论质量，因钢材在制造过程中允许有一定的偏差，所以理论上的计算值与实际质量间有一定的误差。

（二）钢材质量的简易计算方法

计算钢板的质量时，可根据每平方米面积每毫米厚的钢板质量为7.85 kg，所以以7.85

作为系数,计算时只要先求出钢板的面积(m^2),然后再乘以系数7.85,再乘以钢板的厚度(mm)就得出所求的质量,其简易计算公式为

$$G = 7.85 \times S \times t$$

式中,G——钢板的质量(kg);

S——钢板的面积(m^2);

t——钢板的厚度(mm)。

【例1】 有一长方形钢板,长1200 mm,宽900 mm,厚度为12 mm,求此钢板质量。

解　　　　　　　　$G = 7.85 \times S \times t$

$= 7.85 \times 1.2 \times 0.9 \times 12 = 101.74$ (kg)

【例2】 有一钢圈,外径1400 mm,内径为1280 mm,厚60 mm,求此钢圈质量。

解　　　　　　　　$G = 7.85 \times S \times t$

$= 7.85 \times [\pi(1.4^2 - 1.28^2)/4] \times 60 = 119$(kg)

在计算型钢的质量时,如果用体积乘以密度的公式,那就太繁琐了。为了简便计算,可以先从有关表格中查出该型钢每米长的单位质量,再乘以实际长度,就得到所求的质量。

【例3】 一根断面为50 mm×50 mm×5 mm的等边角钢,长6 m,求其质量。

解 从有关表格中查得该断面角钢每米的质量为3.77 kg,则质量为$3.77 \times 6 = 22.62$ (kg)。

【例4】 一根18号热轧普通槽钢,长8 m,求其质量。

解 查表查得该槽钢每米质量为22.99 kg。则8 m长槽钢的质量$= 22.99 \times 8 = 183.92$(kg)。

钢管的质量简易计算公式为

$$G = 0.02\,466 \times t(D - t)$$

式中,G——每米钢管的质量(kg);

D——钢管的公称外径(mm);

t——钢管的公称壁厚(mm)。

【例5】 外径25 mm,壁厚3 mm的无缝钢管1 m长的理论质量为多少?

解　　　　　　$G = 0.02\,466 \times t(D - t)$

$= 0.02\,466 \times 3 \times (25 - 3)$

$= 1.63$(kg)

求任意长的钢管质量时,只要将求得的每米质量乘以长度值就可以了。

对于计算断面复杂的零件质量时,可以将其分解成若干简单的部分,然后再分别计算质量,最后相加,就会得出该复杂零件的质量。例如一构件由槽钢和扁钢构成,那么就先计算出该构件中槽钢的质量,然后再计算出该构件中扁钢的质量,最后,将这两个质量相加,即得出该构件的质量。

七、钢材的检验和验收

(一) 钢材的检验

对于制造重要冷作产品(如化工设备中的一、二、三类压力容器及高温高压锅炉等)的钢

材,应经严格的、全面的技术检验,才能确保产品的质量和运行的安全。

检验材料的方法主要有化学分析,外表检查,显微分析,无损探伤,机械试验和工艺试验等。

(1) 化学分析。化学分析的目的是鉴定材料的化学成分,以判定是否与技术条件中规定的相符合。

(2) 外表检查。外表检查是从钢材的外部用肉眼或放大镜进行观察,以确定材料的表面无裂缝、凹陷、斑痕等缺陷。

(3) 显微分析。显微分析是用显微镜来观察材料的组织,确定材料在经受焊接、锻压、热处理等工序后内部组织所引起的变化,以及材料内部的夹渣、气孔、组织不均匀等。

(4) 无损探伤。无损探伤是指在不损坏原材料的前提下进行试验的方法。常用的方法有超声波检验、荧光检验、着色检验和射线(X 和 γ 射线)检验等。

(5) 机械试验。机械试验是将材料制成规定的试样后,在各种试验机(如拉力试验机、冲击试验机等)上进行试验,以测定钢材的抗拉强度(σ_b)、屈服强度(σ_s)、延伸率(δ)、断面收缩率(ψ)和冲击值(α_k)等机械性能。

(6) 工艺试验。工艺试验目的是确定材料能否适应制造过程中的各种变形和焊接性能等。由于材料在制造过程中发生弯曲、压缩、扩张、扳边及压扁等的加工变形,因此在工艺试验中也就相应地做这些变形的试验,这些试验必须按标准中所规定的方法进行。

(7) 焊接性能试验。用钢材制造的构件,差不多都采用焊接的方法,因此钢材的焊接性能(可焊性),特别是合金钢的焊接性能是很重要的。钢材的焊接性能是指钢材焊接后抵抗脆裂倾向的能力,是钢材重要的工艺性能指标之一。

钢材的焊接性能可通过直接试验和间接判断两种方法确定。直接试验就是把钢材按使用情况焊接上,然后做力学性能试验、腐蚀性试验、物理性能试验等。但是,试验时焊接工艺必须与现场施工时条件相同。间接判断是根据钢中所含的碳和合金元素的含量来判断钢材的可焊性,这种方法只能作近似的估计,所以确定钢材的焊接性能最可靠的方法是直接试验法。

以上 7 种钢材检验的方法,对于拥有化工容器设备一、二、三类压力容器制造许可证的企业,都是在理化实验室和焊接研究室进行的,以确定任何一种钢材的可用性,进而可以投料生产制造产品。

(二) 钢材的验收

钢材进厂时,一般都按钢厂的质量保证书验收,钢材的品种规格应符合国家标准或订货技术条件的规定。

进厂的钢材可根据具体情况进行必要数量的抽验。目前,碳素钢的质量已经比较稳定,一般不需抽验;对合金钢,特别是一些新的合金钢种,就必须做重复试验。试验项目和试样数量,按规范要求确定,试验合格后的钢材方能验收入库。

钢材必须质量均匀,不得有夹层、裂纹、非金属夹杂和明显的偏析等缺陷。钢材的表面不得有肉眼可见的气孔、结疤、折叠和压入的氧化铁皮,以及其他影响强度的缺陷。

《压力容器安全技术监察规程》中明确规定,用于制造第三类压力容器主要受压元件的材料,入厂后必须复检。复检内容至少应包括每批材料的力学性能和弯曲性能,每个炉号的化学成分。用于制造第一、二类压力容器的材料,有缺少的项目时,也应进行复检并将缺少的项目补齐。

八、钢材的堆放和保管

根据产品的制造量,必须经常储存一定数量的钢材,以供应车间日常生产的需耗。对于规模较大的冷作车间,设有储存钢材的仓库,钢材仓库位于车间生产系统的附近,以便直接向下料场所供应钢材。对于规模较小的冷作车间,一般没有专用的钢材仓库,钢材一般堆放在生产场地的附近。

进厂的钢材经验收后入库。所有钢材应按牌号、外形、厚度及其他特征分类堆放保管。碳钢与不锈钢钢材必须隔离。合理的堆放能保证钢材正确的形状,下料标记得清晰完整,可使吊运输送便利并使工作有条不紊地进行。

钢材的堆放方式大多采用按钢材的规格分别堆放,即将钢材按不同厚度和大小分开堆放,相同规格和牌号的钢材应堆放在一起。为了区别不同牌号的钢材,可在钢材的端头涂上各种颜色的油漆。钢材的涂色标记可按国家有关标准的规定执行。

对于一些贵重的钢材应尽可能堆放在室内,并涂上油类,以免锈蚀。

露天堆放钢材时,长度方向适当倾斜,以减少积水,并在表层和整堆钢板周围涂上油类。型钢在露天堆放时应倒放,并在表面涂上油类,以免积水加剧腐蚀。

钢板和型钢的堆放,下面必须垫上木料,也可置于专用的存放架上。

任务二 钢材的矫正

钢材表面上如有不平、弯曲、扭曲、波浪形等缺陷,对下料、制造零部件、组装成品的质量都有影响。因此,在下料、切割和成型加工之前,必须对有缺陷的钢材进行矫正。

一、矫正原理

(一) 钢材变形的原因

(1) 钢材残余应力引起的变形。在钢厂轧制钢材的过程中,钢材可能产生残余应力而变形。例如,在轧制钢板时,当轧辊沿其长度方向受热不均匀,轧辊弯曲、轧辊设备调整失常等原因,造成轧辊间隙不一致,引起板料在宽度方向的压缩不均匀,压缩大的部分其长度方向的延伸也大,反之,则延伸较小。当热轧厚板时,由于金属的良好塑性和较大的横向刚度,延伸较多的部分克服了相邻延伸较少部分的作用,而产生板材的不均匀伸长。

当热轧薄板时,由于薄板冷却比较快,所以轧制结束温度较低,大致在 600～650 ℃左右,此时金属塑性已降低。因此,不同延伸部分的相互作用,将使延伸得较多的部分受相邻延伸得较少部分的阻碍而产生压缩应力,而在延伸得较少的部分中产生拉应力。因此,延伸得较多的部分在压缩应力作用下就会失去其稳定面产生曲皱。

同样,冷轧薄板时由于延伸不一致也会出现变形。

（2）钢材在加工过程中引起的变形。在加工钢板过程中,例如将整张钢板割去某一部分后,也会由于使钢板在轧制时造成的内应力得到部分释放而引起变形。钢材经气割、焊接后也会产生变形。此外,因运输、存放不当也会引起变形。所以说,造成钢材变形的原因是多方面的。钢材的变形不能超过允许的偏差,否则必须进行矫正。

（二）矫正原理与基本方法

钢材在外力作用下,引起尺寸、形状和体积的改变,称为变形。变形分弹性变形和塑性变形两种。弹性变形是在外力去除后能恢复原来形状的变形,也叫临时变形;塑性变形是在外力去除后仍然留下来的变形,也叫永久变形。为使变形的钢材获得矫正,要根据具体情况采取不同的方法进行矫正。

（1）冷矫正。钢材在常温状态下进行的矫正称为冷矫正。冷矫正时易产生冷硬现象,适用于塑性较好的钢材变形的矫正。钢材在低温严寒的情况下,不能进行冷矫正,因为一般钢材在严寒情况下容易脆裂。

冷矫正时,作用于钢材单位面积上的矫正力要超过屈服强度,而小于极限强度,使钢材发生塑性变形来达到矫正的目的。

矫正的过程就是钢材由弹性变形转变到塑性变形的过程,同时,材料在塑性变形中,必然会存在一定的弹性变形。由于这个原因,当使材料产生塑性变形的外力去掉之后,工件就会有一定程度的回弹。

在矫正过程中,可运用"矫枉必须过正"的道理处理好工件的回弹问题。

（2）热矫正。钢材在高温状态下进行的矫正称为热矫正。热矫正可增加钢材的塑性,降低其刚性。热矫正一般在下列情况下采用。

① 由于工件变形严重,冷矫正时会产生折断或裂纹。

② 由于工件材质很脆,冷矫正时很可能突然崩断。

③ 由于设备能力不足,冷矫正时克服不了工件的刚性,无法超过屈服强度而采用热矫正。

热矫正的温度范围一般在700～1000 ℃之间,如果温度过高,会引起钢材过热或过烧;温度低于700 ℃时,容易产生热脆裂。因此,在热矫正时一定要控制好加热温度。同时还要考虑钢材在冷却中的收缩量。例如角钢的热矫正,两边较薄,热量较少,收缩量也少一些;而角钢的脊部较厚,热量较多,收缩量也多一些。故此,角钢矫正末了时,让脊部略呈微凸状,待工件冷却后达到平直。

根据矫正时作用外力的来源与性质来分,矫正可分手工矫正、机械矫正、火焰矫正与高频热点矫正等。

二、手工矫正

手工矫正是采用锤击的方法来进行矫正。由于手工矫正操作灵活简便,所以对尺寸不大的钢材变形,在缺乏或不便使用矫正设备的场合下应用。

（一）手工矫正工具和工装

手工矫正用的主要工具有手锤、大锤和型锤等,主要工装是平台。

(1) 手锤。手锤(俗称榔头)的锤头通常有圆头、直头和横头等多种形式,其中圆头用得最多,锤头常用碳素工具钢制成,锤的两端经过淬硬热处理,以提高其硬度。锤头的大小按重量来区分,常用的手锤有 0.5 kg、1 kg 和 2 kg 等几种。手锤的木柄选用比较坚固的木材制成,如曲柳木、白蜡木等。手锤柄的长度约 300～350 mm。木柄断面呈椭圆形,中间稍细,这样便于握紧和减轻手的震动。木柄装入锤头后用倒刺的铁楔敲入锤孔中紧固,以防锤头脱出。

锤击薄钢板或有色金属板材及表面精度要求较高的工件时,为了防止产生锤痕,可应用铜锤、铝锤、木槌或橡皮锤等。

手锤的挥锤法分手挥、肘挥和臂挥三种。手挥只用手腕的挥动,这种方法锤击力小;肘挥是用手腕和肘部一起挥动,这种方法锤击力较大;臂挥是用手腕、肘部和全臂一起挥动,锤击力最大。操作时,可根据板厚、板变形的程度,来选择手挥、肘挥或臂挥。

(2) 大锤。大锤的锤头有平头、直头和横头三种,大锤的重量有 4 kg、6 kg、8 kg、10 kg 等几种。大锤的木柄长度约 600～1100 mm,随操作者的身高和工作情况而定。木柄装入锤头后,也应打入倒刺的铁楔,以防锤头滑脱。

根据操作情况的不同,大锤的打法分抱打、抡打、横打和仰打四种,每种又分左右两面锤。

抱打右面锤时,右腿前弓,左腿后伸,用左手紧握锤柄的后端前 20～30 mm,右手握于锤柄中部约 1/2 处,为了使大锤运用自如,打锤时,右手可顺锤柄的后半部作上下方向滑动。如连打时,则应充分利用大锤落下时的弹力,这样易将大锤举起,以减少体力的消耗。

抡打右面锤时,左腿前弓,右腿后伸,左手握紧锤柄的端部,右手握锤柄的中部。大锤打下时,右手须移至锤柄端部,待大锤抡起时,则右手又须移回锤柄的中部而在大锤向下打击时,右手应加力下压。

打大锤时必须注意安全,打锤的四周不准有障碍物。锤击前,应检查锤柄是否打入铁楔与有否松动或有无裂纹;严禁戴手套打锤,以防大锤滑脱;起锤时,先看后方是否有行人;两人工作时,应避免对面站立,以防止锤头脱出发生事故。

(3) 平锤、型锤和挥锤。平锤用于修整平面,如采用大锤直接锤击板面,容易产生锤疤,影响产品外观质量,用平锤后,大锤直接打击平锤的顶端,以保护板面。型锤用于弯曲或压槽。挥锤分上、下两个部分,上部分装有木柄,供握持用,下部带有方形尾柄,以插入平台上相应的孔中。挥锤用以矫正型钢。

(4) 平台。平台是矫正用的基本工装,用于支承矫正的钢材。平台为长方形,其尺寸有 1000 mm×1500 mm、2000 mm×3000 mm 或更大,平台的高度有 200～300 mm 不等,采用铸铁或铸钢浇铸而成,为加强其台面的强度,在平台的背面铸有纵横十字形筋,台面需刨平。为便于固定工件,平台上可钻有许多孔,利用卡子敲入孔中,靠卡子弯头处的弹性压紧工件。也可以在台面上加工出许多条⊥形槽,在槽中安装⊥形螺钉,利用螺母和压板将工件固定。平台除用作矫正外,还可用于划线、弯曲、装配等操作。

(二) 板料的手工矫正

1) 薄板的手工矫正

薄板变形的主要原因是由于板材在轧制过程中因受力不均致使内部组织松紧不一而产生。可通过锤击板材的紧缩区,使其延伸而获得矫正。为提高矫正效果,往往综合使用多种矫正手段,如矫正中间凸起时,可将薄板凸起处朝上放在平台上,在凸起处上面垫上厚板用卡子压紧再锤击四周使其得到矫正。当薄板凸起或四周的波浪形比较严重时,常先用小火矫正,待凸起或波浪形基本消失后,再用平锤找平。

薄板的变形主要有中间凸起、边缘成波纹形、对角翘起等几种形式,如图 2.5 所示。

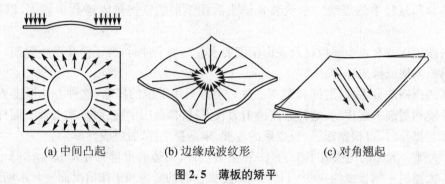

(a) 中间凸起   (b) 边缘成波纹形   (c) 对角翘起

图 2.5　薄板的矫平

矫正薄板中间凸起时,锤击板的四周,由凸起的周围开始逐渐向四周锤击,如图 2.5(a)所示的箭头表示锤击的位置,越往边缘锤击的密度应越大,锤击力也越重,使薄板的四周伸长,则中间凸起的部分就会消除。值得注意的是,如果直接锤击凸处,则由于薄板的刚性差,锤击时凸处被压下,并使凸起部分进一步伸长,其结果适得其反。

若薄板表面相邻处有几个凸起处,则应先在凸起的交界处轻轻锤击,使若干个凸起处合并成一个,然后再锤击四周而展平。

矫正四周呈波纹形时,应从四周向中间逐渐锤击,如图 2.5(b)中箭头所示,锤击点的密度往中间应逐渐增加,锤击力也越重,使中间部分伸长而矫平。

如果薄板发生扭曲等不规则变形,例如在平台上检查时,发现形板对角翘起,如图 2.5(c)所示,矫正时应沿另一段有翘起的对角线进行锤击,使其延伸而矫平。

薄板的变形还可以用拍板(俗称甩铁)进行拍打来矫平,见图 2.6 所示。拍板用厚 3～5 mm、宽不小于 40 mm、长不小于 400 mm 的钢板制成。其具体尺寸可随矫正板料的厚度和大小而定。

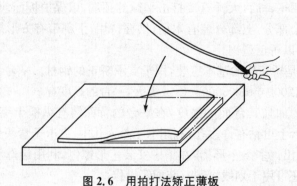

图 2.6　用拍打法矫正薄板

对铝板等有色金属薄板的矫正,还可以用橡皮带拍打周边,使材料收缩,然后用铝锤或橡皮锤打击中间而矫平。为防止产生锤痕,可在锤击处垫一平板,然后锤击平板予以矫平。

薄板变形的矫正是一项难度较大的操作,在矫正时,应首先分析并判断薄板变形的程度,然后锤击紧贴平台的那些平的部位,使其延伸,并不断翻转检查,直到矫平为止。

检查薄板是否调平的方法,是当任意抬起钢板的某一边,钢板发生弹跳,说明还没有调平;如钢板十分自如地随着起来,放下时发出"扑哧"的声响,钢板紧贴平台上不发生弹跳现象时,即表示钢板已达到调平状态。

2)厚板的手工矫正

厚板的手工矫正,通常采用以下两种方法。

(1)直接锤击凸起处。直接锤击凸起处的锤击力量要大于材料的屈服极限,这样才能使凸起处受到强制压缩而被矫平。

(2)锤击凸起区域的凹面。锤击凹面可用较小的力量,使材料仅在凹面扩展,迫使凸面受到相对压缩。由于厚板的厚度大,在其凸起处的断面两侧边缘可以看作是同心圆的两个弧,凹面的弧长小于凸面的弧长。因此,矫正时应锤击凹面,使其表面扩展,再加上钢板厚度大,打击力量小,结果凹面的表面扩展并不能导致凸面随之扩展,从而使厚钢板得到矫平。

对于厚钢板的扭曲变形,可沿其扭曲方向和位置,采用反变形的方法进行矫正。

对矫正后的厚板料,可用直尺进行检查是否平直,若用尺的棱边以不同的方向贴在板上观察其隙缝大小一致时,说明板料已平直。

手工矫正厚钢板时,往往与加热矫正等方法结合进行。

(三) 扁钢的矫正

扁钢的变形有弯曲和扭曲两种形式。当扁钢在厚度方向弯曲时,应将扁钢的凸处向上,锤击凸处就可以矫平。当扁钢在宽度方向弯曲时,说明扁钢的内层纤维比外层短,所以用锤依次锤击扁钢的内层,或在内层的三角形区域内进行锤击,使其延伸而矫平。见图2.7所示。

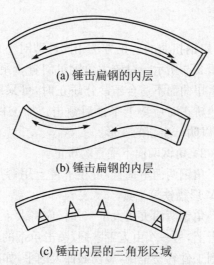

(a) 锤击扁钢的内层

(b) 锤击扁钢的内层

(c) 锤击内层的三角形区域

图2.7 扁钢在宽度方向弯曲的矫正

若矫正扭曲的扁钢,最好的办法是将扁钢的一端用虎钳夹住,用叉形扳手夹持扁钢的另一端,进行反方向的扭转,如图2.8(a)所示。待扭曲变形消除后,再用锤击法将其矫平。若扁钢有轻微的扭曲时,也可以直接用锤击矫正。锤击时将扁钢斜置于平台上,使平的部分搁置在台面上,而扭曲翘起的部分伸出平台之外,如图2.8(b)所示。用锤锤击稍离平台边外向上翘起的部分,锤击点离台边的距离约为板厚的两倍左右,边锤击边使工件往平台移动,然后翻转 180°再进行同样的矫正,直至矫平为止。这实际上也是一种使工件反向扭转而矫正的方法,所不同的是用锤击产生冲击性的反扭力矩,其效率要比用反扭法差些。

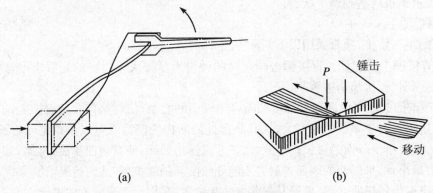

(a) (b)

图 2.8　扁钢扭曲的矫正

(四)圆钢的矫正

矫正弯曲的圆钢,一般在平台上进行。矫正时,使凸处向上,用锤锤击凸处使其反向弯曲而矫直。对于外形要求较高的圆钢,为避免锤击而损坏表面,矫正时,可选用合适的摔锤置于圆钢的凸处,然后锤击挥锤的顶部进行矫正。

(五)角钢的矫正

角钢的变形有扭曲、弯曲和两面不垂直等形式。手工矫正角钢,一般应先矫正扭曲,然后矫正弯曲和两面的垂直度。

1) 角钢扭曲的矫正

角钢扭曲的手工矫正与扁钢扭曲的矫正方法相同。即对小角钢的扭曲可用叉子扳扭,

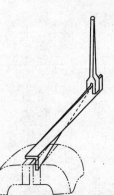

图 2.9　角钢扭曲的矫正

见图 2.9 所示。对较大角钢可斜置于平台边缘锤击矫正。对于有严重扭曲而不适合于冷作矫正时,可采用加热的方法进行矫正,在加热矫正时应垫上平锤后锤击。如工件较大,应待其冷却后再移动,以防产生新的变形。

2) 角钢两面不垂直的矫正

角钢两面不垂直,可在平台上用弯尺检查出来,在矫正前要备有 V 形槽铁等工具。

角钢两面夹角大于 90°时,应将大于 90°的一段放在 V 形槽铁或平台上,另一端由人工掌握,锤击角钢的边缘,打锤要正,落锤要稳,否则工件容易歪倒,震伤握件人的手,如图 2.10 所示。

角钢两面夹角小于 90°时,可将角钢仰放,使其脊线贴于平台上,另一端用人力拿握,用平锤垫在角钢小于 90°区域里,再用大锤打击平锤,使角钢两面劈开为直角。如图 2.11 所示。

3) 角钢弯曲的矫正

角钢的弯曲变形是最常见的,矫正时可选择一合适的钢圈,将角钢放在钢圈上,锤击凸部,使其发生反向弯曲而矫正。

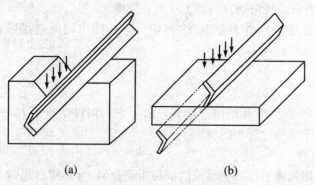

图 2.10 角钢大于 90°的矫正

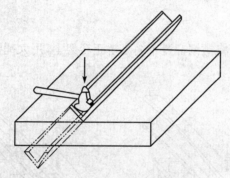

图 2.11 角钢小于 90°的矫正

（1）矫正角钢外弯。将角钢平放在钢圈上，锤击时为防止角钢外翻转，锤柄应稍微抬高或放低 α 角度（约 5°左右），并在锤击的同时，除适当用外力打击外，还稍带向内拉（锤柄后手抬高）或向外推（锤柄后手放低）的力，具体应视锤击者所站位置而定。如图 2.12(a)所示。

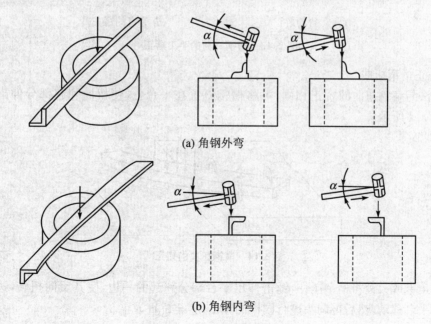

(a) 角钢外弯

(b) 角钢内弯

图 2.12 角钢弯曲的矫正

（2）矫正角钢内弯。将角钢背面朝上立放在钢圈上，然后锤击矫正。为防止角钢扣倒，锤击时握柄后手高度也应略作调整（α 约为 5°），并在锤击的同时稍带拉力或推力。如图 2.12(b)所示。

（六）槽钢的矫正

槽钢的变形有立弯、旁弯和扭曲等形式。由于它的钢件比角钢大，所以矫正比较费力，手工矫正只能适用于规格比较小的槽钢。

1）矫正槽钢立弯

可将槽钢置于用两根平行圆钢组成的简易矫正台架上，并使凸部朝上，用大锤打击。为使锤击力量能从上部传至下部，并防止翼板变形，锤击点应选在腹板处，如图 2.13(a)的箭头所示。

2）矫正槽钢旁弯

与矫正槽钢立弯相似，将槽钢仰置于简易矫正台架上，用大锤锤击翼板而进行矫正。如图 2.13(b)所示。

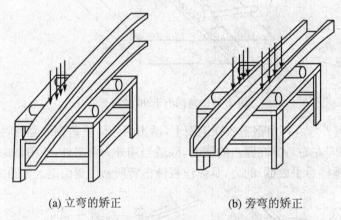

(a) 立弯的矫正　　　　　　　(b) 旁弯的矫正

图 2.13　槽钢弯曲的手工矫正

3）矫正槽钢扭曲

其方法与扁钢扭曲的矫正相同，可将槽钢斜置在平台上，使扭曲翘起部分伸出平台之外，如图 2.14 所示。

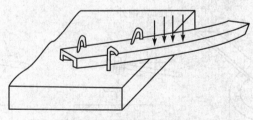

图 2.14　槽钢扭曲的矫正

用羊角卡或大锤将槽钢压住，锤击伸出平台部分翘起的一边，使其反向扭转，边锤击边使槽钢向平台移动，然后再调头进行同样的锤击，直至矫直为止。

4）槽钢翼板变形的矫正

（1）矫正外凸。其方法可用大锤顶住翼板凸起附近平的部位，或将大锤横向顶住凸部背面,然后再用大锤打击凸起处,即可矫平。如图 2.15(a)、(b)所示。

(2)矫正凹陷。将翼板平置于平台上,用大锤打击凸起处,或在凸起处垫平锤,再用大锤打击,便可矫平。如图 2.15(c)所示。

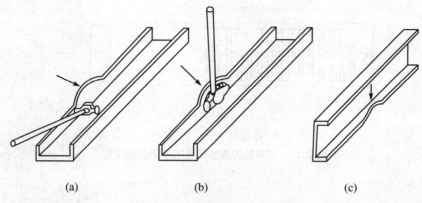

图 2.15 槽钢翼板变形的矫正

(七) 工字钢的矫正

工字钢的截面较大,具有相当高的强度,因此,在手工矫正变形的同时,一般要结合使用相应的机械工装和配合加热的方法来进行。

1)工字钢翼板旁弯的矫正

旁弯较小时,可以冷作矫正,即将工字钢放在平台上,用手锤打击两翼板的凹处,使之扩展而矫直。对小规格的工字钢,在锤击力量大于材料的屈服极限情况下,也可直接锤击翼板的凸边。锤击前,要在平台上和工件之间的适当距离垫上支撑,以便更好地发挥锤击力量和预防锤击后工件的回弹。

用调直器调直工字钢翼板的旁弯。把调直器的丝杠压块与挂钩的距离调到大于工字钢翼板宽度的位置,将压块对准工字钢翼板的凸边上,并把两个挂钩挂在翼板的凹边上,摆正位置后,转动扳把,使工件略呈反弯曲,同时锤击原凹边,使之扩展,卸掉调直器,工件即可被调直。如图 2.16 所示。如果两翼板同时旁弯,也可以按此方法矫直。

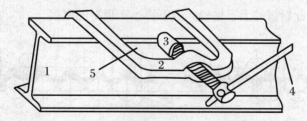

1—工字钢 2—调直器 3—压块 4—扳把 5—挂钩

图 2.16 用调直器调直工字钢翼板旁弯

2)工字钢的加热矫正

工字钢的刚度较大,当其变形严重不适于冷作矫正时,可采用加热矫正。加热长度要大于工件变形区域的长度。加热矫正,一般多采用分段进行。对小规格工字钢腹板立弯的矫正,可在变形处加热后往平台上摔打,再用平锤修理,使之调直。对较大规格工字钢腹板的立弯,在矫正前,应预制相应的规铁,以防腹板变形。为保持腹板在矫正中平整,还可预制"串联式规铁",如图 2.17 所示,规铁是用厚度不大的钢板制成,一侧形状与工字钢断面外形相符,中间钻孔并用铁丝串联。

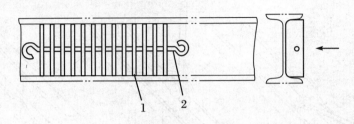

1—串联式规铁　2—铁丝

图 2.17　用串联式规铁矫正工字钢腹板立弯

三、机械矫正

机械矫正板材或型材是在专用矫正机上进行的。操作者需了解机械设备的性能,操作前要对其完好情况进行严格检查,定期加注润滑油,熟悉并严格遵守设备的安全操作规程。

(一) 板材的机械矫正

1) 滚板机矫正钢板

滚板机的结构有多种形式。常用的是两排轴辊的。按两排轴线所在的平面位置,可分为平行式和不平行式两种,如图 2.18 所示。按轴数的多少又分 5 轴辊、7 轴辊……21 轴辊等。一般情况下,矫平薄板的轴辊多,矫平厚板的轴辊少。其轴数的排列,上排总比下排多一根。两排轴辊的距离通过机械可以调整,有的上排轴辊可以单独调整,工作时,轴辊可向前或向后转动。

矫正时,为使板料受到足够的压力,进料口的上下轴辊垂直间隙应略小于板材的厚度。为使板材能够平直,此料口的上下轴辊间隙不得小于板材的厚度。

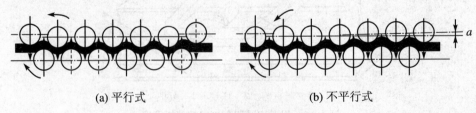

(a) 平行式　　　　　　　　　　　　(b) 不平行式

图 2.18　滚板机工作示意图

(1) 滚板机的工作原理。当不平的板料进入滚板机时,即受到上下两排交错排列的轴辊滚压,经过反复弯曲延展,板料原有的紧缩区域变为松弛,而原来的松弛区域虽然也得到延展,但比紧缩处的放松程度要少,从而调整了板材的松紧,使板材获得矫正。

(2) 矫正方法。矫正板材前,应查看其变形的情况,适当调整两排轴辊间隙,空转试车正常后,即可将板材输入轴辊之间进行平直。

有的板材在滚板机上往往一次难以矫平,而需要经过多次滚压。如经多次滚压后,仍达不到矫平时,可在工件变形的紧缩区域上面放置厚度为 0.5～2 mm 的软钢板条(俗称加热)再滚,便可使工件的加热处获得较大的延展。去掉垫条后,再经滚压即可矫平。

在矫平厚钢板时,也会遇到局部严重凸起,难以直接输入滚板机进行矫平。为此,可先用火焰对严重凸起处进行局部加热修平,待基本修平后,再用滚板机进行矫正。如果钢板平直精度要求较高,在滚板机矫正之后仍达不到所要求的平直度,应采用手工矫正的方法进行精矫。

在没有薄板滚板机的情况下矫正薄板时,可在一般的滚板机上用大于工件幅面的厚钢板做垫,把薄板放在厚板上同时滚压。采用此方法时,要注意上下两排轴辊的间隙不宜太小,以免损坏设备,并且应在薄板变形区域的紧缩部位加放垫条,以利矫平。

较小规格的板材和未经煨曲成型的平板料,也可利用滚板机矫平。其方法是用大幅面的厚钢板做垫,把厚度相同的小块板料均匀地摆放在垫板上,同时滚压。如小块板料变形复杂时,待滚压一至两遍后,翻转工件再滚压。对于滚压后仍不能矫平的板料,需另进行手工矫正。使用滚板机时,要随时注意安全,严防手和工具被带进滚板机而造成人身和设备事故。另外,在滚板矫平前和过程中,要将板面上的铁屑、杂物等清除干净,以免在滚压过程中,在板材表面压出压痕。

2) 滚圆机矫正板料

滚圆机主要是将板料卷曲为筒形零件的机械设备。在缺乏滚板机的情况下,利用滚圆机也可矫平板材。

(1) 厚板的矫正。先将板材放在上下轴辊之间滚出适当弧度,然后将板材翻转,调整上下轴辊距离,再滚压,使原有弧度反变形,几经反复滚压,即可矫平。如图 2.19 所示。

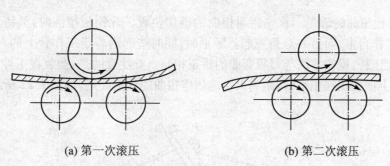

(a) 第一次滚压　　　　　　　　(b) 第二次滚压

图 2.19 用滚圆机矫平钢板示意图

(2) 薄板和小块板料的矫正。与采用滚板机方法相同,即用大面积的厚钢板做垫,在垫板上摆放薄板或厚度相同的小块板材合并一起滚压。

3) 压力机矫正厚板

(1) 对厚板弯曲的矫正。首先找出变形部位,先矫正急弯,后矫正慢弯。基本方法是在凸起处施加压力,并用厚度相同的扁钢在凹面两侧支承工件,使工件在强力作用下发生塑性变形,以达到矫正的目的。

在用压力机对厚板凸起处施加压力时,要顶过少许,使钢板略呈反变形,以备除去压力后钢板回弹。为留出回弹量，要把工件上的压铁与工件下两个支承垫板适当摆放开一些，如图 2.20 所示，当受力点下面空间高度较大时，应放上垫铁，垫铁厚度要低于支承点的高度，如图 2.21(a)所示，图 2.21(b)、(c)、(d)表示厚板出现局部弯曲的矫正方法。

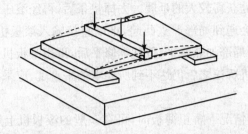

图 2.20　在压力机上矫平弯曲的厚板

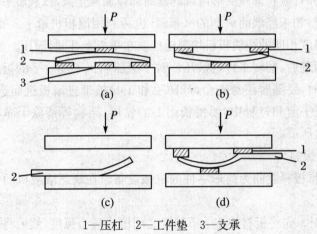

1—压杠　2—工件垫　3—支承

图 2.21　厚钢板弯曲的矫正

（2）对厚板扭曲的矫正。首先判明扭曲的确切位置。凡钢板扭曲时，其特点均是一个对角附着于工作台上，而另一对角翘起。矫平时，同时垫起附着于工作台上的对角，在翘起的对角上放置压杆，操作方法与厚板弯曲的矫正相同。要注意的是，摆放在工件下面的支承垫，应与工件上面的压杠相平行，距离大小应依据扭曲的程度而定，如图 2.22 所示。

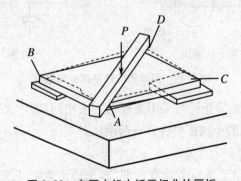

图 2.22　在压力机上矫平扭曲的厚板

当施加压力后，可能由于预留回弹量过大，而出现反扭曲，对此，不必翻动工件，只需将压杠、支承垫调换位置，再用适当压力矫正。如扭曲变形不在对角线上而偏于一侧时，其矫正方法相同,但摆放压杠、支承垫的具体位置应作相应的变动。

当厚板扭曲被矫正后,如发现仍存在弯曲现象,再对弯曲进行矫正。总之,要先矫正扭曲,后矫正弯曲,方可提高矫正工效。

(二) 型材的机械矫正

1. 角钢的机械矫正

1)用型钢矫正机矫正角钢

型钢矫正机的工作原理与滚板机相同。在结构上不同的是,辊轮设在支架外面呈悬臂形式,这样便于根据角钢的大小变换辊轮。角钢通过矫正机的滚压,就可以被矫正。图 2.23 即为矫正角钢时,选用不同辊轮的工作示意图。

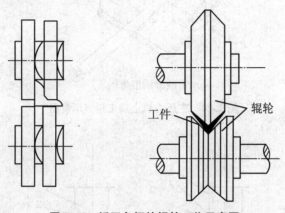

图 2.23　矫正角钢的辊轮工作示意图

2)用压力机矫正角钢

采用压力机并配合使用规铁等工具,也常用来矫正角钢。其操作方法和注意事项如下。

(1) 预制的垫板和规铁,应符合角钢断面内部形状和尺寸要求,以防止工件在受压时歪倒或撤除压力后回弹,如图 2.24 所示。操作时,要根据工件变形的情况调整垫板的距离和规铁的位置。

(2) 用机械矫正角钢的两面垂直度时,常采用如图 2.25 所示的方法操作。

(3) 对工件变形的矫正,要视具体情况经过反复试验,以观察施加压力的大小、回弹情况等,然后再进行矫正。

2. 槽钢的机械矫正

1)用型钢矫正机矫正槽钢

使用型钢矫正机之前,应备好相应槽钢规格的辊轮,并装在型钢矫正机上,其操作方法与矫正角钢相同。

2)用压力机矫正槽钢

由于槽钢腹板的厚度较薄,且偏于小面的一侧,受力时容易变形,因此在机械矫正时,要在槽钢内的受力处加上相应形状的规铁。

(1) 槽钢对角上翘的机械矫正。在矫正槽钢对角上翘(或称之对角下落)时,应将接触平台的对角垫起,在向上翘的对角放置一根有足够刚性的压铁,再将机械压力施加在压铁中

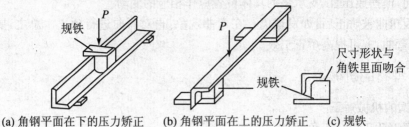

(a) 角钢平面在下的压力矫正　(b) 角钢平面在上的压力矫正　(c) 规铁

(d) 用顶床矫正角钢

图 2.24　在压力机上矫正角钢示意图

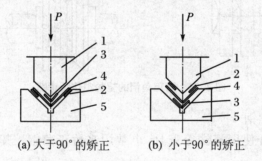

(a) 大于90°的矫正　　(b) 小于90°的矫正

1—上胎　2—垫板　3—规铁　4—工件　5—V 型下胎

图 2.25　角钢两面不垂直的压力矫正

心位置上,使工件略呈反向翘曲,如图 2.26 所示。除去压力后,工件会有回弹,回弹量与反翘量相抵消、便可使槽钢获得矫正。回弹量的大小,要根据具体情况和实践经验来确定。如除去压力后仍有翘曲,或呈反向翘曲,要以同样的方法再进行矫正。

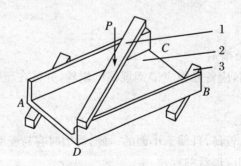

1—压铁　2—工件　3—垫铁

图 2.26　槽钢对角翘起的压力矫正

(2)槽钢立面弯曲的机械矫正。槽钢以立面弯为主,并使两翼板平面也随之弯曲的叫作立面弯曲。矫正立弯时,将槽钢凸起处置于压力机顶压中心,在平台与工件之间的凹处两侧放置垫铁(支承)、在工件受压处的槽内放置相应的规铁,摆稳之后,在工件的凸起处施加压力,并使其略呈反变形,如图2.27所示,除去压力后反变形被回弹,从而得到矫正。

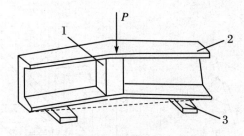

1—规铁 2—工件 3—支承

图2.27 槽钢立面弯曲的压力矫正

(3)槽钢向里(或向外)弯曲的机械矫正。槽钢两翼板旁引起腹板随之弯曲的叫作向里(或内外)弯曲。具体矫正方法如图2.28所示,两者均应留出回弹量。

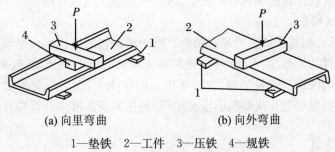

(a)向里弯曲   (b)向外弯曲

1—垫铁 2—工件 3—压铁 4—规铁

图2.28 槽钢弯曲的压力矫正

3. 工字钢的机械矫正

1)用型钢矫正机矫正

使用型钢矫正机之前,应备好相应工字钢规格的辊轮,并装在型钢矫正机伸出的轴上。在滚压一侧翼板后再滚压另一侧翼板,直到将工字钢矫正。

2)用压力机矫正工字钢

(1)工字钢大面(或小面)弯曲的压力机矫正。矫正的方法与槽钢的矫正方法相同,如图2.29所示。

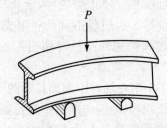

图2.29 工字钢立弯的压力矫正

(2)工字钢腹板的矫正。工字钢由于腹板慢弯而引起两翼板的不平行,矫正方法如图

2.30 所示。图中上垫铁的高度要大于翼板宽度的一半,宽度约为腹板高度的 2/3 左右,由于腹板厚度较薄,因此压力要适当,待其慢弯消除后、两翼板随之平行且垂直于腹板。

　　3)工字钢翼板倾斜的矫正

　　工字钢翼板倾斜,有内向倾斜和外向倾斜两种。翼板向内倾斜时可采用图 2.31 所示的方法进行矫正。

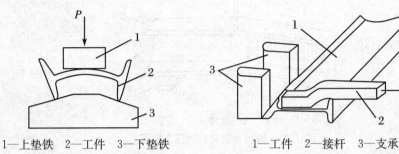

1—上垫铁　2—工件　3—下垫铁	1—工件　2—接杆　3—支承
图 2.30　工字钢腹板弯曲的压力矫正	**图 2.31　工字钢翼板倾斜的机械矫正**

　　翼板向外倾斜时,可用压力机直接顶压倾斜处进行矫正,如果变形严重而不适于冷作矫正时,可在翼板与腹板相连的变形处用火焰加热,再施以机械压力矫正。

　　4. 圆钢的机械矫正

　　圆钢弯曲变形可用管子矫直机进行矫正。管子矫直机的关键部位是辊轮。辊轮成对排列,并与被矫直工件的轴线成一定角度。辊轮两头粗、中间细,矫正时,先调好辊轮的间隙,机器开动后,输入的圆钢与辊轮接触,在滚动压力的作用下,斜置成对的辊轮就迫使圆钢沿螺旋线滚动前进,圆钢经受几次辊轮的反复滚压,便使其弯曲部位获得矫直。

四、火焰矫正

　　矫正除用机械方法外,还可应用火焰矫正,火焰矫正不但用于材料的准备工序中,而且还可以用于矫正结构在制造过程中的变形。火焰矫正方便灵活,因而应用比较广泛。

(一)火焰矫正原理

　　火焰矫正是在钢材的弯曲不平处用火焰局部加热的方法进行矫正。

　　金属材料有热胀冷缩的特性。当局部加热时,被加热处的材料受热而膨胀,但由于周围温度低,因此膨胀受到阻碍,此时加热处金属受压缩应力,当加热温度 600～700 ℃时,压缩应力超过屈服极限,产生压缩塑性变形。停止加热后,金属冷却缩短,结果加热处金属纤维要比原先的短,从而产生了新的变形。火焰矫正就是利用金属局部受热后所引起的新的变形去矫正原先的变形。因此,了解火焰局部受热时所引起的变形规律,是掌握火焰矫正的关键。

　　图 2.32 所示为钢板、角钢、丁字钢在加热中和加热后的变形情况,图中的三角形为加热区域,由于受热处金属纤维要缩短,所以型钢向加热一侧发生弯曲变形。

　　火焰矫正时,必须使加热而产生的变形与原变形的方向相反,才能抵消原来的变形而矫正。

　　火焰矫正的热源,通常采用氧—乙炔火焰。由于氧—乙炔火焰温度高、加热速度快,所以广泛应用于矫正、切割和焊接。

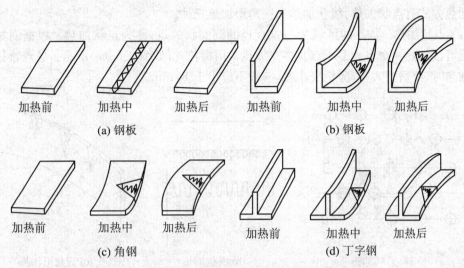

图 2.32　型钢加热过程中的变形

（二）火焰矫正时的加热位置与方式

1. 加热位置、火焰热量与矫正的关系

火焰矫正的效果,取决于火焰加热的位置和火焰的热量。不同的加热位置可以矫正不同方向的变形,加热位置应选择在金属较长的部位,即材料弯曲部分的外侧。如果加热位置选择错误,不但不能起到应有的矫正效果,而且将产生新的变形,与原有的变形叠加,变形将更大。

用不同的火焰热量加热,可以获得不同的矫正变形的能力。若火焰的热量不足、就会延长加热时间,使受热范围扩大,这样不易矫平,所以加热速度越快、热量越大,矫正能力也越强,矫正变形量也越大。

低碳钢和普通低合金结构钢火焰矫正时,常采用 600～800 ℃的加热温度。一般加热温度不宜超过 850 ℃,以免金属在加热时过热,但也不能过低,因温度过低时矫正效率不高。在实际操作中,凭钢材的颜色来判断加热温度的高低。加热过程中钢材的颜色变化所表示的温度见表2.2。

表 2.2　钢材表面颜色及相应温度

颜色	温度(℃)	颜色	温度(℃)
深褐红色	550～580	亮樱红色	830～900
褐红色	580～650	橘黄色	900～1050
暗樱红色	650～730	暗黄色	1050～1150
深樱红色	730～770	亮黄色	1150～1250
樱红色	770～800	白黄色	1250～1300
淡樱红色	800～830		

2. 加热方式

加热方式有点状加热、线状加热和三角形加热三种。

（1）点状加热。加热的区域为一定直径的圆圈状的点，称为点状加热。根据钢材的变形情况可以加热一个点和多个点。多点加热常用梅花式，如图2.33(a)所示。各点直径 d 对厚板加热时，要适当大些，薄板要小些，一般不应小于 15 mm。

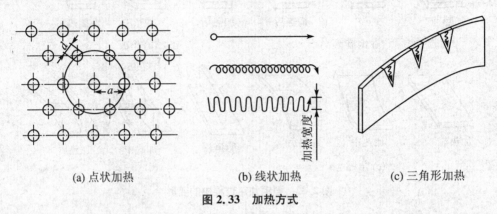

（a）点状加热　　　　　（b）线状加热　　　　　（c）三角形加热

图 2.33　加热方式

（2）线状加热。加热时火焰沿直线方向移动或同时在宽度方向作一定的横向摆动，称为线状加热，如图2.33(b)所示。它有直通加热、链状加热和带状加热三种。

加热线的横向收缩一般大于纵向收缩，其收缩量随着加热线宽度的增加而增加，加热线宽度一般为钢材厚度的 0.5～2 倍左右。线状加热一般用于变形较大的结构。

（3）三角形加热。加热区域呈三角形的称为三角形加热。如图2.33(c)所示。由于加热面积较大，所以收缩量比较大，并由于沿三角形高度方向的加热宽度不等，所以收缩量也不等，因而常用于刚性较大构件弯曲变形的矫正。

在实际矫正操作中，常在加热后用水急冷加热区，以加速金属的收缩，提高矫正的效率。它与单纯的火焰矫正法相比，效率可提高 3 倍以上，这种方法又称为水火矫正法。水火矫正有一定的局限性。当矫正厚度为 2 mm 的低碳钢板时，加热温度一般不超过 600 ℃，此时水火之间的距离应靠得近些。当矫正厚度为 4～6mm 的钢板时，加热温度应取 600～800 ℃，水火之间的距离为 25～30 mm 左右。当矫正厚度大于 8 mm 钢板时，为考虑急冷时造成较大的应力，所以一般不采用水冷。当矫正具有淬硬倾向材料的钢板时，如普通低合金钢板，应把水火距离拉得大些。对淬硬倾向较大的材料，如 12 钼铝钒钢，就不能采用水火矫正法。

（三）钢板的火焰矫正

在运输和制造产品的过程中，薄钢板特别容易发生变形。变形的形式有钢板中部凸起或边缘呈波浪形等。当矫正钢板中部凸起的变形时，可先将钢板置于平台上，用卡子将钢板四周压紧，如图2.34所示，然后用点状加热法加热凸处的周围，加热的次序如图2.34(a)中的数字所示，也可采用线状加热法，加热顺序如图2.34(b)中的数字顺序。从中间凸起的两侧开始加热，然后逐步向凸起处围拢，即能矫平。矫正后只要用大锤沿水平方向轻击卡子，便能松开取出钢板。

如果钢板的四边呈波浪形变形时，可用上述同样的方法矫正，也就是将钢板置于平台上，用卡子压紧三条边，则波浪形变形集中在另一边上，然后用线状加热法先从凸起的两侧平的地方开始,再向凸起处围拢,加热顺序如图 2.34(c)所示。加热线长度一般为板宽的 1/2~1/3,加热线距离视凸起的高度而定,凸起越高,则变形越大,距离应越近,一般取 50~200 mm 左右。如经第一次加热后尚有不平,可重复进行第二次加热矫正,但加热线位置应与第一次错开。

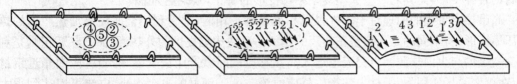

(a) 薄板中部凸起的火焰矫正   (b) 薄板中部凸起的火焰矫正   (c) 薄板边缘波浪形的火焰矫正

图 2.34 薄钢板的火焰矫正

在进行上述矫正工作中,可采用浇水冷却,以提高矫正效率。

矫正厚钢板发生的弯曲变形时,先将钢板凸起处朝上平放在平台上,找出凸起的最高点,然后用氧—乙炔火焰在最高位置处进行线状加热。加热温度取 500~600 ℃,加热深度不要超过板厚的 1/3,使板厚方向产生不均匀收缩。上部的收缩大,下部的收缩小,从而使钢板矫平。如果在钢板的厚度方向上温度一致,则达不到收缩矫平的目的。所以加热时必须采用较强的火焰,以提高加热速度,缩短加热时间。如果一次加热未能矫平时,可进行第二次加热,直至矫平为止。

(四) 型钢的火焰矫正

型钢局部的弯曲变形,都可以应用火焰加热法来矫正。根据矫正原理,加热位置必须取在型钢弯曲部位的凸起处,图 2.35 列举了型钢和管子矫正时的加热装置。图 2.35(a)为槽钢局部向上弯曲,矫正时在槽钢的两边同时向一个方向进行线状摆动式加热,加热宽度视变形大小而定。图 2.35(b)为工字钢的水平弯曲,矫正时可在工字钢上下两翼板的凸起处,同时进行三角形加热,使其纤维收缩而矫直。图 2.35(c)为丁字钢的弯曲变形,丁字钢可看作由水平和垂直的两块板组合而成。从图 2.35(c)中可以看出,两块板都发生了弯曲,其弯曲变形主要是由垂直板引起的,所以只要把垂直板矫正,水平板的变形也就自然地得到矫平,整个型钢的变形也就消失了。因此,必须以垂直板作为加热对象,采用三角形加热法进行矫正。图2.35(d)为管子的弯曲变形,采用点状加热管子的凸面,加热速度要快,每加热一点迅速移到另一点,一排加热后,可再取另一排,使加热处金属收缩而矫直。

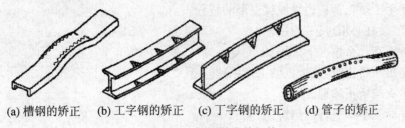

(a) 槽钢的矫正   (b) 工字钢的矫正   (c) 丁字钢的矫正   (d) 管子的矫正

图 2.35 型钢的火焰加热

五、高频热点矫正

高频热点矫正是感应加热法在生产中的一种应用,是变形矫正的新工艺,用它可以矫正钢材的各种变形,尤其对一些大型复杂结构变形的矫正,效果更为显著。

高频热点矫正的原理对于工件来说和火焰矫正相同,都是利用金属局部加热产生的热塑压缩变形,所不同的是火焰矫正使用的是氧—乙炔火焰提供的外热源,而高频矫正则是利用交变磁场产生内热源。当交流电通入高频感应圈时就产生交变磁场,当感应圈靠近钢材时,在交变磁场作用下,钢材内部产生感应电流。由于钢材的电阻很小,电流可以达到很大的数值,在钢材内部放出大量焦耳—楞次热,使加热部位温度迅速提高,体积膨胀。当温度应力超过屈服极限时,产生塑性变形,冷却后即可达到矫正的目的。因此,用高频热点矫正时,加热的位置选择与火焰矫正相同。

高频加热区的大小决定于感应圈的形状和尺寸。感应圈一般不宜过大,否则,将因加热面积过大,加热速度减慢而影响矫正效果。感应圈通常用 6 mm×6 mm 紫铜管,制成宽 5～20 mm、长 20～40 mm 的矩形,感应圈内通水冷却,高频加热时间一般为 4～5 s,温度可达800 ℃左右。

高频热点矫正与火焰矫正相比,不但效果显著,生产效率高,而且操作简单。

练 习 题

1. 钢材按其横断面的形状特征可分为哪几大类?
2. 叙述合金钢的分类。
3. 简述不锈复合钢板的组成。
4. Q235 钢号 A 级、B 级、C 级、D 级四个等级的区别是什么?
5. 0Cr18Ni9 与 1Cr18Ni9 的区别是什么?
6. 说明钢管,热轧圆钢,扁钢,角钢尺寸的标记方法。
7. 简述手锤的挥锤法。
8. 检查薄板是否调平的方法有哪些?
9. 说出薄板的变形形式以及怎样矫正薄板中间的凸起。
10. 叙述手工矫正薄板边缘波纹变形的过程。
11. 解释"矫枉必须过正"的道理?
12. 热矫正在什么情况下采用?
13. 阐述机械矫正时,滚板机的工作原理。
14. 阐述火焰矫正原理。
15. 怎样对工字钢进行加热矫正?

项目三　放样和号料

放样和号料是制造冷作产品的第一道工序,产品通过放样以后,才能进行号料、切料,加上成型、装配等工序。放样是保证产品质量、缩短生产周期和节约用料等方面的重要因素之一。由于放样和号料直接反映了工件的平面图形和真实尺寸,从而减少了一些繁琐的计算工作。

任务一　放　　样

根据图样,按工件的实际尺寸或一定比例画出该工件的轮廓,或将曲面摊成平面,以便准确地定出工件的尺寸,作为制造样板、加工和装配工作的依据,这一工作过程称为放样。在化工容器设备的制造中,有的工件由于形状和结构比较复杂,如锅炉、离心机等,尺寸又大,它们的设计图纸一般是按 1∶5、1∶10 甚至更小的比例绘制的,所以在图纸上除了主要尺寸外,有些尺寸不能全部表示出来。而在实际制造中必须确定每一个工件的尺寸,这就需要通过放样才能解决;放样还能检验产品设计的图纸是否准确、合理;样板的形状也必须通过放样才能制造。因此,放样是冷作产品制造过程中的重要一环。

放样的方法有多种,但长期以来一直是采用实尺放样,随着工业技术的发展,出现了光学放样、自动下料等新工艺,并在逐步推广应用。但实尺放样仍是广泛应用的基本方法。

(一) 划线工具和使用

在钢板上进行划线时,通常应用的工具有划针、圆规、角尺、样冲和曲线尺等。

1) 划针

划针主要用在钢板表面上划出凹痕的线段。通常采用直径 4～6 mm,长约 200～300 mm 的弹簧钢或高速钢制成,划针的尖端必须经过淬火,以增高其硬度。有的划针还在尖端焊上一段硬质合金,然后磨尖,以保持长期锋利。

为使所划线条清晰正确,针尖必须磨得锋利,其角度约为 15°～20°。由钢丝制成的划针用钝重磨时,要经常浸入水中冷却,但要注意不要使针尖过热退火而变软。

使用划针时,用右手握持,使针尖与直尺的底边接触,并应向外侧倾斜约 15°～20°,向划线方向倾斜约 45°～75°。用均匀的压力使针尖沿直尺移动划出线来,用划针划线要尽量做到一次划成,不要连续几次重划,否则线条变粗,反而模糊不清。

2) 圆规

用于在钢板上划圆、圆弧或分量线段的长度。常用的有普通圆规和弹簧圆规两种。普通圆规的开度调节方便,所以适用于量取变动的尺寸,为避免工作中受震而使开度变动,可用螺帽锁紧。弹簧圆规的开度用螺母来调节,两脚尖开度在操作中不易变动,所以在分量尺寸时应用。

圆规一般采用中碳钢或工具钢制成,两脚要磨成长短一样,脚尖能靠紧合拢,这样就能划较小的圆弧。脚尖应保持锋利,经热处理淬硬,有的在两脚端部焊上一段硬质合金,耐磨性更好。使用圆规时,以旋转中心的一个脚尖插在作为圆心的孔眼内定心,并应施加较大的压力,另一脚则以较轻的压力在材料表面上划出圆弧,这样可使中心不致移位。

3)长杆地规

划大圆、大圆弧或分量长的直线时,可应用长杆地规。长杆采用断面长方形木质杆制成,也可以采用表面磨光的钢管。在长杆上套有两只可以移动调节的圆规脚,圆规脚位置调整后用紧固螺钉锁紧。

4)粉线

划长的直线时,一次用直尺完成很准,如果用直尺分几段划,则不易准确。只有应用粉线,才可以提高划长直线工作的效率与质量。

划线时将粉线圈绕于粉笔上,然后抽动粉线,就可以使粉线涂上白粉(或其他颜色),用大拇指将粉线两端在钢板上按住,然后用大拇指与食指将粉线中部垂直提起并放开,在钢板上就能弹出线条来。弹线时,要注意风向,防止把线吹斜。当线长超过 2.5 m 时,不要在大风下进行弹线。弹线也可用墨线或油线。为使尺寸准确,要求粉线粗细不得超过 1 mm。

5)角尺

角尺有扁平的和带筋的两种。扁平的角尺主要用于划直线,以及检验工件装配角度的正确性,这种角尺也适用于在钢板上的划线,它一般采用 2～3 mm 厚的钢板、铜板、硬质铝板、不锈钢板制成。使用带筋角尺时,可以将筋靠在型钢的直边上,划出与直边垂直的线,这种角尺灵活方便,适用于各种型钢的划线。

扁平和带筋的角尺如图 3.1 所示。

(a) 扁平的   (b) 带筋的

图 3.1 角尺

6)样冲

为使钢板上所划的线段能保存下来,作为施工过程中的依据或检查标准,就得在划线后用样冲沿线冲出小眼作为标记。在使用圆规划圆弧前,也要使用样冲先在圆心上冲眼,作为圆规脚尖的定心。样冲的尖端要经过淬火并磨成 $45°～60°$ 的圆锥形。

使用样冲时先将尖端置于所划的线上,样冲与铜板成倾斜位置,以便准确找出要打眼的位置,然后将样冲竖直于钢板,用于锤轻击顶端,冲出孔眼。在直线线段上可冲得稀些,曲线线段上冲得密些。

7)划针盘

用于在平台上划线或找正工件定位的正确度。它由底座、支柱、划针和夹紧螺母等组成。划针的直头端用来划线,弯头端常用来找正工件的位置。用夹紧螺母把划针固定在支柱一定的高度上。

划线时,应使划针基本上处于水平位置,不要倾斜太大;划针伸出的部分应尽量短些,这样划针的刚度较好,不易产生抖动;划针的夹紧也要可靠,避免尺寸在划线过程中变动;在拖动底座时,一方面将针尖靠紧工件,划针与工件的划线面之间沿划线方向要倾斜一定角度,另一方面应使底座与平台台面紧紧接触,而无摇晃或跳动现象,为此,底座与平台的接触面应十分干净。划针盘的形状如图3.2所示。

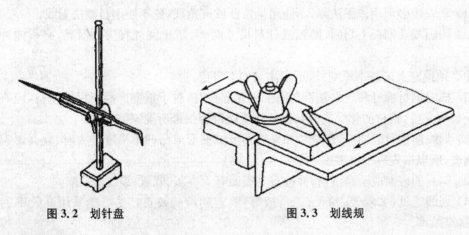

图3.2　划针盘　　　　　　　　　图3.3　划线规

8)划线规

划线规(如图3.3所示)用作划与型钢边相平行的直线,使用时,应将划线的端板靠住型钢的边缘,移动划线规,用划针划出与其型钢相平行的直线。针尖与端板的距离可以随需要而调整。

9)曲线尺

在划线过程中,常常需要用光滑的曲线连接数个已知的定点,使用曲线尺,可以提高工作效率。图3.4(a)为结构比较简单的一种曲线尺,它是用螺杆一头的螺母来调整尺的曲率半径。

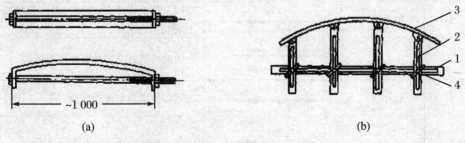

(a)　　　　　　　　　　　　　　(b)

图3.4　曲线尺

图3.4(b)为另一种曲线尺,它由横杆1、滑杆2、弯曲尺3及定位螺钉4组成。横杆可用木材制成。其断面尺寸为60 mm×40 mm,滑杆上开有长方形的孔(20 mm×10 mm),滑杆即在孔中移动调节。在各滑杆的端头与弯曲尺铰接,这种尺可用金属或易于弯曲的纤维材料制成。

使用曲线尺时,调节各滑杆,使尺弯曲成与各已知定点接触,然后旋紧定位螺钉,将其固定,再沿弯曲尺划出所需要的曲线。

10) 手锤

在放样过程中,手锤用来敲击样冲打记号等,一般为 0.2 kg 左右。

(二) 划线的基本规则和常用符号

1) 划线的基本规则

为了保证划线质量,必须严格遵守下列规则。

(1) 垂直线必须用作图法划,不能用量角器或直角尺,更不能用目测法划线。

(2) 用圆规在钢板上划圆、圆弧或分量尺寸时,为防止圆规脚尖的滑动,必须先冲出样冲眼。

除必须遵守上述基本原则外,还应注意如下事项。

(1) 核对钢材牌号和规格是否与图纸的要求相符,对于重要产品所用的钢材,应有合格的质量证明文件,钢材的化学成分和机械性能应符合图纸所规定的要求。

(2) 划线前钢材表面应该平整,如果表面呈波浪形或凸凹不平度过大时,就会影响划线的准确度,所以事先应加以矫正。

(3) 钢材的表面应干净清洁,并检查其表面有无夹灰、麻点、裂纹等缺陷。

(4) 划线工具(如卷尺、角尺、三角板等)要定期检验校正。尽可能采用高效率的工夹具,以提高效率。

2) 划线常用符号

将图样上的零件划到钢材上以后,这只是零件整个制造过程中的一个环节,还需要进行各种加工。为了表达划线后,紧接着的各道工序的性质、内容和范围,常在钢材划线的零件上标出各种符号。常用的工艺符号见表 3.1。

表 3.1　划线中常用的符号

序　号	名　称　与　符　号		说　　明
1	切断线		在断线上打上样冲或用斜线表示
2	加工线		在线上打上样冲眼,并用三角形符号或注上"侧边"二字
3	中心线		在线的两端打上样冲眼并作上标记
4	对称线		表示零件图形与此线完全对称
5	轧角线	(正)　轧角尺 (反)　轧角尺	表示将钢板弯成一定角度或角尺
6	轧圆线	(正轧圆) (反轧圆)	表示将钢板弯成圆筒形(正或反轧)

续表

序号	名称与符号	说明
7	割除线	中部割除
		沿方孔外面割除
		沿方孔内部割除

(三) 划线

划线分为平面划线和立体划线。平面划线是在一个平面上划线,立体划线是划立体上几个面有联系的线。铆工在放样和号料工作中多为平面划线。

1. 划线基准

在一个工件上,由于存在着很多线和面,在这些线和面的相互关系中,基准线或基准面起着决定其他线和面的作用。划线基准就是指这种起决定作用的基准线或基准面。在准备划线时,必须首先选择和确定基准线或基准面。

图 3.5(a)所示的工件,是一块长方形板料。上面有 1 个大圆孔和 8 个小圆孔,大圆孔和小圆孔的位置都是由十字形中心线确定的,所以中心线即为基准线。

图 3.5(b)所示的工件,是一块多边形连接板。它是由四条直线和一条斜线组成的,其中两条短线和一条斜线的位置是由两条边缘线确定的,所以这两条边缘线是基准线。

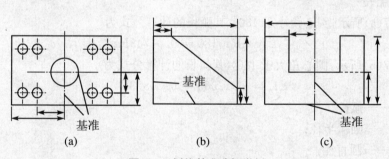

(a)   (b)   (c)

图 3.5 划线基准选择举例

图 3.5(c)所示的工件,其中有几条线的位置是由下边缘线确定的,另外几条线的位置是由中心线确定的,所以该图的划线基准是下边缘线和中心线。

2. 常用数据和公式

铆工常用的数据和公式较多,通常有以下计算公式。

1) 圆周长

其计算公式为

$$L = 2\pi R = \pi D \tag{3.1}$$

式中,L——圆周长;

π——圆周率,通常取 3.1416;

R——圆半径;

D——圆直径。

2) 椭圆周长

椭圆(如图3.6),其周长计算公式为

$$L = A \times PI \qquad (3.2)$$

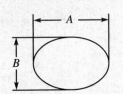

图 3.6 椭圆周长计算图

式中,L——椭圆周长;

A——椭圆长轴;

B——椭圆短轴;

PI——椭圆圆周率,PI 值是由 B/A 确定的,不同比值的椭圆圆周率 PI,见表 3.2 所示。

表 3.2 椭圆圆周率表

B/A	PI	B/A	PI
...	...	0.801	2.8376
0.796	2.8303	0.802	2.8391
0.797	2.8317	0.803	2.8406
0.798	2.8332	0.804	2.8421
0.799	2.8347	0.805	2.8436
0.800	2.8362	...	...

例如已知一椭圆的长轴 $A=1000$ mm,短轴 $B=800$ mm,则 $B/A=800/1000=0.8$,查表 3.2,找到对应的 PI 值为 2.8362,则该椭圆周长 $L = A \times PI = 1000 \times 2.8362 = 2836.2$(mm)。

3) 任意弧长

如图 3.7(a)所示,圆心角小于 $180°$,其弧长的计算公式为

$$L = \pi Ra/180 = 0.01745Ra \qquad (3.3)$$

如图 3.7(b)所示,圆心角大于 $180°$,其弧长的计算公式为

$$L = \pi Da/360 = 0.00873Da \qquad (3.4)$$

上两式中,L——弧长;

R——圆弧半径;

D——圆直径;

a——圆心角。

图 3.7(a)、(b)中的弧长还可用下式计算:

$$L = R\theta \qquad (3.5)$$

式中,θ 为圆心角 a 的弧度表示,$\theta = \pi a/180$。角度 a 转化为弧度 θ 后,与圆弧半径 R 相乘,即可计算出弧长 L。

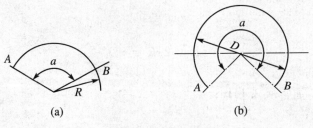

(a)   (b)

图 3.7 弧长计算图

4) 圆周等分

圆周等分的计算公式为

$$S = DK \tag{3.6}$$

式中，S 为圆周上每一等分的弦长；

D——直径；

K——圆周等分系数。

如图 3.8 所示，法兰盘号孔样板直径 D 为 400 mm，需在圆周长分 11 个等距离的孔。从数学公式中查得圆的等分系数 $K=0.28173$，代入公式：

$$S = DK = 400 \times 0.28173 = 112.69 \,(\text{mm})$$

（四）样板和样杆的制作

由于零部件等加工的需要，通常须制作适应于各种形状和尺寸的样板和样杆。

1) 样板的种类

（1）号孔样板。专用于号孔的样板，如图 3.8。

（2）卡型样板。用于煨曲或检查构件弯曲形状的样板，分内卡型样板和外卡型样板两种，如图 3.9 所示。

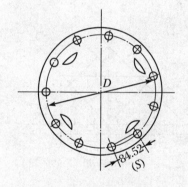

图 3.8 圆周等分法

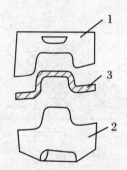

1—外卡型样板　2—内卡型样板　3—构件

图 3.9 内、外卡型样板

（3）成型样板。用于煨曲或检查弯曲件平面形状的样板。此类样板不仅用于检查各部分的弧度，同时还可以作为端部割豁口的号料样板，图 3.10 所示是其中一例。

（4）号料样板。用于号料或号料同时号孔的样板，见图 3.11。

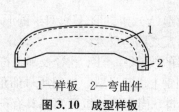

1—样板　2—弯曲件

图 3.10 成型样板

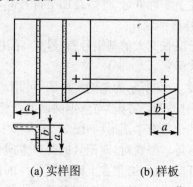

(a) 实样图　　　(b) 样板

图 3.11 不覆盖过样法

2）样板、样杆的材料

制作样板的材料一般采用 0.5～2 mm 的薄钢板（铁皮）。当工件较大时可用板条拼接成花架，以减轻重量；中、小件的样板一般多采用 0.5 或 0.75 mm 薄铁皮制作。为节约薄钢板，对一次性的样板，可用油毡纸制作。样杆一般用 25 mm×0.8 mm 或 20 mm×0.8 mm 扁钢条或铁棍、木杆等材料制作。

3）号料样板的制作

对不需要展开的平面形零件的号料样板有如下两种制造方法。

（1）划样法。即按零件图的尺寸直接在样板料上作出样板，见图 3.8。

（2）过样法。这种方法又叫移出法，它有不覆盖过样和覆盖过样两种。不覆盖过样法就是通过作垂线或平行线，将实样图中的零件形状过到样板料上的作样板方法。如图 3.11(b)所示的角钢号孔样板，就是通过 3.11(a)的实样图取得的。覆盖过样法就是把样板料覆盖在实样图上，再根据事前作出的延长线，划出样板的方法。如要作出图 3.12(a)所示的连接板的样板，可将连接板边缘的轮廓线和各孔的纵横中心线延长，将略大于连接板的样板料覆盖在实样图上，再把露出的延长线的两端，用平尺或粉线连接起来，即把实样图上的形状划到样板料上。最后将样板的多余部分剪去，在交叉线有孔的位置上打上样冲眼，即为孔的中心，从而作成连接板的样板，如图 3.12(b)所示。

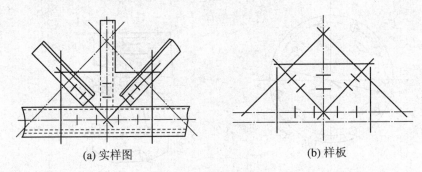

(a) 实样图　　　　　　　　　　(b) 样板

图 3.12　覆盖过样法

采用覆盖过样法，一般是为了保存实样图。当不需要保存实样图时，上面的连接板样板就可采用划样法制作。

上述样板的制作方法，同样适用于号孔、卡型和成型等样板的制作。样板制出后，必须在上面注上零件件号、件数及加工符号等，有的还需注明名称、材料牌号。

4）样杆的制作

对于又长又大的型钢号料、号孔，采用卷尺测量，既麻烦又容易错，因此在批量生产时常用样杆来号料。

如图 3.13 所示的角钢实样图，可用过样法将角钢孔和长短位置过到样杆上，孔的记号方向（记号的开口方向）与角钢两面的孔相对应。

孔的记号有半圆形（如图 3.13 样杆中约记号）、角形（V）、半方形（U）、双半圆形、双角形和双方形等。号料时，向记号的开口方向号孔为正号，反之则为反号。

样杆制成后，必须在上面注明零件的件号、正反号的数量、边心距、孔径及加工符号等。

号料时，较大的样杆要用卡子卡住样杆，并挂在型钢上进行号料。如果所号的角钢两端具有一定形状时，可以做一个成型样板补充样杆的号料。当型钢较短且两端具有一定的形状时,可直接作号料样板。

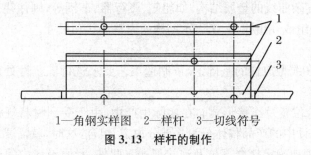

1—角钢实样图　2—样杆　3—切线符号

图 3.13　样杆的制作

(五) 放样程序与放样过程分析举例

放样方法有多种。但在长期的生产实践中,形成了以实尺放样为主的放样方法。随着科学技术的发展,又出现了比例放样、电子计算机放样等新工艺,并在逐步推广应用。但目前广泛应用的仍然是实尺放样。即使采用其他新方法放样,一般也要首先熟悉实尺放样过程。

1. 实尺放样程序

实尺放样就是采用 1∶1 的比例放样,根据图样的形状和尺寸,用基本的作图方法,以产品的实际大小,画到放样台上的工作。

1) 线型放样

线型放样就是根据结构制造需要,绘制构件整体或局部轮廓(或若干组剖面)的投影基本线型。进行线型放样时要注意以下方面。

(1) 根据所要绘制图样的大小和数量多少,安排好各图样在放样台上的位置。为了节省放样台面积和减轻放样劳动量,对于大型结构的放样,允许采用部分视图重叠或单向缩小比例的方法。

(2) 选定放样划线基准。放样划线基准,就是放样划线时用以确定其他点、线、面空间位置的依据。以线作为基准的称为基准线,以面作为基准的称为基准面。在零件图上用来确定其他点、线、面位置的基准,称为设计基准。放样划线基准的选择,通常与设计基准是一致的。

应当指出,较短的基准线可以直接用钢尺或弹粉线划出,而对于外形尺寸长达几十米甚至超过百米的大型金属结构,则需用拉钢丝配合角尺或悬挂线锤的方法划出基准线。目前,已采用激光经纬仪作出大型结构的放样基准线,可以获得较高的精确度。作好基准线后,还要经过必要的检验,并标注规定的符号。

(3) 线型放样时首先划基准线,其次才能划其他的线。对于图形对称的零件,一般先划中心线和垂直线,以此作为基准,然后再划圆周或圆弧,最后划出各段直线。对于非对称图形的零件,先要根据图样上所标注的尺寸,找出零件的两个基准,当基准线划出后,再逐步划出其他的圆弧和直线段,最后完成整个放样工作。

(4) 线型放样以划出设计要求必须保证的轮廓线型为主,而那些因工艺需要而可能变动的线型则可暂时不划。

(5) 进行线型放样,必须严格遵循正投影规律。放样时,究竟划出构件的整体还是局部,可依工艺需要而定,但无论整体还是局部,所划出的线型所包含的几何投影,必须符合正投影关系,即必须保证投影的一致性。

(6) 对于具有复杂曲线的金属结构,如船舶、飞行器、车辆等,则往往采用平行于投影面的反面剖切,划出一组或几组线型,来表示结构的完整形状和尺寸。

2) 结构放样

结构放样就是在线型放样的基础上,依制造工艺要求进行工艺性处理的过程。它一般包含以下内容。

(1) 确定各接合位置及连接形式。在实际生产中,由于受到材料规格及加工条件等限制,往往需要将原设计中的产品整体分为几部分加工、组合,这时,就需要放样者根据构件的实际情况,正确、合理地确定接合部位及连接形式。此外,对原设计中的产品各连接部位结构形式,也要进行工艺分析,对其不合理的部分,要加以修改。

(2) 根据加工工艺及工厂实际生产加工能力,对结构中的某些部位或构件给予必要的改动。

(3) 计算或量取零、部件料长及平面零件的实际形状,绘制号料草图,制作号料样板、样杆和样箱,或按一定格式填写数据,供数控切割使用。

(4) 根据各加工工序的需要,设计胎具或胎架,绘制各类加工、装配草图,制作各类加工、装配用样板。

这里需要强调的是:结构的工艺性处理,一定要在不违背原设计要求的前提下进行。对设计上有特殊要求的结构或结构上的某些部位,即便加工有困难,也要尽量满足设计要求。凡是对结构作较大的改动,必须经过设计部门或产品使用单位有关技术部门同意,并由本单位技术负责人批准,方可进行。

3) 展开放样

展开放样是在结构放样的基础上,对不反映实形或需要展开的部件进行展开,以求取实形的过程。其具体过程如下:

(1) 板厚处理根据加工过程中的各种因素,合理考虑板厚对构件形状、尺寸的影响,划出欲展开构件的单线图(即理论线),以便据此展开。

(2) 展开作图,即利用划出的构件单线图,运用正投影理论和钣金展开的基本方法,作出构件的展开图。

(3) 根据作出的展开图,制作号料样板或绘制号料草图。

(4) 展开放样的基本方法。把各种立体表面摊平的几何作图称为展开放样。就可展性而言,立体表面可分为可展表面和不可展表面。

立体的表面若能全部平整地摊开在一个平面上,而不发生撕裂或皱折,称为可展表面。可展表面相邻两条素线应能构成一个平面。圆柱面和锥面相邻两素线平行或是相交,总可构成平面,故是可展表面。切线面在相邻两条素线无相接近情况下,也可构成一微小的平面,因此亦可视为可展。此外,还可以这样认为:凡是在连续的滚动中以直素线与平面相切的立体表面,都是可展的。

如果立体表面不能自然平整摊开在一个平面上,称为不可展表面。圆球等曲纹面上不存在直素线,故不可展。螺旋面等扭曲面虽然由直素线构成,但相邻两素线是异面直线,因而也是不可展表面。

展开放样的基本方法如下。

① 放射线法展开。将零件的表面由锥顶起作一系列放射线,将锥面分成一系列小三角

形,每一小三角形作为一个平面,将各三角形依次展开划在平面上,就得所求的展开图。放射线法适用于立体表面的素线相交于一点的形体,如圆锥、椭圆锥、棱锥等表面的展开。

现以正圆锥管为例说明放射线展开法的基本原理。正圆锥的特点是锥顶到底圆任意一点的距离都相等,所以正圆锥管展开后的图形为一扇形,如图 3.14(a)所示,它的展开图也可以通过计算法(如图 3.14(b)所示)或作图法(如图 3.14(c)所示)求得。

A. 计算法展开。

展开图的扇形半径等于圆锥素线的长度。扇形的弧长等于圆锥底圆的周长($2\pi r$ 或 πd),扇形圆心角:

$$\alpha = \frac{360\pi d}{2\pi R} = \frac{180d}{R} \tag{3.7}$$

B. 作图法展开。

用作图法画正圆锥管的展开图时,将底圆圆周等分并向主视图作投影,然后将各点与顶点连接,即将圆锥面划分成若干三角形,以 O' 为圆心,$O'A$ 长为半径作圆弧,在圆弧上量取圆锥底的周长便得展开图。

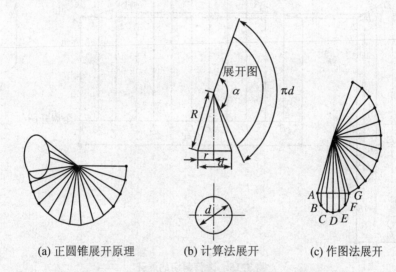

(a) 正圆锥展开原理　　(b) 计算法展开　　(c) 作图法展开

图 3.14　正圆锥管的展开

② 平行线法展开。将被展开物体的表面,看作由无数条相互平行的素线组成,取相邻两素线及其上下线所围成的微小面积作为平面。当分成的微小面积无数多的时候,则各小面积的和就近似等于被展开物体的表面总面积。把所有微小面积,按照原先的先后顺序和相对位置,毫无遗漏、不重叠地铺平展开,就得到了被展开物体表面的展开图。棱柱、圆管类构件,都可用平行线法展开。平行线法展开步骤如下。

A. 任意等分平面图(或断面图)的圆周,由各等分点向立面图引投射线,得到一系列的交点。

B. 在立面图旁取一条线后,垂直于立面图直素线,并等于断面图的周长。

C. 在周长直线上,将断面图上各分点划上,过这些分点作平行于立面图素线,并把各交点相连便得展开图。

如图 3.15 所示,作图步骤如下。

Ⅰ. 作立面图及平面图。

Ⅱ．将平面图圆周 12 等分(直径大的,可以多取些等分点)。

Ⅲ．从平面图 A、B、$\cdots G$ 等分点向上作投射线至立体图,得 A、B、$\cdots G$ 点。

Ⅳ．展开:圆周长 ＝ 直径×圆周率(即:$C_1 = \pi D_1$),圆周率 $\pi = 3.14$,直径 D_1 根据展开物体的大小决定。

Ⅴ．以圆周长划成一直线,并将它作成 12 等分,过各等分点作该直线的垂直线,展开图中,$AB = BC = CD = DE = EF = FG$ 与平面图中 $\overset{\frown}{AB} = \overset{\frown}{BC} = \overset{\frown}{CD} = \overset{\frown}{DE} = \overset{\frown}{EF} = \overset{\frown}{FG}$ 相等。

Ⅵ．从主立面图中 A、B、$\cdots G$ 点向右作平行线且与各垂线按顺序相交得 A、B、$\cdots G$ 点,连接所得的各交点,即完成展开图。

注:板料厚度在 1.2 mm 以上时要考虑厚度,用平均直径展开。例如一个工件内径 500 mm,板厚是 5 mm,外径是 510 mm。其平均直径是 505 mm(平均直径＝内径＋板厚),其展开为平均直径×圆周率,其计算式:$C' = ($内径＋板厚$)\pi$。

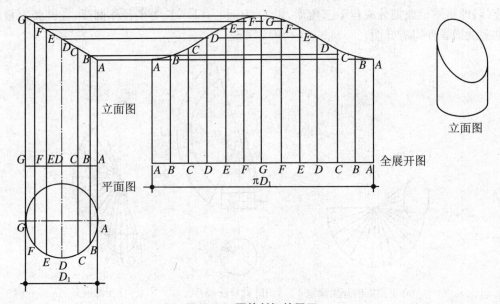

图 3.15　圆管斜切的展开

③ 三角形法展开,是以立体表面素线(棱线)为主,并划出必要的辅助线将零件的表面分成一组或很多组三角形平面,然后求出各三角形每边的实长,并把它们的实形依次划在平面上从而得到整个立体表面展开图。

三角形展开法的步骤如下。

A. 将放样图(主视图、俯视图)分成若干个小三角形。

B. 求展开实长线。分析小三角形中的各边,哪些是反映了实长的线,哪些是不反映实长的线。必须根据求实长线的方法,全面求出展开实长线。一般情况下,主视图与俯视图中的小三角形的边不是实长线,所以要把它们一条一条移到三角形中求出展开的实长线。

C. 展开。以主视图、俯视图中各小三角形的相邻位置为依据,用已知的投影线求出展开的实长线,并以展开实长线为半径通过相交法,依次把所有的小三角形交点都划出来。最后把这些交点用曲线或折线连接起来,从而得到展开图。

如图 3.16 所示为两个不同尺寸正方形过渡接头管的展开。正方形过渡接头在日常通风管道中经常要用到,其用三角线法作展开图如下。

Ⅰ.根据已知尺寸 $b \times b$ 及 $a \times a$,高度 h 作立面图和平面图,平面图由四个等腰梯形所组成,作辅助线 1、3 把等腰梯形分成两个小三角形。

Ⅱ.线 1、2、3、4 都是从立面图中投影下来的投影线,求出实长后以作展开图之用。

Ⅲ.作直角三角形图求展开实长线。线 1、2、3、4 是从平面图中移来的,其展开实长线为 1′、2′、3′、4′。

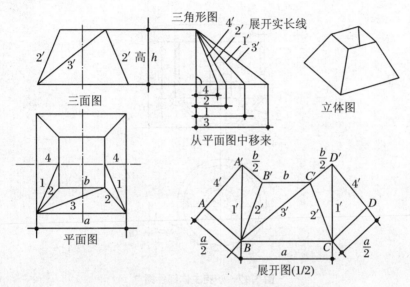

图 3.16 两个不同尺寸正方形过渡接头管的展开

Ⅳ.展开:从平面图中可以看出 a、b 是实长线。1′、2′、3′、4′ 线为求出来的实长线。已知 a、2、3、b、3、2 各三条已知边,可以求出这两个三角形。

展开图中的 $\triangle BCC′$ 及 $\triangle BB′C′$ 用相交法求得组成一个展开等腰梯形。详细画法如下:作 $BC=a$,$CC′=2′$,$C′B=3′$,$B′C′=b$,$B′B=2′$;以 B 点为圆心,BC 为半径作圆弧,C 点为圆心,$CC′$ 为半径作圆弧交于 $C′$ 点;再以 $C′$ 为圆心,$C′B$ 为半径作圆弧,以 $B′$ 点为圆心,$BB′$ 为半径作圆弧交于 $B′$ 点,则 $\triangle BCC′$ 及 $\triangle BB′C′$ 求得。$\triangle ABA′$ 及 $\triangle BB′A′$ 和 $\triangle CC′D′$ 及 $\triangle CDD′$ 作法相同。6 个小三角形组成三个等腰梯形,于是正方形渐变接头被展开。线 4′ 为接缝线,另外半只展开图的展开方法相同。在实际工作中为省时、省料,只作展开图的一半,另外一半只要在钣料上照样划出即可。

2. 放样过程分析举例

在明确了放样的任务和程序之后,下面举一实例进行综合分析,以便对放样过程有一个具体而深入的了解。

图 3.17 所示为一个冶金炉炉壳主体部件图样,该部件的放样过程如下。

1)识读、分析构件图样

在识读、分析构件图样的过程中,主要解决以下问题。

(1)弄清构件的用途及一般技术要求。该构件为冶金炉炉壳主体,主要应保证其有足够的强度,尺寸精度要求并不高,因炉壳内还要砌筑耐火砖,所以连接部位允许按工艺要求作必要的变动。

(2)了解构件的外部尺寸、质量、材质、加工数量等概况,并与本厂加工能力相比较,确定产品制造工艺。通过分析可知该产品外形尺寸较大,质量较大,需要较大的工作场地和起重能力。加工过程中,尤其装配、焊接时,不宜多翻转。又知该产品加工数量少,故装配、焊接都不宜制作专门胎具。

（3）弄清各部分投影关系和尺寸要求,确定可变动与不可变动的部位及尺寸。

还应指出,对于某些大型、复杂的金属结构,在放样前,常常需要熟悉大量图样,全面了解所要制作的产品。

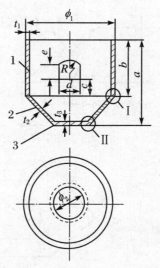

图 3.17　炉壳主体部件图

2）线型放样

如图 3.18 所示,确定放样划线基准。从该件图样看出:主视图应以中心线和炉上口轮廓线为放样划线基准,两俯视图应以两中心线为放样划线基准。主、俯视图的放样划线基准确定后,应准确地划出各个视图中的基准线。

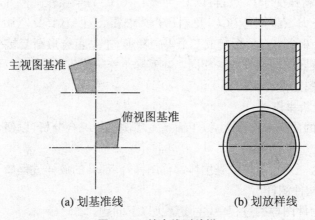

（a）划基准线　　　　　　　（b）划放样线

图 3.18　炉壳线型放样

划出构件基本线型,这里件 1 的尺寸必须符合设计要求,可先划出。件 3 位置也已由设计给定,不得改动,亦应先划出。而件 2 的尺寸要待处理好连接部位后才能确定,不宜先划出。至于件 1 上的孔,则先划后划均可。

为便于展开放样,这里将构件按其使用位置倒置划出。

3) 结构放样

(1) 连接部位Ⅰ、Ⅱ的处理。首先看Ⅰ部位,它可以有三种连接形式,如图 3.19 所示。究竟选取哪种连接形式,工艺上主要从装配和焊接两个方面考虑。

从构件装配方面看,因圆筒体(件 1)大而重,形状也易于放稳,故装配时可将圆筒体置于装配平台上,再将圆锥台(包括件 2、件 3)落于其上。这样,三种连接形式除定位外,一般装配环节基本相同。从定位方面考虑,显然图 3.19(b)的连接形式最不利,而图 3.19(c)的连接形式则较好。

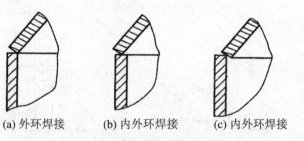

(a) 外环焊接　　　(b) 内外环焊接　　　(c) 内外环焊接

图 3.19　Ⅰ部位连接形式比较

从焊接工艺性方面看,显然图 3.19(b)的连接形式不佳,因为内外两环缝的焊接均处于不利位置,装配后须依装配时位置焊接外环缝,处于横焊和仰焊之间;而翻过再焊内环缝时,不但需要作仰焊,且受构件尺寸限制,操作甚为不便。再比较图 3.19(a)和图 3.19(c)两种连接形式,图 3.19(c)的连接形式更为有利,它外环缝焊接时接近平角焊,翻身后内环缝也处于平角焊位置,均有利于焊接操作。

综合以上两方面因素,Ⅰ部位采取图 3.19(c)所示形式连接为好。

至于Ⅱ部位,因件 3 体积小,质量轻,易于装配、焊接,可采用图样所给的连接形式。

Ⅰ、Ⅱ两部位连接形式确定后,即可按以下方法划出件 2(见图 3.20)。

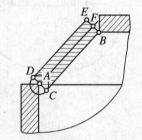

以圆筒内表面 A 点为圆心,圆锥台侧板 1/2 厚板为半径画一圆。过炉底板下沿 B 点引已画出圆的切线,则此切线即为圆锥台侧板内表面线。分别过 A、B 两点引内表面线垂线,使之长度等于板厚,得 C、D、E 点。连接 D、E 点,得圆锥台侧板外表面线。同时画出板厚中心线 AF,供展开放样用。

图 3.20　圆锥台侧板划法

(2) 因构件尺寸(a、b、$\phi 1$、$\phi 2$)较大,且件 2 锥度太大,不能采取滚弯形成,需分几块压制成型或手工煨制,然后组对。组对接缝的部位,应按不削弱构件强度和尽量减少变形的原则确定,焊缝应交错排列,且不能选在孔眼位置,如图 3.21 所示。

(3) 计算料长、绘制草图和量取必要的数据。因为圆筒展开后为一个矩形,所以计算圆筒的料长时可不必制作号料样板,只需记录长、宽尺寸即可;做出炉底板的号料样板(或绘制出号料草图),这是一个直径为 $\phi 2$ 的整圆(如图 3.22)。

由于锥台的结构尺寸发生变动,需要根据放样图上改动后的圆锥台尺寸,绘制出圆锥台结构草图,以备展开放样和装配时使用,如图 3.23 所示,在结构草图上应标注必要的尺寸,如大端最外轮廓圆直径 ϕ'、总高度 h_1 等。

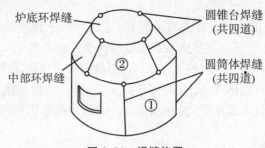

图 3.21 焊缝位置

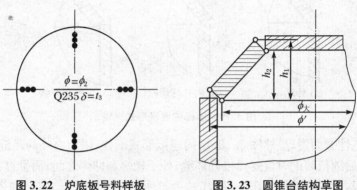

图 3.22 炉底板号料样板   图 3.23 圆锥台结构草图

（4）依据加工需要制作各类样板，圆筒卷制需要卡型样板一个（图 3.24(a)），其直径 $\phi=\phi1-2t_1$；圆锥台弯曲加工需要卡型样板两个（如图 3.24(b)、(c)）。制作圆筒上开孔的定位样板或样杆，也可以采取实测定位或以号料样板代替。

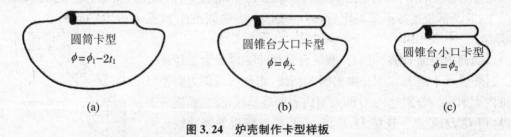

（a）   （b）   （c）

图 3.24 炉壳制作卡型样板

4）展开放样

（1）作出圆锥台表面的展开图，并作出号料样板。

（2）作出筒体开孔孔型的展开图，并作出号料样板。

（六）放样平台

放样台是进行实尺放样的工作场地，有钢质和木质两种。

1. 钢质放样台

钢质样台是用铸铁或由 12 mm 以上的低碳钢板制成。钢板连接处的焊缝应铲平磨光，板面要平整，必要时，在板面涂上带胶白粉，板下需用枕木或型钢垫高。

2. 木质放样台

木质放样台为木地板，一般设在室内（放样间），要求地板光滑平整、表面无裂缝，木材纹理要细,疤节少,还要有较好的弹性。为保证地板具有足够的刚度,防止产生较大的挠度而影响放样精度,对放样台地板厚度的要求为 70～100 mm。各板料之间必须紧密地连接,接缝应该交错地排列。

地板局部的平面度误差为:在 5m² 面积内为±3 mm。地板表面要涂上二三道底漆,待干后再涂抹一层暗灰色的无光漆,以免地板反光刺眼,同时,该面漆能将各种色漆鲜明地映衬出。

对放样台要求光线充足,便于看图和划线。

(七) 工艺余量与放样允许误差

1. 工艺余量

产品在制造过程中要经过许多道工序。由于产品结构的复杂程度、操作者的技术水平和所采取的工艺措施都不会完全相同,因此在各道工序都会存在一定的加工误差。此外,某些产品在制造过程中还不可避免地产生一定的加工损耗和结构变形。为了消除产品制造过程中加工误差、损耗和结构变形对产品的形状及尺寸精度的影响,要在制造过程中采取加放余量的措施,即所谓工艺余量。

确定工艺余量时,主要考虑下列因素。

(1) 放样误差的影响。包括放样过程和号料过程中的误差。

(2) 零件加工误差的影响。包括切割、边缘加工及各种成型加工过程中的误差。

(3) 装配误差的影响。包括装配边缘的修整和装配间隙的控制、部件装配和总装的装配误差以及必要的反变形值等。

(4) 焊接变形的影响。包括进行火焰矫正变形时所产生的收缩量。

放样时,应全面考虑上述因素,并参照经验合理确定余量加放的部位、方向及数值。

2. 放样允许误差

在放样过程中,由于受到放样量具和工具精度及操作者水平等因素的影响,实样图会出现一定的尺寸偏差。把这种偏差限制在一定的范围内,就叫放样允许误差。

在实际生产中,放样允许误差值往往随产品类型、尺寸大小和精度要求的不同而不同。表 3.3 给出的放样允许误差值可供参考。

表 3.3　常用放样允许误差值

名　　称	允许误差(mm)	名　　称	允许误差(mm)
十字线	±0.5	两孔之间	±0.5
平行线和基准线	±0.5～1	样杆、样条和地样	±1
轮廓线	±0.5～1	加工样板	±1
结构线	±1	装配用样杆、样条	±1
样板和地样	±1		

(八) 放样时的注意事项

(1) 放样开始之前,必须看懂施工图纸。要考虑好先划哪个几何图形,或者先从哪根线着手。

(2) 划完实样图后,要从两方面进行检查:一方面检查是否有遗漏的工件及规定的孔;

另一方面检查各部分尺寸。

（3）如果图纸看不清或对工作图有疑问，应该先向工程技术人员问清楚，并做出清晰的标注和更正。

（4）放样时不得将锋利的工具如划针等立放在场地上，用完的钢卷尺应随时卷好。

（5）需要保存的实样图，应注意保护存放，不得涂抹和践踏。

（6）样板、样杆用完后，应妥善保管，避免锈蚀或丢失。

（九）光学放样与计算机放样

1）光学放样

光学放样是在实尺放样的基础上发展起来的一种新工艺，它是比例放样和光学号料的总称。

所谓比例放样，是将构件按 1∶5 或 1∶10 的比例，采用与实尺放样相同的工艺方法，在一种特制的变形较小的放样台上进行放样，然后再以相同比例将构件展开并绘制成样板图。光学号料就是将比例放样所绘制的样板图再缩小 5～10 倍进行摄影，然后通过投影机的光学系统，将摄制好的底片放大 25～100 倍成为构件的实际形状和尺寸，在钢板上进行号料划线。另外，由比例放样绘制成的仿形图，可供光电跟踪切割机使用。

光学放样虽优于实尺放样，但目前已逐渐被更先进的计算机放样所取代。

2）计算机放样

计算机辅助设计（即 CAD）技术是利用计算机的图形系统和软件绘制工程图样，已在冷作结构件的放样中得到应用，从而实现了冷作结构件的计算机放样，将计算机放样技术与计算机排样技术相结合，就可以组成一个完整的计算机放样系统。

任务二　号　　料

利用样板、样杆或根据图纸，在板材及型钢上，划出孔的位置和零件形状的加工界线，这种操作称为号料。

（一）号料时的注意事项

（1）准备好下料时所使用的各种工具，如手锤、样冲、划规、划针、铁剪等。

（2）熟悉施工图纸，检查样板是否符合图纸要求。根据图纸直接在板料和型钢上号料时，应检查号料尺寸是否正确，以防产生错误，造成废品。

（3）如材料上有裂缝、夹层及厚度不足等现象时，应及时研究处理。

（4）钢材如有较大弯曲、凸凹不平的，应先进行矫正。

（5）号料时，不要把材料放在人行道和运输道上。对于较大型钢划线多的面应平放，以防止发生安全事故。

（6）号料工作完成后，在零件的加工线和接缝线上，以及孔中心位置，应视具体情况打上样冲眼。同时应根据样板上的加工符号、孔位等，在零件上用白铅油标注清楚，为下道工序提供方便。

(7) 号料时应注意个别零件对材料轧制方向的要求。

(8) 需要剪切的零部件,号料时应考虑剪切线是否合理,避免发生不适于剪切操作的情况。

(二) 号料允许误差

金属结构中的所有零件,几乎都要经过号料工序,为确保工件质量,号料不得超过允许误差。号料的常用允许误差,见表 3.4。

表 3.4　常用号料允许误差值

名　　称	允许误差(mm)	名　　称	允许误差(mm)
直线	±0.5	料宽和长	±1
曲线	±0.5～1	两孔(钻孔)距离	±0.5～1
结构线	±1	焊接孔距	±0.5
钻孔	±0.5	样冲眼和线间	±0.5
减轻孔	±2～5	扁铲(主印)	±0.5

(三) 合理的号料方法

在钢板上划单个零件时,为提高材料的利用率,总是将零件靠近钢板的边缘、余留出一定的加上余量。如果零件制造的数量较多,则必须考虑在钢板上如何排列才合理,即为合理用料。图 3.25 为同一种零件两种排样方案的比较,显然图 3.25(a)排样方式的材料利用率不及图 3.25(b)中的高,从这个例子可以看到排样对节约材料所起的重要作用。

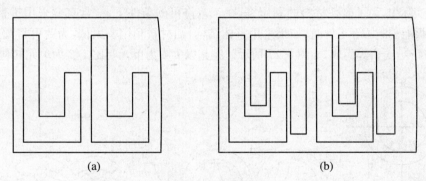

(a)　　　　　　　　　　(b)

图 3.25　排样比较

所谓材料的利用率是指零件的总面积与板材的总面积之比,用百分数表示,即

$$K = na/A \times 100\% \tag{3.8}$$

式中,K——材料利用率(%);

　n——板材上的零件数(个);

　a——每一个零件的面积(mm^2);

　A——板料的面积(mm^2)。

下料时,必须采用各种途径,最大限度地提高原材料的利用率,以节约材料,下面介绍几种常用的节约用料方法。

1) 集中下料法

由于钢材的规格多种多样,而下料的零件也是多种多样的,为了做到合理使用原材料,将各类产品中使用相同牌号、相同厚度的零件集中在一起进行下料,这样可统筹安排,大小搭配,充分利用原材料,提高材料的利用率,如图 3.26 所示是由 8 种零件集中下料的实例。

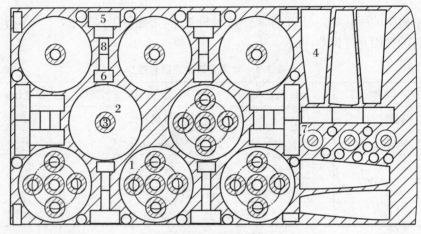

图 3.26 集中下料

2) 长短搭配法

长短搭配法适用于型钢的下料。由于零件长度不一,而原材料又有一定的规格,下料时先将较长的料排出来,然后计算出余料的长度,根据余料长度再排短料,这样长短搭配,使余料最小。

3) 零料拼整法

生产实际中,为了提高材料的利用率,在工艺许可的条件下,常常有意采用拼整的结构。例如在钢板上割制圆环零件时,如果采用整体结构,则材料利用率太低,为此可将圆环分成两半个或 1/4 个,再拼焊而成,如图 3.27 所示。尤其以 1/4 为单元要比 1/2 为单元的利用率高。

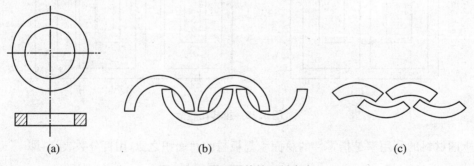

(a)   (b)   (c)

图 3.27 圆环零件的下料方案

4) 排样套料法

当零件下料的数量较多时,为使板材得到充分利用,必须精心安排零件的图形位置,同一形状的零件或各种不同形状的零件进行排样套料。

排样时,必须分析零件的形状特点,不同形状的零件应按不同的方式排列,零件形状一般有方形、梯形、三角形、圆形及多边形、半圆及山字形、椭圆及盘形、十字形、丁字形和角尺形等 9 种。

常用的排样方式有直排、单行排列、多行排列、斜排、对头斜排。

对于一定的零件形状,应选择最经济合理的排样方式。

图 3.28 为支腿零件改进排样套料的实例,零件用 Q235-A 厚 10 mm 的钢板。应用 290 mm×450 mm 的原材料只可做一件(图 3.28(a)),但余料将近一半。第一次改进排样套料后,用 365 mm×450 mm 原材料可做 2 件(图 3.28(b)),与原定额相比,节约材料 159%,但余料仍有 1/3。经第二次改进后,用 490 mm×490 mm 的材料可套裁 4 件(图 3.28(c)),使实际材料耗用比原定额需用量节约了 217%,可见改进排样套料方法对节约用料所起的重要作用。

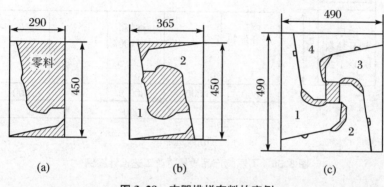

图 3.28　支腿排样套料的实例

图 3.29 所示为圆环和圆板零件进行套中再套的实例,使余料得到充分利用。

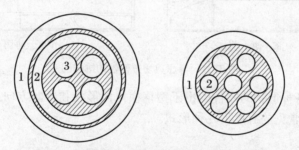

图 3.29　圆环和圆板零件进行套中再套的实例

为提高材料的利用率,在不影响产品质量的前提下,建议更改设计工艺,也是提高材料利用率的一条途径。例如图 3.30 所示的产品是由 4 mm 不锈钢钢板制造的,材料定额为 804 mm×1200 mm 做一件,而实际库存材料为 1200 mm×4000 mm,如按原定额下料,一张大料只能下 3 件(图 3.30(a)),材料利用率只有 60.5%。在可行的情况下,如果将原设计 $\phi260$ mm 的圆筒直径缩小 1 mm(即为下公差,加工成 $\phi260^{0}_{-1}$),展开坯料改为 1200 mm× 800 mm,这样一张大料即可制作 5 件,如图 3.30(b)所示,材料利用率达到 100%。

必须指出,排样套料时,除考虑提高材料利用率外,还要考虑采用何种切割方式,例如剪切时要考虑到剪切的方便(如图 3.31(a)所示),图 3.31(b)的排样就不便于剪切。因此,排料时必须综合加以考虑,务必做到既省料又合理。

(四) 型钢弯曲件的号料

1. 型钢弯曲形式

型钢的种类很多,如等边角钢、不等边角钢、槽钢、工字钢等。在金属结构的制造中,经

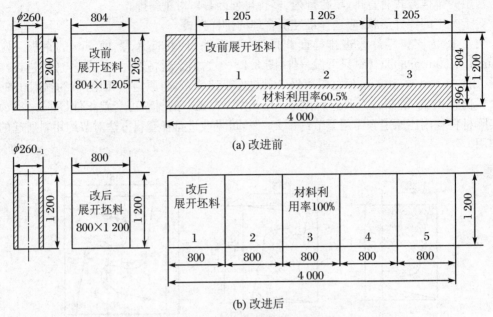

(a) 改进前

(b) 改进后

图 3.30　不影响产品质量更改工艺设计实例

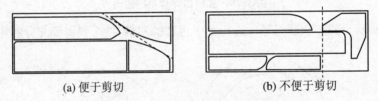

(a) 便于剪切　　　　　　　　　(b) 不便于剪切

图 3.31　考虑剪切方便性的排样图

常要把型钢弯曲成各种形状的零件。由于型钢横截面形状和弯曲方向及零件形式等不同，所以有不同的分法，常见的有以下几种形式。

1) 内弯与外弯

当曲率半径在角钢(或槽钢)内侧的弯曲，叫做内弯，如图 3.32(a)所示，槽钢见图 3.32(c)。当曲率半径在角钢(或槽钢)的外侧的弯曲，叫做外弯，如图 3.32(b)所示，槽钢见图 3.32(d)。

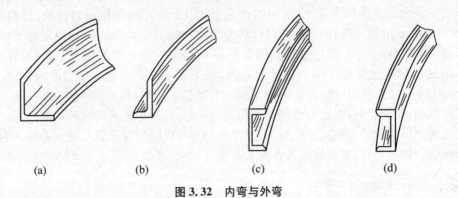

(a)　　　　　　(b)　　　　　　(c)　　　　　　(d)

图 3.32　内弯与外弯

对于不等边角钢还分以下 4 种：如大面弯后成为平面，就叫大面内弯或大面外弯，如小面弯后成为平面，就叫小面内弯或小面外弯。

2）平弯与立弯

当曲率半径与工字钢（或槽钢）的腹板处在同一平面内的弯曲叫平弯，如图3.33（a）所示。当曲率半径与工字钢（或槽钢）的腹板处在垂直位置时的弯曲叫立弯，如图3.33（b）所示。

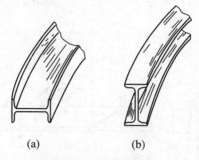

(a)　　　　　　(b)

图 3.33　型钢平弯与立弯

3）切口弯与不切口弯

根据零件的结构和工艺要求，在型钢弯曲处需要切口的叫作切口弯曲，不需要切口的叫作不切口弯曲。

切口的内弯，都不需加补料，如图3.34（a）、（b）所示。切口的内弯又分为直线切口和圆弧切口两种。

切口的外弯，都需加补料，这种通常被称为弯曲后补角，如图3.34（c）所示。

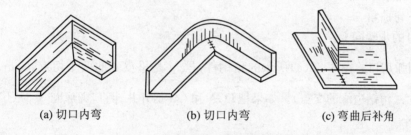

(a) 切口内弯　　　　　(b) 切口内弯　　　　　(c) 弯曲后补角

图 3.34　切口内弯与弯曲后补角

此外还有一些特殊的弯曲形式，如图3.35所示为角钢的一种特殊弯曲。

图 3.35　角钢的特殊弯曲

2. 型钢切口弯曲的号料

1）型钢切口内弯号料

（1）直线切口。图3.36（a）所示的角钢件是由图3.36（b）所示直线切口角钢经内弯形成的。

从两图中可以看出，切口角 $\beta = 180° - \alpha$（α 为已知弯曲角），切口宽 $l = 2FG$，见图3.36（a）矩形 $ONGF$。因此有如下作切口方法。

一种是作图法。作图法是通过作实样图先求出 l 再画切口，步骤是先作出图3.36（a）所示的实样图,从中得出 FG 或 ON。然后在角钢上作垂线 OF,与角钢里皮相交于 O,与外缘相交于 F,并在 F 两侧取已得 FG,连接 OG 和 OG',则得 $\triangle GOG'$ 即为需切去的部位。另外,也可以用作角度 β 的方法划出切口。

成批生产时,一般采用切口样板号切口。切口样板如图 3.36(c)所示。

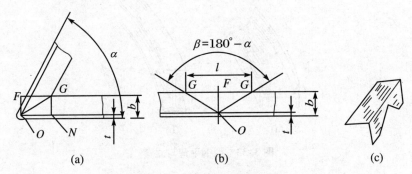

图 3.36　内弯角钢直线切口

另一种是计算法。先计算出切口宽 l,再划切口。其公式为

$$l = 2(b-t)\tan(\alpha/2) \tag{3.9}$$

式中,l——切口宽度(见图 3.36(b));

　　b——角钢宽度;

　　t——角钢厚度;

　　α——弯曲角。

划切口的步骤同上。

(2) 圆弧切口。图 3.37(a)所示的角钢件,F、N 是里皮弧的两个切点,G 是 $\overset{\frown}{FGN}$ 的中点,O 为弧心(角钢边缘的交点)。如果把 $\overset{\frown}{FGN}$ 和 OG 切开并伸直,即成图 3.37(b)所示的弧形切口角钢。

从图 3.37(a)、(b)可知,此角钢件的圆角里皮半径 $R_1 = b-t$,中性层半径为 $b-t/2$。为求出切口宽 l,除作实样图外,还可以通过计算求得,其计算式为

$$l = 0.01745(b-t/2)\alpha \tag{3.10}$$

式中,l——圆弧切口宽;

　　b——角钢宽度;

　　t——角钢厚度;

　　α——圆心角。

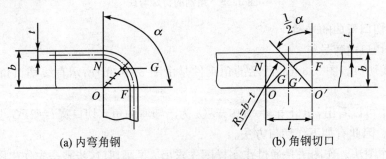

(a) 内弯角钢　　　　　　　　　(b) 角钢切口

图 3.37　内弯角钢的圆弧切口

当圆心角 $\alpha=90°$ 时,切口宽 l 为

$$l = 1/2(b - t/2)\pi \tag{3.11}$$

求得切口宽 l 后,作切口的步骤如图 3.37(b)所示,在角钢面的一边取 OO' 等于 l,过 O' 点作角钢边的垂线分别与里皮相交于 N 和 F。以 O(或 O')为圆心,以 ON(或 OG)为半径划弧,在两弧上各取 G、G' 点,使 $\angle GON = \angle G'O'F' = (1/2)\alpha$,则 OGN 和 $FG'O'$ 所围成的形状即为需要切去的部位。

图 3.38(a)、(b)分别为角钢和工字钢(或槽钢)的另一种圆弧切口形式。其作切口的方法基本与上述角钢圆弧切口的作法相同(作法从略)。

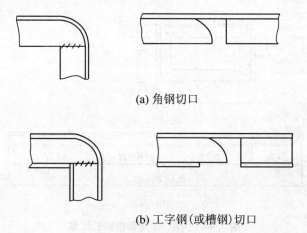

(a) 角钢切口

(b) 工字钢(或槽钢)切口

图 3.38 型钢弯曲的切口

2) 型钢切口弯曲的料长计算

(1) 直线切口。图 3.39 为角钢内弯任意角度的零件,按里皮取各边的下料长度,故料长的计算公式为

$$L = A' + B' = A + B - 2t\cot(\alpha/2) \tag{3.12}$$

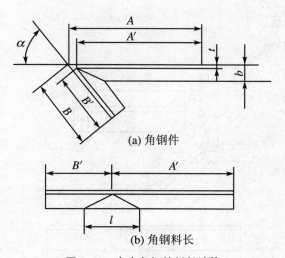

(a) 角钢件

(b) 角钢料长

图 3.39 内弯角钢的料长计算

当角钢内弯 $90°$ 时,料长的计算公式为

$$L = A' + B' = A + B - 2t \tag{3.13}$$

式中,A'、B'——角钢每边的里皮尺寸;

　A、B——角钢每边的外皮尺寸;

　t——角钢厚度;

　α——弯曲角;

　L——角钢内弯任意角度时的料长。

图 3.39(b)所示的角钢的切口宽 l,可按公式(3.9)求得。

当内弯 90°角钢框时,如图 3.40(a)所示,其料长的计算公式为

$$L = 2(A+B) - 8t \tag{3.14}$$

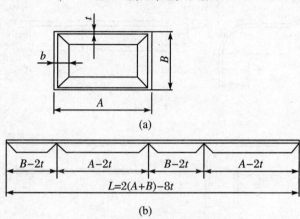

图 3.40　内弯 90°角钢框料长计算

其每边的料长分别为 $A-2t$ 和 $B-2t$,如图 3.40(b)所示。

当内弯成正多边形角钢框时,其料长的计算公式为

$$L = n(A - 2t\tan(\alpha/2)) \tag{3.15}$$

式中,L——正多边形角钢框料长;

　n——边数;

　A——每边的外皮尺寸;

　t——角钢厚度;

　α——切口角。

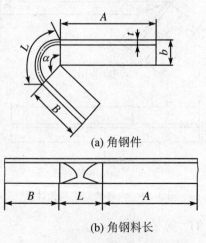

(a) 角钢件

(b) 角钢料长

图 3.41　圆弧内弯角钢的料长计算

（2）圆弧切口。图3.41为角钢圆弧内弯任意角度的零件，其料长的计算公式为

$$L = A + B + 0.01745(b - t/2)\alpha \tag{3.16}$$

式中，L——角钢内弯任意角度时的料长；

　A、B——角钢两边直线段长；

　b——角钢宽度；

　t——角钢厚度；

　α——圆心角。

当圆心角 $\alpha = 90°$时，料长的计算公式为

$$L = A + B + 1/2(b - t)\pi \tag{3.17}$$

图3.42所示为内弯圆角矩形角钢框，其料长计算公式为

$$L = 2(A + B) - 8b + (2b - t)\pi \tag{3.18}$$

式中，L——圆角矩形角钢框的料长；

　A、B——角钢框长、宽尺寸；

　b——角钢宽度；

　t——角钢厚度。

例如：内弯圆角矩形角钢框，若 $A = 1200$ mm，$B = 600$ mm，角钢宽 $b = 100$ mm，厚度 $t = 10$ mm，则其料长 L 由公式3.18求得

$$L = 2(1200 + 600) - 8 \times 100 + (2 \times 100 - 10)\pi$$
$$= 3600 - 800 + 597 = 3397(\text{mm})$$

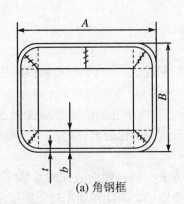

(a) 角钢框

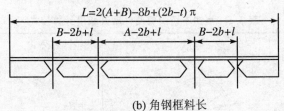

(b) 角钢框料长

图3.42　内弯圆角矩形角钢框料长计算

3）角钢补角弯曲后的料长计算

角钢补角弯曲的零件料长的计算公式同式（3.12）；当角钢内弯 90°时，料长的计算公式同式（3.13），当外弯成 90°角钢框时，料长的计算公式同式（3.14）。

若外弯矩形角钢框的长宽尺寸标注在里皮上，则料长的计算公式为

$$L = 2(A' + B') \tag{3.19}$$

式中，L——角钢框料长；

  A'——里皮长度；

  B'——里皮宽度。

例如：图 3.43 所示的角钢框 A'、B' 分别为 1300 mm 和 650 mm，则

$$L = 2(A' + B') = 2(1300 + 650) = 3900 (\text{mm})$$

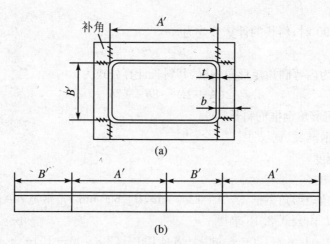

图 3.43　外弯 90°角钢框的料长计算

3. 型钢不切口弯曲的号料

1) 理论公式计算

型钢中的扁钢、方钢、圆钢、钢管、工字钢等的弯曲件的展开料长度计算方法，与板料的弯曲件计算展开料长度的方法相同。

角钢、槽钢的弯曲存在中性层，由于它们的中性层接近各自的重心距，因而产生了按角钢、槽钢重心距计算其展开料长度的理论公式，见表 3.5。角钢、槽钢重心距，见有关《材料手册》中所列。

由于角钢、槽钢等的弯曲方法不同和理论公式的计算结果与实际有一定差异。外弯出来的料要长些，内弯出来的料要短些。因此在施工过程中应注意纠正。

表 3.5　型钢不切口弯曲件展开长度计算公式

类别	名称	形　状	计算公式	式中说明
钢 板（扁钢、圆钢）	圆筒及圆环		$L = d\pi$	L 为计算展开料长；d 为圆中径

类别	名称	形　状	计算公式	式中说明
等边角钢	内弯圆		$L=(d-2Z_0)\pi$	D 为圆外径；Z_0 为重心距
等边角钢	内弯弧形		$L=[\pi(R_外-Z_0)]\times\alpha/180$	$R_外$ 为圆外半径；α 为圆心角；Z_0 为重心距
等边角钢	外弯弧形		$L=[\pi(R_内+Z_0)]\times\alpha/180$	$R_内$ 为圆内半径
等边角钢	外弯椭圆		$L=(d_1+2Z_0)PI$	PI 为椭圆圆周率；d_1 为内长径；d_2 为内短径；Z_0 为重心距
不等边角钢	大面内弯圆		$L=(d-2Y_0)\pi$	d 为外直径；Y_0 为重心距
	外弯圆		$L=(d+2Z_0)\pi$	d 为内直径
槽钢	平弯圆		$L=(d+h)\pi$	d 为内直径；h 为槽钢高

类别	名称	形 状	计算公式	式中说明
工字钢	立弯圆		$L=(d+b)\pi$	d 为内直径;b 为工字钢平面宽

注:Z_0、Y_0 重心距数值可查材料手册。

2) 经验公式计算

生产实际中,在弯曲角钢圈、槽钢圈时,各生产单位往往采用经验公式来计算料长,常用的经验公式如下。

(1) 内弯等边角钢圈。如表 3.5 第 2 图所示,其钢圈展开料长 L 的经验公式为

$$L = \pi d - 1.5b \tag{3.20}$$

式中,d——角钢圈外径;

b——角钢宽度。

(2) 外弯等边角钢圈。外弯等边角钢圈展开料长 L 的经验公式为

$$L = \pi d + 1.5b \tag{3.21}$$

式中,d——角钢圈内径;

b——角钢宽度。

(3) 外弯槽钢圈。外弯槽钢圈展开料长 L 的经验公式同式(3.21)。

式中,d——角钢圈内径;

b——槽钢冀缘(翼板)宽度。

(4) 内弯槽钢圈。内弯槽钢圈展开料长 L 的经验公式同式(3.20)。

式中,d——槽钢圈外径;

b——槽钢翼缘(翼板)宽度。

(5) 大面内弯不等边角钢圈。大面内弯不等边角钢圈其展开料长 L 的经验式为

$$L = \pi d - 1.5a \tag{3.22}$$

式中,d——角钢圈外径;

a——角钢大面宽。

(6) 大面外弯不等边角钢圈。大面外弯不等边角钢圈其展开料长 L 的经验式为

$$L = \pi d + 1.5a \tag{3.23}$$

式中,d——角钢圈内径;

a——角钢大面宽。

(7) 小面内弯不等边角钢。小面内弯不等边角钢圈展开料长 L 的经验公式同式(3.20)。

式中,d——角钢圈外径;

b——角钢小面宽。

(8) 小面外弯不等边角钢圈。小面外弯不等边角钢圈其展开料长 L 的经验公式同式(3.21)。

式中,d——角钢圈内径;

b——角钢小面宽。

经验公式一般是手工热弯得到的结果。它计算方便,这已被铆工广泛应用。由于手工弯曲与压力机械弯曲的不同,冷弯与热弯的不同,方法和操作者的熟练程度等原因,经验公式计算的材料长度有时略长些,特别在冷压弯曲时较明显。因此,应在生产实践中,不断地积累经验和数据,来充实和完善经验公式的准确程度。

练 习 题

1. 划线的基本规则是什么?
2. 放样展开常用方法有哪些?
3. 划线工具有哪些?
4. 解释放样和号料。
5. 说出样板的种类。

项目四 加 工 成 型

钢材经放样下料后还不能作为坯料,必须将零件从原材料上按其轮廓形状进行切割,然后进一步加工成型。本章内容包括钢材的切割、零件的预加工、弯曲成型和压制成型等。

任务一 钢材的切割

切割的目的就是将放样、下料的零件形状从原材料上进行分离。钢材的切割可通过切削、冲剪或热切割三种不同的方法来实现。常用的切割方法有锯割、砂轮切割、剪切、冲裁、气割、光电跟踪气割、数控气割和等离子切割等几种。

(一) 锯割

锯割是通过锯齿的切削运动,将钢材分离的过程。锯割不但能切断金属,而且还可以在金属上锯成切口或绕道。锯割常用于切断型钢,分为手工锯割和机械锯割两种。其中,手工锯割是一种人工操作的常用的简便方法;机械锯割需在锯床上进行。

1. 手工锯割

1) 手锯的构造

手锯的结构形式有固定式和可调整式两种,它是由锯架、夹头、翼形螺母、手柄和锯条组成的,如图 4.1 所示。

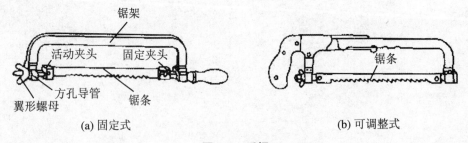

(a) 固定式   (b) 可调整式

图 4.1 手锯

锯架成弓形,有固定式和可调整式两种。固定式锯架只能安装一种长度规格的锯条;可调整式锯架分成两端,前段可在后段中伸出缩紧,可以安装几种长度规格的锯条。

锯架的两端,装有固定夹头和活动夹头,锯条挂在夹头的两销上,拧紧翼形螺母就可把锯条拉紧。

锯条上有很多锯齿,当锯条向前推进时,每个锯齿就进行切削工作。锯齿的切削部分呈楔形,这是任何一种切削方法必须具备的基本条件。切削部分包括两个表面和一个刀刃,即前刀面(与切屑接触的表面)、后刀面(正在由切削刃切削形成的表面)、切削刃(前刀面与后刀面的交线)。细齿锯条适用于锯割硬材料,因硬材料不易锯入,每锯一次的铁屑较少,不会堵塞容屑槽,而锯齿增多后,可使每齿的锯削量减少,材料容易被切除,故锯切比较省力,锯齿也不易磨损。在锯割管子或薄板时,为防止锯齿被工件钩住以致崩断,也必须用细齿锯条。

2) 锯割方法

手锯在向前推进时才能起切削作用,所以安装锯条时使锯齿向前,不能倒装。锯条是用翼形螺母调节松紧,不能装得过紧或过松。锯条装得过紧,在锯切时受力不当,容易折断;张度过松,锯缝不易平直,锯条同样也容易折断,所以必须调节到一个合适的张度。锯条装好后应检查锯条装得是否歪斜、扭曲,否则应校正。

用于锯割的工件一般都较小,所以可用虎钳夹持,但必须夹紧,不允许在锯割时发生松动。

如果是圆形工件,则应在钳口中加一对 V 形衬铁或用管子虎钳才能使工件夹紧。夹紧工件时,锯缝不应离钳口过远,否则锯割时工件容易弹动折断锯条。

起锯时,若锯条和整个工件宽度接触,这样往往不能按所划的线进行,引起工件表面的损坏,所以必须使锯条和工件倾斜成一个角度 α,α 不超过 15°。角度过大容易把锯齿折断。

起锯分远起锯和近起锯两种。一般用远起锯较好,如图 4.2(a),因锯齿是逐步切入材料的,不易被卡住。而近起锯(见图 4.2(b))时若掌握不好,锯齿容易被工件棱角卡住而折断。

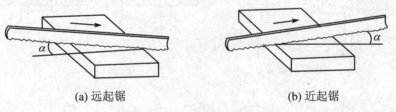

(a) 远起锯   (b) 近起锯

图 4.2 起锯方法

锯割的速度不能过快或过慢,推锯时压力不能过大,否则容易折断锯条。当手锯向前推进时,应对手锯施加一定压力,当锯条退回时,不但不需要施加压力,还应把锯架微微抬起,以减少锯齿的磨损,同时在锯割钢材时,为避免锯齿过早磨损,应加油或肥皂水冷却。在锯割过程中,时刻注意按所划的线进行,在快要锯断时,推锯的速度应较慢,压力应减少。

3) 机械锯割

手锯锯割金属很费力,而且效率较低,应尽量采用机械锯割。机械锯割通常有以下几种锯割设备来完成。

(1) 弓锯床。通常用于切割扁钢、圆钢和各种型钢。

(2) 圆盘锯。可锯断各种型钢。

(3) 摩擦锯。可锯割各种型钢,也可切割管子、铸铁或钢板。

机械锯割时,为了提高锯割效率,可以将材料用特制的夹具夹成一束,再一起锯割。

(二) 砂轮切割

砂轮切割是利用砂轮片高速旋转时,与工件摩擦产生热量,使之熔化而形成割缝。为了获得较高的切割效率和较窄的割缝,切割用的砂轮片必须具有很高的圆周速度和较小的厚度。

砂轮切割不但能切割圆钢、异型钢管、角钢和扁钢等各种型钢,尤其适宜于切割不锈钢、轴承钢、各种合金钢和淬火钢等材料。

目前,应用最广的砂轮切割工具,是可移式砂轮切割机,它是由切割动力头、可转夹钳、中心调整机构及底座等部分组成。切割时将型材装在可转夹钳上,驱动电动机通过皮带传动砂轮片进行切割,用操纵手柄控制切割给进速度,操作时要均匀平稳,不能用力过猛,以免过载或砂轮崩裂。

(三) 剪切

剪切是利用上下两剪刀的相对运动来切断钢材。剪切具有生产效率高、切口光洁、能切割各种型钢和中等厚度的钢板等优点,所以是应用很广的一种切割方法。

1. 剪床的种类

1) 剪直线的剪床

按两剪刀的相对位置,剪直线的剪床分平口剪床、斜口剪床和圆盘剪床 3 种,如图 4.3 所示。

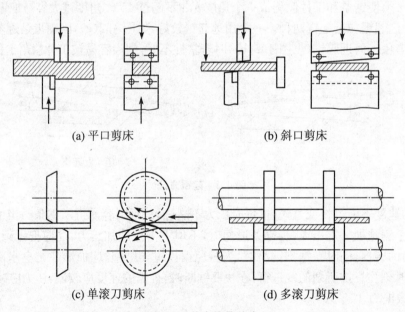

(a) 平口剪床　　　　　　　　　　(b) 斜口剪床

(c) 单滚刀剪床　　　　　　　　　(d) 多滚刀剪床

图 4.3　剪直线的剪床

平口剪床上下刀板的刀口是平行的,剪切时,下刀板固定,上刀板作上下运动。这种剪床工作时受力较大,但剪切时间较短,适宜于剪切狭而厚的条钢。

斜口剪床的下刀板成水平位置,一般固定不动,上刀板倾斜成一定的角度(φ)作上下运动,由于刀口逐渐与材料接触而发生剪切作用。所以剪切时间虽较长,但所需要的剪力远比平口剪床要小,因而这种剪床应用较广泛。

圆盘剪床的剪切部分是由一对圆形滚刀组成的,称单滚刀剪床,由多对滚刀组成的称多滚刀剪床。剪切时,上下滚刀作反向转动,材料在两滚刀间,一面剪切,一面给进。这种剪床适宜于剪切长度很长的条料,而且剪床操作方便,生产效率高,因此应用较广泛。

2) 剪曲线的剪床

剪曲线的剪床有滚刀斜置式圆盘剪床和振动式斜口剪床两种。如图4.4所示,滚刀斜置式圆盘剪床又分单斜滚刀和全斜滚刀两种,单斜滚刀的下滚刀是倾斜的,适用于剪切直线、圆、圆环;全斜滚刀剪床的上、下滚刀都是倾斜的,所以适用于剪切圆、圆环及任意曲线。

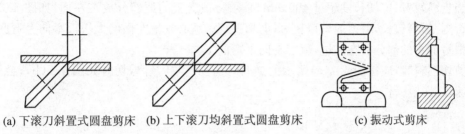

(a) 下滚刀斜置式圆盘剪床　　(b) 上下滚刀均斜置式圆盘剪床　　(c) 振动式剪床

图 4.4　剪曲线的剪床

振动式剪床的上下刀板都是倾斜的,其交角较大,剪切部分极短,工作时上刀板每分钟的行程有数千次之多,所以工作时上刀板是振动状,这种剪床能剪切各种形状复杂的板料,并能在材料中间切割出各种形状的穿孔。

2. 剪床的切料过程

将被剪材料置于剪床的上下两个剪刃间,下剪刀固定不动,而上剪刀垂直作向下运动,这样使材料在两刀刃的强大压力下剪开,完成剪切工作。

材料的剪断面可分成4个区域,如图4.5所示,当上剪刀开始向下动作时,便压紧钢板,由于钢板受上、下剪的压力,剪刀压入钢板而造成圆角,形成圆角带1和揉压带4。当剪刀继续压下时,材料受剪力而开始被剪切。这时剪切所得的表面称为切断带2。由于这一平面是受剪力而剪下的,所以比较平整光滑。当剪刀继续向下时,材料内部的应力迅速达到材料的最大抗剪力,使材料突然断裂,形成一个粗糙不平的剪裂带3,所以在钢板的剪切面上形成了4个区域。

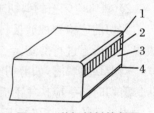

图 4.5　剪切材料的断面

3. 剪切工艺

1) 手剪工艺

手工剪切是利用手剪刀等工具进行剪切,剪切方法如图4.6所示,一般按划好的线进行剪切。剪短直料时,被剪去的部分,一般都放在剪刀的右面。左手拿板料,右手握住剪刀柄的末端。

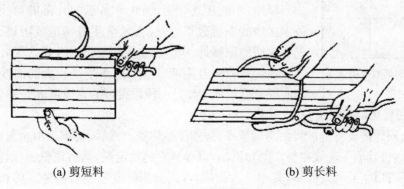

(a) 剪短料　　　　　　　　　　　　　　(b) 剪长料

图 4.6　手剪直料

剪切时,剪刀要张开大约 2/3 刀刃长。上下两刀片间不能有空隙,否则剪下的材料边上会有毛刺,若间隙过大,材料就会被刀口夹住而剪不下来。为此应把下柄往右拉,使上刀片往左移,上下刀片的间隙就能消除。图 4.6(a)是剪短直料时的情形。

当板料较宽、剪切长度超过 400 mm,必须将被剪去的那部分放在左面,如图 4.6(b)所示。否则,板料较长,剪刀的刀口较短,剪切过程中就必须把左面的大块板料向上弯曲,很费力。把被剪去的部分放在左边,就容易向上弯曲了。

剪切圆料时,应按图 4.7(a)所示的逆时针剪切。顺时针剪切时如图 4.7(b),会把所划的线遮住,影响操作。

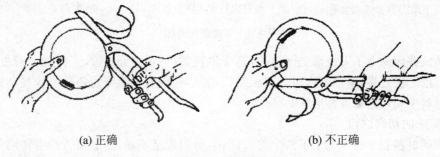

(a) 正确   (b) 不正确

图 4.7　剪切圆料

2) 斜口剪床上的剪切工艺

剪切前应检查被剪料的剪切线是否清晰,钢板表面必须清理干净。然后才可以将钢板置于剪床上进行剪切。

当剪切条料时,如剪切线很短,仅有 100~200 mm 时,应使剪切线对准下刀口一次剪断。剪切时两手应扶住钢板,以免在剪切时移动,影响工件质量。

当剪切较大钢板时,应采用吊车配合将板吊起,高度比下剪刀口略低,钢板四周由五至六人扶住。对线时,可配以必要的手势,由主对线人为主,以使各操作人员相互配合调整钢板的位置。每剪切完一段长度后,必须协同钢板推进。钢板初剪正确与否,会影响整个钢板的剪切质量,如果初剪时有了偏差,以后的剪切过程中就很难进行校正。为使初剪能正确进行,应将钢板上的剪切线对准下刀口,第一次剪切长度不宜过长,约 3~5 mm,以后再以 20~30 mm 的长度进行剪切,待钢板的剪开长度达 200 mm 左右,能足以卡住上下剪刀时,初剪才算完成,以后只要将钢板推进,对准剪切线进行剪切。

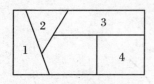

图 4.8　剪切顺序的选择

如果一张钢板上有几条相交的剪切线时,必须确定剪切的先后顺序,不能任意剪切,图 4.8 所示的几条剪切线,应按图中数字次序的先后剪切为宜,否则会使剪切造成困难。选择剪切先后次序的原则是,应使每次剪切能将钢板分成两块。

在斜口剪床上还可以剪切曲率半径较大的曲线,因为这样的曲线可以近似看作是一段段很短的直线组成。

3) 龙门剪床的剪切工艺

剪切前同样需要将钢板表面清理干净,并划出剪切线。然后,将钢板吊至剪床的工作台面上,并使钢板重的一端放在剪床的台面上,以提高它的稳定性,然后调整钢板,使剪切线的两端对准下刀口。要两人操作,其中一人指挥,两人分别站立在钢板两旁。剪切线对准后,控制操纵机构,剪床的压紧机构先将钢板压牢,接着进行剪切。一次就可以完成线段的剪切,而不像斜口剪床那样分几段进行,所以剪切操作要比斜口剪床容易。

龙门剪床上的剪切长度不超过下刀口的长度。

4. 剪切对钢材质量的影响

剪切是一种高效率切割金属的方法,切口也较光洁平整,但也有一定的缺点,例如材料经剪切后会发生弯扭变形,剪后必须进行矫正。此外,如果刀片间隙不适当,剪切断面就会粗糙并带有毛刺。

在剪切过程中,由于切口附近金属受剪力作用而发生挤压、弯曲而变形,由此引起金属的硬度、屈服强度提高,而塑性下降,材料变脆,这称为冷作硬化。硬化区域的宽度与钢材的机械性能、钢板的厚度、刀片间隙、上刀刃斜角、刀刃的锐利程度和压紧装置的位置与压紧力有密切的关系。

由于剪切而引起钢材冷作硬化的宽度与多种因素有关,是一个综合的结果。当被剪钢板厚度小于 25 mm 时,其硬化区域的宽度一般在 1.5～2.5 mm 范围内。因此,对于制造重要的工件时,应将硬化区域采用铣削或刨削法去除。

(四) 冲裁

利用冲模使板料相互分离的工序,就叫做冲裁。在大批量生产中,采用冲裁分离可以提高生产率,易于实现机械化和自动化。

1) 冲裁的分类和过程

冲裁分落料和冲孔两种。如果冲裁时,沿封闭曲线以内被分离的板料是零件时,称为落料。反之,封闭曲线以外的板料作为零件时,称为冲孔。例如冲制一个平板垫圈,冲其外形时称为落料。冲内孔时称为冲孔。落料和冲孔的原理相同,但在考虑模具工作部分的具体尺寸时,才有所区别。

冲裁可以制成成品零件,也可以作为弯曲压延和成型等工艺准备的毛坯。冲裁用的主要设备是曲柄压力机和摩擦压力机等。

冲裁时板料分离的变形过程分为弹性变形阶段、塑性变形阶段和剪裂阶段等 3 个阶段。

2) 冲裁件的工艺性

冲裁零件的形状、尺寸和精度要求,必须符合冲裁的工艺要求,这就是冲裁件的工艺性问题,主要包括以下几方面的内容。

(1) 冲裁件的形状应力求简单、对称,尽可能采用圆形或矩形等规则形状,应避免过长的悬臂和切口,悬臂和切口的宽度要大于板厚的两倍,如图 4.9(a)所示。

(2) 冲裁件的外形和内形的转角处,应以圆弧过渡,避免尖角,以便于横具加工,减少热处理或冲压时在尖角处开裂的现象。同时也能防止尖角部位刃口的过快磨损。

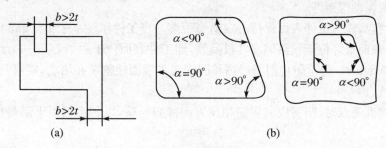

图 4.9 冲裁件的工艺性

圆角半径 r 的大小,可由板厚 t 确定(图 4.9(b))。当尖角 $\alpha>90°$ 时,取 $r\geqslant(0.3\sim0.5)t$;当 $\alpha<90°$ 时,取 $r\geqslant(0.6\sim0.7)t$。

(3) 冲孔时孔的尺寸越小,虽冲床负荷越小,但不能过小,因为孔过小时,凸模单体面积上的压力增大,使凸模材料不能胜任。孔的最小尺寸与孔的形状、板厚 t 和材料的机械性能有关。采用一般冲模在软铜或黄铜上所能冲出的最小孔径为:

冲圆孔的最小孔径 $=t$;

冲方孔的最小边长 $=0.9t$;

冲矩形孔的最小短边 $=0.8t$;

冲长圆孔的两对边的最小距离 $=0.7t$。

(4) 零件上孔与孔之间或孔与边缘之间的距离,受凹模强度和零件质量的限制,也不能太近,设上述距离为 a,则取 $a\geqslant2t$,并使 $a>3\sim4$ mm。

(五) 氧气切割

氧—炔焰切割简称氧气切割,是目前广泛使用的一种切割方法。

1. 氧气和乙炔的性质

氧气是一种无色、无味的助燃气体,但不能自燃。乙炔是切割中使用的燃烧气体。由于它使用方便、价格低廉,并且火焰的燃烧温度高,所以得到广泛使用。乙炔是无色的具有特殊刺激性气味的气体。

2. 氧气切割的原理及设备

因为高温的钢能在氧气中剧烈燃烧,所以钢能用氧气切割。在切割之前首先将金属加热至燃烧点,然后用高压的氧气喷射上去,使其剧烈燃烧,同时借喷射压力将熔渣吹去。

氧气切割的设备和工具有乙炔发生器、回火防止器、氧气钢瓶、压力调节器、软管等。

3. 氧气切割工艺

1) 气割前的准备

气割前首先应将钢板矫平,并把被切割的工件垫起,工件下面要留出一定的空间并使其畅通,保证切口的熔渣向下顺利排除,工件下面的空间不能密封,否则有爆炸危险。工件表面的油污和铁锈要加以清理,为保证切割尺寸的准确,要在工件上预先划好切割线。

2) 气割规范的选择

气割时,能否正确地选择规范对保证切割质量有很大的影响,主要选择以下的规范参数:割炬的功率、氧气压力、气割速度、预热火焰的能率。

3) 气割技术

气割操作主要有钢板穿孔、圆钢的气割、多层气割、靠模气割、斜孔气割、复合钢板的气割和不锈钢的振动气割等。

切割时,割嘴应与工件表面保持一定适当距离。当工件厚度小于 100 mm 时,从提高效率出发,工件表面最好位于预热焰温度最高处,即工件表面位于距焰心 $2\sim4$ mm 处;当工件厚度超过 100 mm 时,为了防止割嘴过热和因铁渣飞溅而使割嘴孔堵塞,割嘴与工件表面的距离应增大些。

气割将接近终点时,割嘴应向切割相反方向倾斜一些,以利于钢板下部提前割透,使收尾平直。

气割过程中必须防止回火。一旦发生回火,应及时将皮管折拢并捏紧,并紧急关闭乙炔阀,再关氧气阀,使回火在割炬内迅速熄灭。

4）气割件变形及控制

气割件变形主要是由于气割时金属局部受热,使金属产生不均匀的热胀冷缩而引起的塑性变形,其次是钢板在轧制时造成的内应力在切割时的释放而引起的变形。为了减小变形,钢板应事先矫平,清除表面锈污,气割前用预热焰粗略地预热钢材表面,以疏松剩余氧化皮、铁锈;此外,应使气割件尽可能在最后瞬间脱离钢板,保证气割件在切割时具有较大的刚度,以减少变形。采用多割炬的对称气割方法以及对周长作分段的气割方法,也可以达到减少气割件变形的目的。

（六）光电跟踪自动气割

光电跟踪自动气割是一项新技术,它可省掉在钢板上划线的工序,而直接进行自动气割。光电跟踪自动气割是将被切割零件图样以一定比例(一般为 1 : 10)画成缩小仿型图,以作光电跟踪之用。在光电跟踪的同时,自动操纵气割机进行气割。所以光电跟踪气割机是一种高效率的自动化气割设备,由于跟踪的稳定性好和传动可靠,因此大大提高了气割的质量和生产率,降低了劳动强度。

光电跟踪有两种基本形式:一种是光量感应法,将灯光聚焦形成的光点投射到图纸上,并使光点的投射位置正好一半在线条上,另一半在线条外,光点的中心位于线条的边缘。当光点偏向线条或偏离线条时,经过放大器就可以控制伺服电机,带动图纸或光电头移动。

另一种形式是脉冲相位法。光线经水平装置的透镜投射到反光镜上,再反射到偏光镜上,然后聚焦形成光点,使反射到光电管上的光线产生两个电脉冲信号,脉冲信号经放大后,控制闸流管使之导通进行工作。

光电跟踪原理示意图如图 4.10 所示。

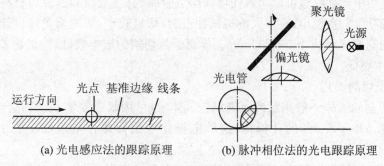

(a) 光电感应法的跟踪原理　　(b) 脉冲相位法的光电跟踪原理

图 4.10　光电跟踪原理示意图

（七）数控气割

数控气割是随着电子计算技术的发展而使用的一项新技术,并得到了普遍的应用,而且已出现了几代的替代产品。这种气割机可省去放样划线等工序而直接进行切割,它的出现标志着自动化气割已进入了一个新时代。

所谓数控,就是指用于控制机床或设备的操作指令(或程序),以数字形式给定的一种新的控制方式。将这种指令提供给数控切割机的控制装置时,气割机便能按照给定的程序,自动地进行工作。

数控气割机的组成与工作过程如图 4.11 所示。

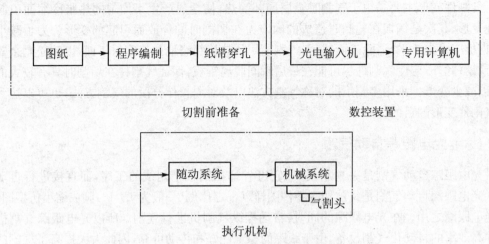

图 4.11　数控气割机基本结构框图

（八）等离子弧切割

等离子切割是利用高温高速等离子焰流,将切口金属及其氧化物熔化,并将其吹走而完成的切割过程,属于热切割性质,但与氧气切割在本质上是不同的。出于等离子弧的温度极高,焰流速度也高,所以任何高熔点的氧化物都被熔化并吹走,因此能切割任何金属。目前主要用于切割不锈钢及铝、镍、铜及其合金等金属和非金属材料,而且还部分代替氧炔焰,用来切割一般碳钢。

1）等离子弧切割的优点

能量高度集中,温度高,可以切割任何高熔点金属、有色金属和非金属材料。由于弧柱被高度压缩、温度高、直径小,有很大的机械冲击力;切口较窄,切割质量好、切速高、热影响小、变形小,切割厚度可达 150～200 mm。等离子弧切割的成本较低,特别是采用氮气等廉价气体后,成本更低。

2）等离子切割工艺

等离子切割的气体一般用氮或氮氢混合气体,也可用氩或氩氢、氩氮混合气。切割电极采用含钍 1.5%～2.5% 的钍钨棒,这种电极比采用钨棒作电极烧损要小,并且电弧稳定。

为了有利于热发射,使等离子弧稳定燃烧,减少电极烧损,等离子切割时一般都把钨极接负,工件接正,即所谓正接法。

等离子弧切割内圆或内部轮廓时,应在板材上预先钻直径约 $\phi12～16$ mm 的孔,切割由孔开始。

任务二 零件的预加工

经剪切或气割后的零件,一般都需要进行预加工。零件的预加工包括边缘加工、孔加工、攻丝与套丝和零件修整等工作。

(一)边缘加工

1. 凿削

凿削工作主要用于不便于机械加工的场合。由于有的零件体积大、规格复杂,难以在金属切削设备上进行加工,因此可用凿削加工。凿削分手工和机械两种。

手工凿削是利用手锤敲击凿子进行切削加工的方法。凿子的种类较多,常用的有扁凿和狭凿两种。扁凿用于凿切工件的毛刺、尖棱、凿削平面和凿断薄的板料;狭凿用于开孔和挑焊根等凿削加工。凿子一般用 T7 或 65Mn 钢锻制,经刃磨与热处理后方可使用。

当凿削脆性材料时,如铸铁件,要防止工件边缘材料的崩裂。在一般情况下,凿削到离尽头 10 mm 处,必须调头凿削余下的部分。

如用凿子修整不合格的焊缝或定位焊时,应先用狭凿后用扁凿。

角钢之间采用搭接焊接时,搭接处角钢的背棱、需用扁凿除去棱角。

扁凿和狭凿如图 4.12 所示。

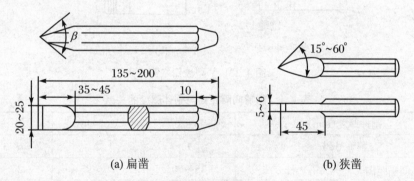

(a) 扁凿   (b) 狭凿

图 4.12 凿子

机械凿削的工作效率较高,可减轻劳动强度。机械凿削大多是采用风凿进行的。风凿是利用压缩空气作为动力的一种风动工具。利用压缩空气来推动风凿气缸内的活塞,使其产生往复运动,来锤击凿子的顶部进行工作。

风凿凿子的刃口形状与手工用的凿子不同。手工用的凿子刃口处有棱角,在凿削时,由于风凿的振动,使凿削后的表面留下高低不平的痕迹,另外凿子的振动也剧烈。为了提高凿削的质量,风凿凿子的刃口两面应磨成圆弧形状。在施工中,必须备有几把楔角大小不同的凿子,这样可以根据需要来选择。

2. 坡口的气割

气割除了能切割金属外,还能加工焊接坡口。只要改变割炬的倾斜度,便能加工出焊接坡口。

1) 单面坡口的半自动气割

利用 CG1 - 30 型半自动自割机,可进行无钝边和有钝边的 V 形坡口气割。气割时,割炬的装置方法有两种。第一种方法如图 4.13(a)所示,是适用于气割厚度不大的钢板。气割时垂直割炬在前面行走进行气割,倾斜割炬在后面气割坡口,两把割炬之间相隔距离 l,其大小取决于割件厚度,见表 3.1。第二种方法如图 4.13(b)所示,是垂直割炬在前面移动,主要气割钝边,而倾斜割炬在后面气割坡口,两把割炬间距 l 取决于割件厚度,见表 4.1。采用此法气割时,l 的距离较小,气割速度可略提高些。气割过程中,倾斜割炬切割时,气割机不需要停车,可直接开启切割氧进行连续气割。

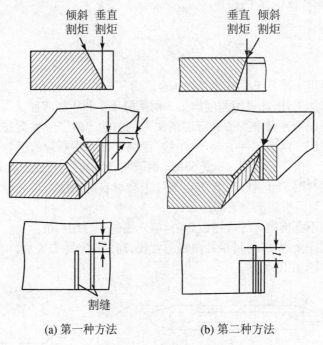

(a) 第一种方法　　　　(b) 第二种方法

图 4.13　V 型坡口气割

表 4.1　割嘴间隔距离与割件厚度的关系

割件厚度(mm)		5～20	20～40	40～60
割嘴号码		1	2	3
割嘴间距离 l(mm)	第一种方法	35～30	30～25	25～15
	第二种方法	20～15	15～10	10～7

2)双面坡口的半自动气割

双面坡口气割时,可采用三把割炬同时进行。其割炬的装置方法有两种。一种方法如图 4.14(a)所示,是适用于气割厚度在 50 mm 以下割件。垂直割炬 l 在前面气割,距离 a 处的倾斜割炬 2 气割下斜边,距离 b 处的倾斜割炬 3 气割上斜边。另两种方法如图 4.14(b)所示,是适用于气割厚度在 50 mm 以上的割件。气割时,割炬 1 与割件表面垂直;割炬 2 放置在与割炬 1 相同的位置,即与气割方向垂直的直线上。这样可用两把割炬同时加热。为了防止切割氧射流的相互影响和干扰,而将割炬 2 安装成与气割方向后倾 12°～15°。割炬 3 与割炬 1 的距离为 b。

气割 X 形坡口时,不论采用哪种方法,a 与 b 值应根据割件厚度决定。其割嘴间距离与割件厚度的关系见表 4.2 所示。

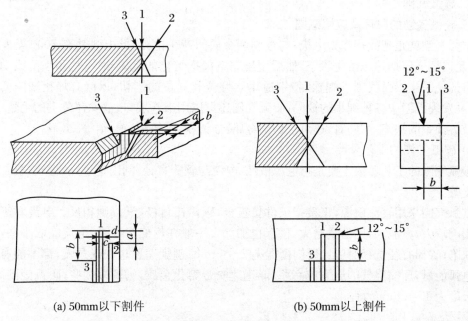

(a) 50mm以下割件　　　　　　　　　(b) 50mm以上割件

图 4.14　X 形坡口气割

表 4.2　双面坡口气割时割嘴间隔距离与割件厚度的关系

割件厚度(mm)		20	30	40	60	80	100
割嘴间隔距离(mm)	a	10～12	8～10	0～2	0	0	0
	b	25	22	20	18	16	16

3. 机械的边加工

采用机械的边加工方法与手工方法相比,不但效率高、劳动强度低,而且质量好,所以在成批生产中已广泛采用。机械的边加工是在刨边机、铣边机上进行的。

用刨边机或铣边机加工,可以得到较好的光洁度和精确度。刨边加工的余量随钢材的厚度、钢材的切割方法而不同,选择刨边加工的余量时不应小于表 4.3 所列的数值。

表 4.3　刨边加工的余量

钢　　材	边缘加工形式	钢板厚度(mm)	最小余量(mm)
低碳钢	剪切机剪切	≤16	2
低碳钢	剪切机剪切	>16	3
各种钢材	气割	各种厚度	4
优质低合金钢	剪切机剪切	各种厚度	>3

刨边机的刨削长度一般为 3～15 m。当刨削长度较短时,可将很多工件同时进行刨边。当钢板的边缘刨成垂直的平面时,可将多块钢板重叠起来,一次刨削,这样可使安置和压紧钢板的辅助时间缩短,因而能显著提高机床的利用率。当刨削坡口(如 V 形)时,将刨刀与钢板构成一定的角度,但每次只能刨削一种规格。

4. 碳弧气刨

1) 碳弧气刨的原理及应用范围

碳弧气刨就是把碳棒作为电极,与被刨削金属间产生电弧,此电弧具有 6000 ℃ 左右的高温,足以把金属加热至熔化状态,然后用压缩空气把熔化的金属吹掉,达到刨削或切割金属的目的。采用碳弧气刨挑焊根,特别适用于仰位和立位的刨切;返修有焊接缺陷的焊缝时,容易发现焊缝中各种细小的缺陷;碳弧气刨还可以用来开坡口、清除铸件上的毛边、浇冒口以及铸件中的缺陷等;同时,还可以切割金属,如铸铁、不锈钢、铜、铝等。

2) 碳弧气刨的工艺参数

碳弧气刨的工艺参数主要是指电源极性,电流与碳棒直径、刨削速度、压缩空气压力,电弧长度等。

碳弧气刨采用直流电源,正接指工件接正极,碳棒接负极,反接则相反。电流对刨槽的尺寸影响较大,电流大,则槽宽增大,槽深也加深。一般在返修焊缝时,电流应取小些,便于发现缺陷;碳棒直径选择时应比所刨槽宽小 2～4 mm;刨削速度过快或过慢,都不能有效地利用电弧能量;压缩空气的压力应高些,能迅速吹走熔化金属,刨削顺利些;碳弧刨削时,电弧的长度为 1～2 mm 为宜。

（二）钻孔

用钻头在实心材料上加工出孔的方法称为钻孔。钻孔时,工件固定不动,钻头装在钻床或其他工具上,依靠钻头与工件之间的相对运动来完成切削加工,其相对运动包括钻头的切削运动和进刀运动。

钻孔属粗加工,可达到的尺寸公差等级为 IT13～IT11,表面粗糙度值为 $Ra50～12.5 \mu m$。

钻头是钻孔的切削工具。用碳素工具钢或高速钢制成,并经淬火与回火处理。按其形状不同,分麻花钻和扁钻两类。

常用的钻孔设备有台钻和摇臂钻床。常用的钻孔工具有手板钻、手枪式风钻、手提式风钻、手枪式电钻、手提式电钻、磁座钻等。

钻孔的操作如下。

1) 工件的夹持

钻孔前必须将工件夹紧固定,以防止钻孔时工件移动而折断钻头,或使钻孔位置偏移。对于体积庞大的工件,可直接放在钻床的底座上进行钻孔。

2) 钻孔方法

钻孔前先在工件上划出所要钻孔的中心和直径,在孔的圆周上(90°位置)打 4 个样冲眼,可作为钻孔后检查用。钻孔时调整钻头位置,以对准孔的中心,然后试钻一浅坑,并调整工件或钻头的位置,使钻头中心找正,当钻出的孔坑与所划的孔的四周同心时,就可正式钻孔。

当孔将要被钻穿时,必须减小对钻头的压力,以减少孔口的毛刺,并防止钻头的损坏。

钻盲孔时,可以利用钻床上的定位杆来确定钻孔深度。

钻削时应不断地加冷却润滑液,防止钻头退火软化,还能起润滑作用,以减少钻屑的摩擦热,提高孔壁的粗糙度。

为提高钻孔效率,可将数块钢板重叠起来钻孔,但钢板应先进行矫平,并用夹具沿板边夹紧,或采用点焊固定。

在薄板上钻孔时应采用薄板钻。

(三) 攻丝和套丝

用丝锥(螺丝攻)在孔中切削出内螺纹称攻丝,用板牙在圆杆上切削出外螺纹称套丝。

1) 攻丝

攻丝所用的工具有丝锥和铰手。丝锥分手用和机用两种,有粗牙和细牙两类。在成套丝锥中,分两种方式来分配每支丝锥的切削量,即锥形分配和柱形分配。通常手用丝锥,大于或等于 M12 的采用柱形分配,而 M12 以下的丝锥采用锥形分配。铰手用来夹持丝锥柄部方榫,带动丝锥旋转切削,最常用的是活动铰手。活动铰手中方孔的大小可以任意调节,以适合夹持不同尺寸的方榫。

攻丝的方法如下。

(1) 攻丝前,应先用钻头在工件上钻削出底孔,孔口需倒角。

(2) 将工件夹持固定后,先用头锥切削,尽量把丝锥放正,然后对丝锥加压力并转动铰手,为避免切屑过长而卡住丝锥,每转 1~2 圈后,要反转 1/4 圆左右,以便断屑。

(3) 在攻丝过程中,如果换用后一支锥时,应先用手将丝锥旋入已攻出的螺纹孔中,然后用铰手扳转,不能一开始就用铰手把丝锥旋入,否则难免产生晃动和压力,而损坏螺纹,影响螺纹质量。

2) 套丝

套丝所用工具有圆板牙和板牙铰手。圆板牙有固定式和可调节式两种,前者直径不能调节,后者的直径可作微量调节。可调式圆板牙的内孔至外圆开了一条槽,调整槽缝边的两个小螺钉,可使槽缝胀开或缩小,以调节螺孔的大小。

板牙铰手用来安装圆板牙,并带动圆板牙旋转进行套丝。板牙放入铰手后用螺钉紧固。

套丝的方法如下。

(1) 用圆板牙在钢料上套丝前,为了套丝方便一些,圆杆直径应比螺纹的外径(公称直径)小一些。

(2) 将圆板牙安装在合适的铰手中,圆杆的端部必须先倒好角。套丝时,板牙端面应与圆杆中心线垂直,两手按顺时针方向均匀地旋转板牙铰手,并稍加压力,当板牙切出几牙螺纹后,就不再加压力,只需旋转铰手。每转 1~2 圈再反转 1/4 圈,以便断屑。套丝过程中可加机油润滑。

(四) 零件的修整

零件经边加工后,常用锉削或磨削修整。

1) 锉削

用锉刀对工件表面进行切削加工,使工件达到所需要的尺寸、形状和表面粗糙度的过程,即为锉削。这种方法,常用来锉削修整零部件,倒毛刺等辅助工作。

锉削所用的主要工具是锉刀。锉刀采用高碳工具钢 T12 或 T13 制成,并经过热处理,其硬度可达 HRC62~67。锉刀按其断面形状的不同可分为平锉(板锉)、方锉、三角锉、半圆锉和圆锉 5 种,根据被加工零件的要求,选择不同断面形状的锉刀。

锉削软材料(如铜、铝)时,选用粗锉刀。遇到工件表面有氧化皮(硬皮)时,应先预热退火,待完全冷却后再用粗锉刀进行锉削加工。

2）磨削

用砂轮对工件表面进行切削加工的方法称为磨削。磨削用于消除钢板边缘的毛刺、铁锈；装配过程中，修整零件间的相对位置，硬弧气刨挑焊根后，焊缝坡口表层磨光；清除零件表面由于装配工夹具的拆除后面遗留下来的焊疤；受压容器的焊缝，在探伤检查之前，要进行打磨处理等。

磨削用的工具，除固定式电动砂轮机外，还有悬吊式电动砂轮机、携带式手提风动和电动砂轮机等。

砂轮机进行磨削前，应先检查有无裂纹和破碎，防护罩是否完好。磨削过程中，不准在砂轮片边角及侧面磨削工件；用力不得过猛，要平稳地上下、左右地移动着磨削。严禁磨削有色金属（如铜、铝）等。

手提式砂轮机不但能进行磨削，如果用钢丝轮代替砂轮，可以清除金属表面的铁锈、旧漆层；如以布轮代替砂轮，还可以进行抛光工作。

任务三　弯 曲 成 型

将材料弯成一定角度或一定形状的工艺方法称为弯曲。弯曲时根据材料的温度分冷弯和热弯。按照弯曲的方法分手工弯曲和机械弯曲。

（一）卷板

1. 卷板的分类

卷板是在卷板机上，对板料进行连续三点滚弯的过程。

在单曲率制件中有圆柱面、圆锥面和不同曲率的柱面；在双曲率制件中有球面和双曲面等。按卷制曲面形状不同的分类见表4.4。

表 4.4　卷板曲率的分类

分类	名称	简　图	说明	分类	名称	简　图	说明
单曲率卷制	圆柱面	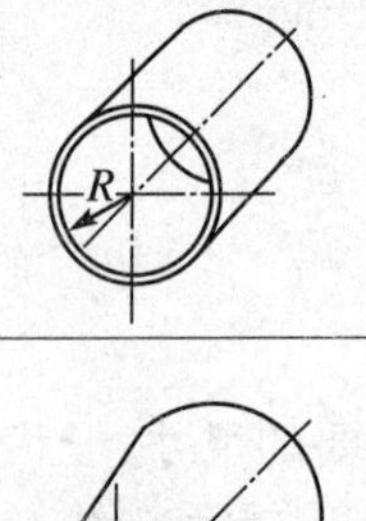	最简便常用	单曲率卷制	任意柱面	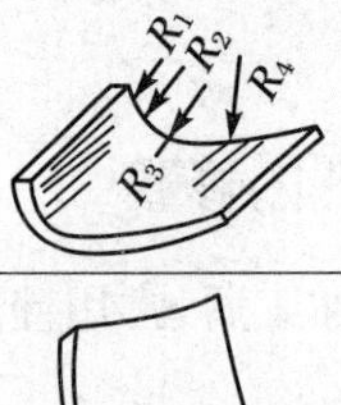	用仿形或自动控制可以实现
	圆锥面		较简便常用	双曲率卷制	球面	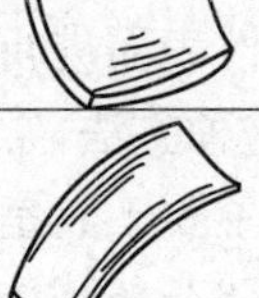	当沿卷板机轴线方向的弯曲不大时可以实现
		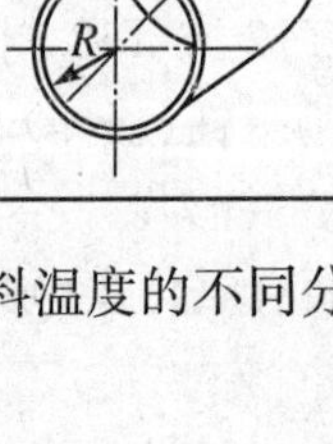			双曲面	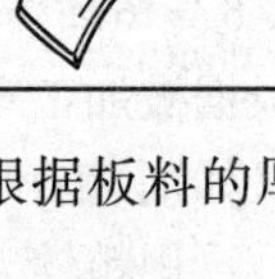	

根据卷制时板料温度的不同分为冷卷、热卷和温卷。它是根据板料的厚度和设备条件来选定的。

2. 卷板机的工作原理

卷板机可分为三辊卷板机和四辊卷板机两类。其中三辊卷板机又分为对称式与不对称式两种。

卷板机的工作原理如图 4.15 所示。图 4.15(a)为对称式三辊筒卷板机的辊筒断面图，辊筒沿轴向具有一定的长度，以使板料的整个宽度受到弯曲。

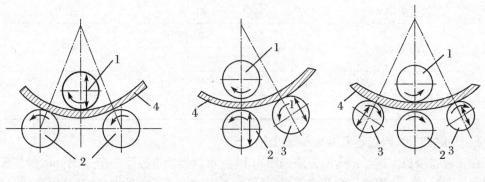

(a) 对称式三辊筒卷板机   (b) 不对称式三辊筒卷板机   (c) 四辊筒卷板机

图 4.15　卷板机的工作原理

在两个下辊筒的中间对称位置上有上辊筒 1，上辊能在垂直方向调节，使置于上下辊筒间的板料 4 得到不同的弯曲半径。下辊筒 2 是主动辊，安装在固定的轴承内，由电动机通过齿轮减速器使其同方向同转速转动，上辊是被动的，安装在可作上下移动的轴承内。

工作时板料置于上下辊间，压下上辊，使板料在支承点间发生弯曲，当两下辊转动时，由于摩擦力作用使板料移动，从而使整个板料发生均匀的弯曲。

根据上述弯曲原理可知，只有当板料与上辊筒接触到的部分，才会达到所需要的弯曲半径，因此板料的两端边缘各有一段长度没有接触上辊，不发生弯曲，称为剩余直边，其长度约为两下辊距离的一半。

图 4.15(b)是不对称三辊筒卷板机的卷弯简图，上辊筒 1 位于下辊筒 2 的上面，另一辊筒 3 在侧面，称为侧辊筒。上下两辊筒是由同一电动机带动旋转的。下辊能上下调节，调节的最大距离约等于能卷弯钢板的最大厚度。侧辊筒 3 是被动的，能沿倾斜方向调节。弯曲时将板料 4 送入上下辊间，然后调节下辊将板料压紧，产生一定的摩擦力，再调节侧辊的位置，当上下辊由电动机驱动旋转时，使板料发生弯曲。

这种不对称三辊筒卷板机的优点是板的两端边缘也能得到弯曲，剩余直边的长度比对称式三辊卷板机缩小很多，其值不到板厚的两倍。虽然侧辊与下辊之间板料得不到弯曲，但只要将板料从卷板机上取出后调头弯曲，就能够完成整个弯曲过程。

图 4.15(c)为四辊筒卷板机，它与不对称三辊卷板机基本相似，只是增加了一只侧辊筒 3，板料边缘的弯曲由两个侧辊分别完成，这样就克服了板料在不对称三辊筒卷板机上进行调头弯曲的麻烦。

3. 卷板工艺

卷板由预弯、对中和卷弯三个过程组成。

1) 预弯(压头)

板料在卷板机上弯曲时，两端边缘总有剩余直边。理论的剩余直边数值与卷板机的形式有关,如表 4.5 所列。表中 L 为侧辊中心距,t 为板料厚度。实际上剩余直边值要比理论值大,一般对称弯曲时为 $(6\sim20)t$;不对称弯曲时为对称弯曲时的 $(1/6\sim1/10)t$。由于剩余直边在矫圆时难以完全消除,并造成较大的焊缝应力和设备负荷,容易产生质量和设备事故,所以一般应对板料进行预弯,使剩余直边弯曲到所需的曲率半径后再卷弯。

表 4.5 理论剩余直边的大小

设备类别		卷 板 机			压力机
弯曲形式		对称弯曲	不对称弯曲		模具压弯
			三 辊	四 辊	
剩余直边	冷弯时	$L/2$	$(1.5\sim2)t$	$(1\sim2)t$	$1.0t$
	热弯时	$L/2$	$(1.3\sim1.5)t$	$(0.75\sim1)t$	$0.5t$

预弯可在三辊、四辊卷板机或水压机上进行。

在三辊卷板机上进行预弯的方法如图 4.16 所示。当预弯板厚不超过 24 mm 的情况下,可用预先弯好的一块钢板作为弯曲模板,其厚度 t_0 应大于板厚 t 的两倍,宽度也应比板料略宽一些,将弯模放入辊筒中,板料置于弯模上,如图 4.16(a)所示,压下上辊并使弯模来回滚动,使板料两边缘达到所需要的半径。

如图 4.16(b)所示,在弯模上加一块楔形垫板的方法也能进行预弯,压下上辊即可使板边弯曲,然后随同弯模一起滚弯。

在无弯模的情况下,可以取一平板,其厚度 t_0 应大于板厚的两倍,在平板上放置一楔形垫板(图 4.16(c)),板边置于垫板上,压下上辊,使边缘弯曲。

对于较薄的钢板可直接在卷板机上用垫板弯曲,如图 4.16(d)所示。

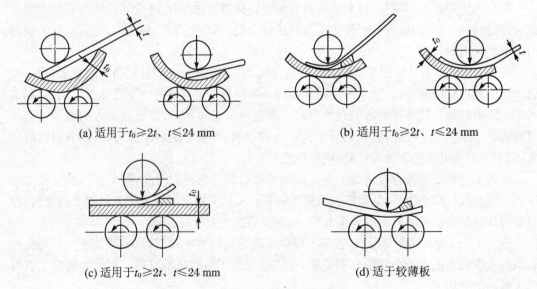

(a) 适用于 $t_0 \geqslant 2t$、$t \leqslant 24$ mm   (b) 适用于 $t_0 \geqslant 2t$、$t \leqslant 24$ mm

(c) 适用于 $t_0 \geqslant 2t$、$t \leqslant 24$ mm   (d) 适于较薄板

图 4.16 用三辊筒卷板机预弯

采用弯模预弯时,必须控制弯曲功率不超过设备能力的 60%,操作时应严格控制上辊的压下量,以防过载损坏设备。

在四辊筒卷板机上预弯时,将板料的边缘置于上下辊间并压紧(如图 4.17 所示),然后调节侧辊使板料边缘弯曲。

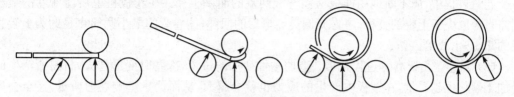

图 4.17 在四辊筒卷板机上预卷和卷圆

在水压机上采用模具预弯的方法,适用于各种板厚,如图 4.18 所示。通常模具的长度要比板料短,除此预弯必须逐段进行。

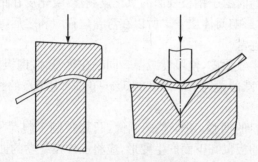

图 4.18 采用模具预弯

2) 对中

将预弯后的板料置于卷板机上滚弯时,为防止产生歪扭,应将板料对中,使板料的纵向中心线与辊筒轴线保持严格的平行。对中的方法由图 4.19 所示的几种。

在四辊卷板机上对中时,调节侧辊,使板边紧靠侧辊对准(见图 4.19(a))。在三辊卷板机上利用挡板,使板边靠紧挡板也能对中(见图 4.19(b))。也可将板料抬起使板边靠紧侧辊,然后再放平(见图 4.19(c))。把板料对准侧辊的直槽(见图 4.19(d))也能进行对中,此外也可以从辊筒的中间位置用视线来观察上辊的外形线与板边是否平行来对中。上辊与侧辊是否平行也可用视线来检验并加以调整。

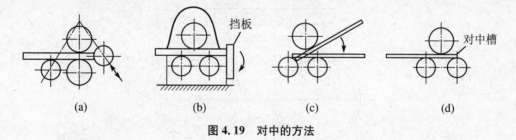

图 4.19 对中的方法

3) 圆柱面的卷弯

(1) 冷卷。板料位置对中后,一般采用多次进给法滚弯,调节上辊筒(三辊筒卷板机)或侧辊筒(四辊筒卷板机)的位置使板料发生初步的弯曲,然后来回滚动而弯曲。当板料移至边缘时,根据板边和所划的线来检验板料位置的正确与否。逐步压下上辊并来回进行滚动,使板料的曲率半径逐渐减小,直至达到规定的要求。冷卷时由于钢板的回弹,卷圆时必须施加一定的过卷量,在达到所需的过卷量后,还应来回多卷几次。对于高强度钢由于回弹较大,最好在最终卷弯前进行退火处理。

卷弯过程中,应不断地用样板检验弯板两端的曲率半径。在卷板机上所能弯卷的最小圆筒直径取决于上辊的直径,考虑到圆筒卷弯后的回弹,能卷弯的最小圆筒直径约为上辊直径的 1.1~1.2 倍。

（2）热卷。由于卷弯过程是板料弯曲塑性变形的过程,冷卷时变形越大,材料所产生的冷加工硬化也越严重,在钢板内产生的应力也就会越大,从而严重影响卷弯质量,甚至会产生裂纹而导致报废。一般来说,当碳素钢板的厚度 t 大于或等于内径 D 的 1/40 时,应进行热卷。

热卷前,必须对钢板进行均匀的加热。加热温度就是一般的始卷温度,卷弯结束温度就是一般的终卷温度。热卷时由于钢板表面的氧化皮剥落,氧化皮在钢板与辊筒间滚轧,使筒体内壁形成凹坑和斑点,影响筒体质量。所以在弯卷过程中和之后,必须清除氧化皮。然后再进行第二次的加热和卷弯。

钢板加热时表面产生氧化皮,使厚度减薄。同时在热卷时,钢板在辊筒的压力下也会使厚度减小,所以热卷后总减薄量约为原厚度的 5%~6%。但钢板的长度略有增加,因此下料尺寸可略缩短。

热卷时不必考虑板料的回弹,对于整圆圆筒,只要控制下料尺寸,卷至刚好闭合即可。为防止热卷工件过早从卷板机卸下而产生变形,应将工件在终卷的曲率下进行不断滚动,直至工件表面颜色变暗（<500 ℃）为止。

热卷后的工件为防止其变形,可按图 4.20 所示的方法放置,也可以立放。

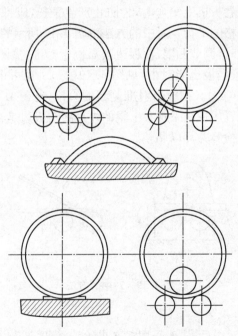

图 4.20　热卷后工件的合理放置

（3）温卷。为了消除冷、热卷板的困难,取冷、热卷板的优点,便出现了温卷的新工艺。温卷将钢板加热至 500~600 ℃,它比冷卷时有更好的塑性,同时减少卷板机超载的可能,又可以减少氧化皮的危害,操作也比热卷方便。

由于温卷的加热温度通常在金属的再结晶温度以下,因而它实质上仍属冷加工范围。

(4) 矫圆。圆筒卷弯焊接后会发生变形,所以必须进行矫圆。矫圆分加载、滚圆和卸载三个步骤。先将辊筒调节到所需要的最大矫正曲率的位置,使板料受压。板料在辊筒的矫正曲率下。来回滚卷1～2圆,要着重滚卷近焊缝区,使整圈曲率均匀一致,然后在滚卷的同时,逐渐退回辊筒,使工件在逐渐减少矫正载荷下多次滚卷。

4) 圆锥面的卷弯

卷弯圆锥面时,只要使上辊与侧辊的中心线调节成倾斜位置,同时使辊压线始终与扇形坯料的母线重合,就能卷成圆锥面。

圆锥面的卷弯过程与圆柱面相似,也是先预弯、后卷弯。圆锥面的卷弯方法通常有分区卷制法、矩形送料法、旋转送料法和小口减速法等几种。

5) 任意柱面的卷弯

对于曲率半径变化的柱面,也可在卷板机上弯曲。这种柱面是按半径的大小不同,采用升降辊筒的方法,以调节钢板的各种不同的弯曲程度,依次逐段滚弯,将整个钢板弯曲到所需要的形状。滚弯过程中,各段分别用样板检验。

4. 卷板质量

卷板的质量问题包括外形缺陷、表面压伤和卷裂等三个方面。

1) 外形缺陷

卷弯圆柱形筒身时,几种常见的外形缺陷有过弯、锥形、鼓形、束腰、边缘歪斜和棱角等缺陷。如图4.21所示。

过弯(图4.21(a))是由于上辊(三辊筒卷板机)或侧辊(四辊筒卷板机)的调节距离过大,使两边缘重叠起来。用大锤锤击筒身的边缘可使直径扩展,过弯就可以消除。为了防止筒身过弯,在每次调节辊筒后用样板检查其弯曲度。

锥形缺陷是由于上辊或侧辊两端的调节量不一致,使上下辊的中心线不平行而产生的,为了防止这种缺陷,应使用样板在整个筒身长度上检验其曲率半径是否相同,如有不同时,应在曲率半径大的一端增加辊筒的进给量。锥形缺陷如图4.21(b)所示。

鼓形缺陷(图4.21(c))是在卷板时,由于辊筒刚性不足发生弯曲所致,为防止辊筒的弯曲,可在辊筒中间部分增加支承辊筒。

束腰(图4.21(d))是由于上辊下压力或下辊的顶力太大,使滚筒发生反向弯曲而造成的。

歪斜(图4.21(e))是由于坯料进料时,没有对中或坯料不是矩形。在热弯时沿辊轴受力不均,也会使钢板局部轧薄,造成歪斜缺陷。

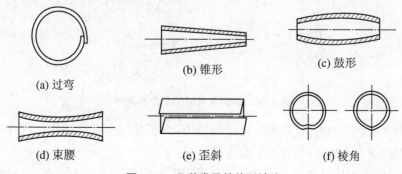

(a) 过弯　　　　(b) 锥形　　　　(c) 鼓形

(d) 束腰　　　　(e) 歪斜　　　　(f) 棱角

图4.21　几种常见的外形缺陷

棱角(图 4.21(f))是由于预弯不准而造成,当预弯不足时造成外棱角,而预弯过大时造成内棱角。图 4.22 所示为三辊或四辊筒卷板机矫正棱角缺陷的几种方法。

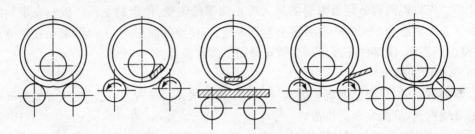

图 4.22　矫正棱角的方法

2) 表面压伤

卷板时,钢板或辊筒表面的氧化皮及黏附的杂质,会造成板料表面的压伤,尤其在热卷或热矫圆时,氧化皮与杂质的危害更为严重。因此,卷板之前,必须将钢板和滚筒表面的锈皮、毛刺、棱角或其他硬性颗粒处理干净。非铁金属、不锈钢及精密板料卷制时,最好固定专用设备,必要时用厚纸板(如石棉橡胶板等)或专用涂料等保护工件表面。

3) 卷裂

板料在卷弯时由于变形太大,材料的冷作硬化,以及应力集中等因素都能使材料的塑性变坏而造成裂纹。为了防止卷裂的产生,可以采取限制变形率,钢板进行正火处理,对缺口敏感性大的钢种,最好将板料预热到 150~200 ℃后卷制,消除板料表面可能产生应力集中的因素(如使板料的纤维方向与弯曲线垂直,拼接焊缝需经修磨)等措施。

(二) 型钢弯曲

1. 型钢弯曲时的变形

型钢弯曲时,由于重心线与力的作用线不在同一平面上,如图 4.23 所示,所以型钢除受弯曲力矩外,还要受到扭矩的作用,使型钢断面产生畸变。角钢外弯时夹角增大,角钢内弯时夹角缩小。

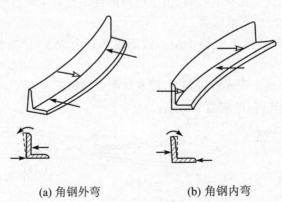

(a) 角钢外弯　　　　　(b) 角钢内弯

图 4.23　型钢弯曲时的受力和变形

此外,由于型钢弯曲时,材料的外层受拉应力,内层受压应力,在压应力作用下,易出现皱折变形;在拉应力作用下,易出现翘曲变形。

型钢的弯曲变形情况如图 4.24 所示,变形程度决定于应力的大小,而应力的大小又决定于弯曲半径,弯曲半径越小,畸变程度越大。为了控制应力与变形,规定了最小弯曲半径,其数值可查询材料手册所列的公式进行计算,式中 Z_0 为型钢的重心距。由于型钢热弯时能提高材料的塑性,所以最小弯曲半径可比冷弯小。型钢结构的弯曲半径应大于最小弯曲半径。

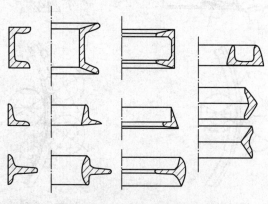

图 4.24　型钢弯曲时的断面变形

2. 型钢的弯曲方法

型钢的弯曲方法基本上有手工弯曲、卷弯、回弯、压弯和拉弯等几种。

手工弯曲是在工作平台上,利用弯曲模具、大锤、卡子、定位圆楔(或方楔)操作来进行弯曲,如图 4.25 所示。

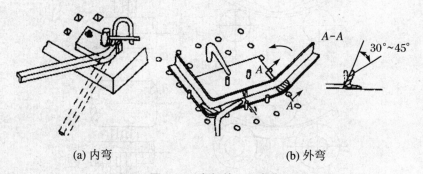

(a) 内弯　　　　　　　　　　　　　　(b) 外弯

图 4.25　角钢的手工弯曲

卷弯可在专用的型钢弯曲机上进行,如采用三辊型钢弯曲机弯曲,如图 4.26 所示。在卷板机的辊筒上套上辅助套筒也可进行弯曲,套筒上开有一定形状的槽(视所谓型钢形式而定),便于将需要弯曲的型钢边嵌在槽内,以防弯曲时产生皱折,如图 4.27 所示。

回弯是将型钢的一端固定于弯曲模具上,模具旋转时型钢沿模具外形而发生的弯曲变形。

压弯是在压力机或撑直机上,利用模具进行一次或多次压弯,使型钢发生弯曲变形。

拉弯是在专用的拉弯设备上进行的,如图 4.28 所示。型钢两端由两夹头夹住,一个夹头固定在工作台上,另一个夹头由于拉力油缸的作用,使钢材产生拉应力,旋转工作台,型钢在拉力的作用下沿模具发生弯曲。

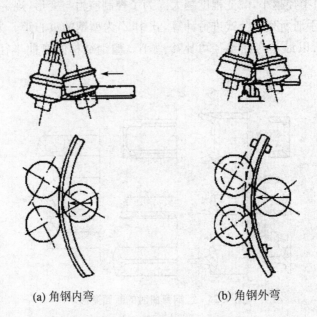

(a) 角钢内弯　　　　　　(b) 角钢外弯

图 4.26　型钢弯曲机工作部分

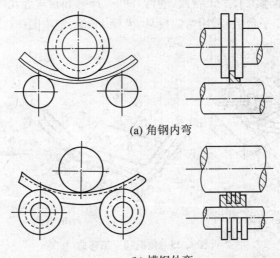

(a) 角钢内弯

(b) 槽钢外弯

图 4.27　在三辊卷板机上弯曲型钢

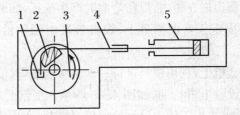

1—夹头　2—靠模　3—工作台　4—型材　5—拉力油缸

图 4.28　型钢拉弯机

（三）管子弯曲

1. 管子弯曲时的变形

管子在受外力矩作用下弯曲时（图 4.29(a)），靠中性层外侧的材料受到拉应力作用，使管壁减薄，内侧的材料受到压应力作用，使管壁增厚，加上外侧拉应力的合力 N_1 向下，内侧压应力的合力 N_2 向上，管子的横断面在受压情况下会发生畸变。

管子在自由状态弯曲时，断面会变成图 4.29(b) 所示的椭圆形，如管壁较厚，用带半圆形槽模具弯曲时，其变形如图 4.29(c) 所示的形状。当壁厚较薄时，其变形如图 3.29(d) 所示的形状。

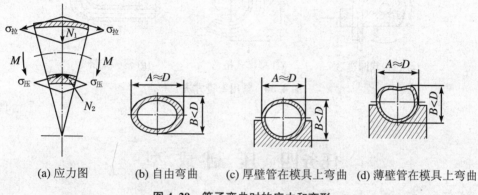

(a) 应力图　　(b) 自由弯曲　　(c) 厚壁管在模具上弯曲　(d) 薄壁管在模具上弯曲

图 4.29　管子弯曲时的应力和变形

管子弯曲时的变形程度，取决于相对弯曲半径和相对壁厚的值。所谓相对弯曲半径就是指管子中心层的弯曲半径与管子外径之比，相对壁厚是指管子壁厚与管子外径之比。相对弯曲半径和相对壁厚值越小，变形越大，严重时会引起管子的外壁破裂，内壁起皱成波浪形。

管子的变形程度常用椭圆度衡量，其值的大小采用下式计算：

$$椭圆度 = (D_{最大} - D_{最小})/D \times 100\%$$

式中，D——管子的名义外径(mm)；

$D_{最大}$、$D_{最小}$——在管子同一横截面的任意方向，测得的两个极限尺寸(mm)。

弯管椭圆度越大，管壁外层的减薄量也越大，因此弯管椭圆度常用来作为检验弯管质量的一项重要指标。在管子弯曲过程中要注意尽可能地减少管子的椭圆度。

2. 弯管方法

常用的弯管方法有压弯、滚弯、回弯和挤弯四种，如图 4.30 所示。

压弯分为简单弯曲和带矫正弯曲两种，如图 4.30(a)、(b) 所示。

滚弯是在卷板机或型钢弯曲机上，用带槽滚轮进行弯曲，如图 4.30(c) 所示。

回弯是在立式或卧式弯管机上弯曲，分辗压式和拉拔式两种，如图 4.30(d)、(e) 所示。

挤弯是在压力机或专用推挤机上弯曲，它分型模式和蕊棒式两种，如图 4.30(f)、(g) 所示。型模式挤弯一般采用冷挤，蕊棒式挤弯一般采用热挤。

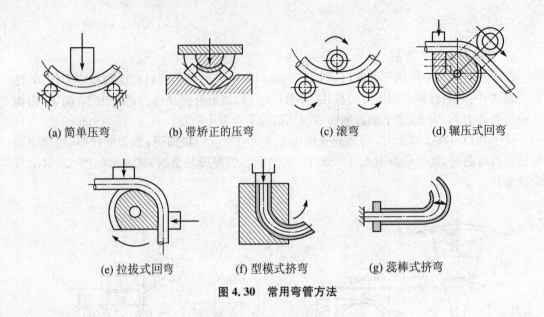

(a) 简单压弯　　　(b) 带矫正的压弯　　　(c) 滚弯　　　(d) 辗压式回弯

(e) 拉拔式回弯　　　(f) 型模式挤弯　　　(g) 蕊棒式挤弯

图 4.30　常用弯管方法

任务四　压 制 成 型

压制成型是利用模具在冲压机上使板料成型的一种工艺方法,板料的成型完全取决于模具的形状与尺寸。

(一) 压弯

利用模具对板料施加外力,使它弯成一定角度或一定形状,这种加工方法称为压弯。

1. 压弯件的质量问题及防止措施

在压弯过程中,材料容易出现弯裂、回弹和偏移等质量问题。

1) 弯裂

材料压弯时,由于外层纤维受拉伸应力,其值超过材料的屈服极限,所以常由于各种因素而促使材料发生破裂而造成报废。在一般情况下,零件的圆角半径不应小于最小弯曲半径。如果由于结构要求等原因,必须采用小于或等于最小弯曲半径时,就应该分两次或多次弯曲,先弯成较大的圆角半径,再弯成要求的圆角半径,使变形区域扩大,以减少外层纤维的拉伸变形。也可采用热弯或预先退火的方法,提高其塑性。

2) 弯曲回弹

材料在弯曲后的弯曲角度和弯曲半径,总是与模具的形状和尺寸不相一致,这是由于材料弯曲时,在塑性变形的同时还存在弹性变形,这种现象称为弯曲回弹。

减少弯曲零件的回弹方法可以修正模具的形状,采用加压校正法,用拉弯法等减少回弹。

3) 偏移

材料在弯曲过程中,沿凹模圆角滑动时会产生摩擦阻力,当两边的摩擦力不等时,材料就会沿凹模左右滑动,产生偏移,使弯曲零件不合要求。

防止偏移的方法是采用压料装置或用孔定位。弯曲时,材料的一部分被压紧,使其起到定位的作用,另一部分则逐渐弯曲成型。因此,压料板或压料杆的顶出长度应比凹模平面稍高一些,还可在压料杆顶面,压料板或凸模表面制出齿纹、麻点、顶锥,以增加定位效果。

2. 压弯件的结构工艺性

为保证压弯件的尺寸精度和质量,必须具有良好的工艺性,为此应注意以下几点。

(1)压弯件的圆角半径不宜小于最小弯曲半径,也不宜过大,因过大时材料的回弹也越大。

(2)压弯件的直边长度,不得小于板料厚度的两倍,过小的直边不能产生足够的弯矩,这就很难得到形状准确的零件。

(3)材料的边缘局部弯曲时,为避免转角处撕裂,应先钻孔或切槽,将弯曲线位移一定距离,如图4.31所示。

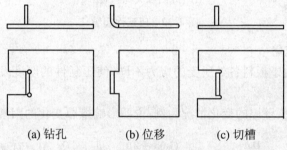

(a) 钻孔　　　　(b) 位移　　　　(c) 切槽

图 4.31　钻孔、切槽和位移弯曲

(4)压弯带孔零件时,孔的位置不应位于弯曲变形区内,以免使孔发生变形。

(5)压弯件的形状应对称,内圆角半径要相等,以保持材料压弯时平衡。

(二) 压延

1. 板料压延过程

将板料在凸模压力作用下,通过凹模形成一个开口空心零件的压制过程称为压延。压延件的形状很多,有圆筒形、阶梯形、锥形、球形、方盒形及其他不规则的形状。

压延工艺分为不变薄压延和变薄压延两种,前者壁厚在压延前后基本不变,后者压制零件的壁厚与板料厚度相比有明显的变薄现象。凡通过一次压延就能制成成品的压延方式称为"一次压延",它适用于较浅的压延件;凡需要经过数道压延工序才能制成成品的压延方式称为"多次压延",它适用于较深或较复杂的压延件。

2. 压延件起皱

如果在板料两端施加轴向压力,当压力增加到某一数值时,板料就会产生弯曲变形,这种现象称为受压失稳。压延时的起皱与板料的受压失稳相似,压延时凸缘部分受切向压应力的作用,由于板料较薄,当切向压应力达到一定值时,凸缘部分材料就失去稳定而产生弯曲,这种在凸缘的整个周围产生波浪形的连续弯曲称为起皱。

压延件起皱后,使零件边缘产生波形,影响质量,严重时由于起皱部分的金属不能通过凹模的间隙而使零件拉破。

防止起皱的有效方法是采用压边圈,压边圈安装于凹模上面,与凹模表面之间留有1.15

～1.2t 的间隙(t 为板料厚度),使压延过程中的凸缘便于向凹模口流动。

压延件的起皱如图 4.32 所示。

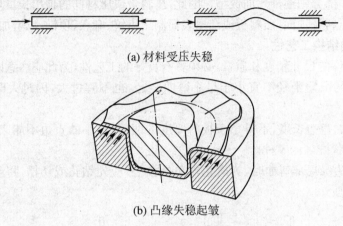

(a) 材料受压失稳

(b) 凸缘失稳起皱

图 4.32　压延件起皱

3. 压延件壁厚变化

在压延过程中,由于板料各处所受的应力不同,使压延件的厚度发生变化,有的部位增厚,有的部位减薄。

现以压制碳钢封头壁厚的变化情况为例,说明影响壁厚变化的因素,如图 4.33 所示。

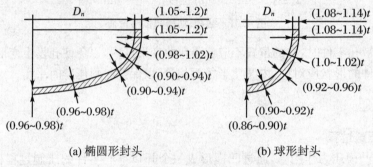

(a) 椭圆形封头　　　　　　(b) 球形封头

图 4.33　碳钢封头压后壁厚变化情况

一般椭圆形封头(图 4.33(a)),在接近大曲率部位处变薄最大,如碳钢封头可达 8%～10%,铝封头可达 12%～15%,球形封头(图 4.33(b)在底部变薄最严重,可达 12%～14%。

影响封头壁厚变化的因素有以下几点。

(1) 材料强度越低,壁厚变薄量愈大。

(2) 变形程度越大,封头底部越尖,壁厚变薄量越大。

(3) 上下模间隙及下模圆角越小,壁厚变薄量越大。

(4) 压边力过大或过小,都将增大壁厚变薄量。

(5) 模具的润滑好,壁厚的变薄量小。

(6) 热压时,温度越高,则壁厚变薄量越大,加热不均匀,也会使局部变薄量增大。

4. 压延件的硬化

室温压延时,由于材料产生很大的塑性变形,所以板料经压延后会产生加工硬化,使强度和硬度显著提高,塑性降低,从而使进一步压延发生困难。

材料硬化的程度与变形程度有关,为了控制材料的硬化程度,应根据材料的塑性合理选择变形程度,凡是材料强度和硬度较大的压延件应采用多次压延的方法来进行,并采用中间退火的措施,以消除材料变形后的硬化,防止零件破裂。

5. 封头压制时容易产生的缺陷

图 4.34 所示为封头压制时容易产生的各种缺陷。

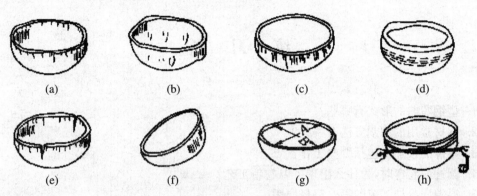

图 4.34　封头压制的缺陷

(1) 起皱和起包(图 4.34(a)、(b))是由于加热不均匀,压边力太小或不均匀,模具间隙及下模圆角太大等原因,使封头在压延过程中其变形区的毛坯出现的纬向压应力大于径向拉应力,从而使封头在压延过程中起皱或起包。

(2) 直边拉痕压坑(图 4.34(c))是由于下模、压边圈工作表面太粗糙或拉毛,润滑不好及坯料气割熔渣未清除等原因造成的。

(3) 外表面微裂纹(图 4.34(d))是由于坯料加热规范不合理,下模圆角太小,坯料尺寸过大等原因造成的。

(4) 纵向撕裂(图 4.34(e))是由于坯料边缘不光滑或有缺口,加热规范不合理,封头脱模温度太低等原因所致。

(5) 偏斜(图 4.34(f))是由于坯料加热不均匀,坯料定位不准或压边力不均匀等原因造成。

(6) 椭圆(图 4.34(g))是由于脱模方法不好,或封头吊运时温度太高而引起变形。

(7) 直径大小不一致(图 4.34(h))是由于成批压制时封头脱模温度高低不同,或模具受热膨胀的缘故。

为了防止上述缺陷的产生,必须使坯料加热均匀一致,保持适当的压边力,并均匀地作用在坯料上选择合适的下模圆角半径,提高模具的表面光洁度,合理润滑和在大批量压制时应适当冷却模具。

6. 不锈钢及有色金属的压延

不锈钢尽可能采用冷压,以避免加热时渗碳,降低板材的抗腐蚀能力。不锈钢热压时由于冷却速度快,所以操作应迅速,同时模具最好预热至 300～350 ℃。热压后应进行热处理。

铝及铝合金封头一般采用热压,热压时模具最好预热至 250～320 ℃。

铜及铜合金坯料一般在退火状态下冷压。

复合钢板封头热压时,其温度范围按复层材料确定,加热的时间要短,操作要迅速,以防止钢板分层。

压制不锈钢或有色金属的模具,尤其是凹模的表面应保持光洁,以免压延时板料表面造成拉伤。

在压延过程中,坯料与凹模壁及压边圈表面产生相对滑动而摩擦,由于相互间作用力很大,造成很大的摩擦力,使压延力增加,坯料在压延时容易拉破,此外还会加速模具的磨损。因此在压延时一般都使用润滑剂,来减少摩擦力和模具的磨损。

练 习 题

1. 型钢弯曲的形式有哪些?
2. 钢材常用的切割方法有哪些?
3. 零件的预加工包括哪些工作?
4. 圆柱面卷弯时,为什么出现了温卷新工艺?
5. 温卷属冷加工范围吗? 解释原因。
6. 卷板的质量问题包括哪几个?
7. 型钢的弯曲方法有哪些?
8. 常用的弯管方法有哪些?
9. 在压弯过程中,材料容易产生哪些质量问题?
10. 冷作硬化的定义是什么? 解释原因。

项目五 连 接

焊接结构常常是由许多零件组合起来的,零件之间必须通过一定的方式连接,才能够成为完整的产品。焊接结构常用的连接方法有焊接、铆接、螺纹连接和胀接等。

任务一 螺 栓 连 接

螺栓连接是用螺纹零件构成的可拆卸的固定连接。它具有结构简单,紧固可靠,装拆迅速方便(并可经受多次装拆而不损坏)等优点,所以应用极为广泛。螺纹连接有以下几种形式,如图 5.1 所示。

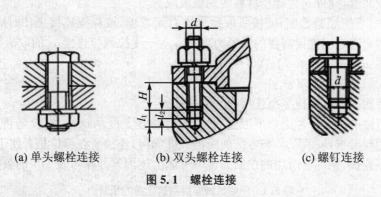

(a) 单头螺栓连接　　　(b) 双头螺栓连接　　　(c) 螺钉连接

图 5.1　螺栓连接

1) 单头螺栓连接

螺栓一端有螺纹,拧上螺母,可将被连接件连成一体,螺母与被连接件之间常放置垫圈。由于不需要加工螺纹孔,比较方便,因此应用广泛,主要用于被连接件不太厚,并能从连接两边进行装配的场合。

2) 双头螺栓连接

双头螺栓连接是用两头有螺纹的杆状连接件。一头拧入被连接件的螺孔中,另一头穿过其余被连接件的孔,拧上螺母,就能将被连接件联成一体。在拆卸时,只要拧开螺母,就可以使被连接零件分开。它主要用于盲孔、经常装拆、结构比较紧凑或工件较厚不宜用单头螺栓连接的场合。

3) 螺钉连接

螺钉连接不用螺母,直接将螺钉拧入被连接件的螺孔中,达到连接目的。螺钉的构造基本与螺栓相同。钉头除了六角和方头外,还有圆柱头内六角和带槽圆头。螺钉连接有一种特殊连接是紧定连接,紧定螺钉全长都有螺纹,它用来拧入一零件的螺孔内而用钉杆末端顶住另一零件的表面,以固定两零件的相对位置,如轴套的固定。

螺栓是应用广泛的可拆连接紧固件,一般与螺母配套使用。由于螺栓连接具有易装拆可重复使用的特点,因此应用非常广泛。但其缺点是在振动、冲击、载荷变动和温差过大的情况下,螺栓连接往往会产生松动而导致机械故障。因此在选用螺栓连接时,除考虑螺栓的材料、性能以及特点、用途外,还应考虑如何防松问题,这也是螺栓选用的重要方面。而对于重要的螺栓连接,还应规定需要的预紧力或拧紧力矩的大小,因为这关系到螺栓连接的可靠性。

(一) 螺栓连接的预紧

1. 预紧的目的

预紧能保证螺栓连接的可靠性,提高防松能力和螺栓的疲劳强度,增强连接的紧密性和刚性。大量的试验和使用经验证明:较高的预紧力对连接的可靠性和被连接件的寿命都是有益的,特别是对有密封要求的连接更为必要。但过高的预紧力,如果控制不当或过载常会导致连接失效。

2. 预紧力 σ_p 的确定

普通结构形式的螺栓螺母连接,由于拧紧螺母时螺栓螺纹部分受到两种应力,这两种应力是由预紧力引起的拉应力和由螺纹力矩引起的扭转剪应力。所以拧紧螺母使螺栓断裂的预紧力一般为使螺栓单纯拉伸断裂的拉力的 80% 以下。

为了充分发挥螺栓连接的潜力和保证连接的可靠性,螺栓的预紧力 σ_p 应在小于 $0.8\sigma_s$ 的条件下取较高值,此外 σ_s 为螺栓材料的屈服极限。

在实践中,或按经验数据,或按所取预紧应力 σ_p 取值,或根据连接工作时应具有的残余预紧力或摩擦力来定出连接需要的预紧力大小。对于受拉螺栓连接,σ_p 的取值如下:

一般机械:$\sigma_p = (0.5 \sim 0.7)\sigma_s$;

航空航天机械:$\sigma_p \approx 0.35\sigma_s$;

特殊连接如高强度螺栓摩擦连接:$\sigma_p \approx 0.75\sigma_s$。

预紧力指标的确定要考虑如下因素:是受拉螺栓还是受剪螺栓,螺栓是否承受变载荷,对连接有无密封要求,安装工具和方法的精确程度如何,连接所在部位是否便于安装等。

一般机械连接,钢螺栓所用的预紧力也可考虑上述因素并参考表 5.1 的数据确定。

表 5.1　一般机械连接用钢螺栓的预紧力

螺纹规格	预紧力 N(按 $\sigma_p \approx 0.7\sigma_s$ 的计算值)(MPa)					
	螺栓强度等级					
	4.6	5.6	6.8	8.8	10.9	12.9
M6	3230	3940	6180	8190	11600	13600
M8	5890	7140	11200	14800	21200	24800
M10	9310	11300	17800	23500	33600	39400
M12	13500	16500	25900	35400	49000	57200
M16	25200	30800	48300	66100	91000	106000
M20	39400	48000	75600	102000	142000	166000
M24	56800	69100	108000	148000	205000	239000
M30	90300	109000	172000	235000	326000	380000
M36	131000	160000	251000	343000	474000	554000

航空航天机械连接螺栓的预紧力按 HBO-63-86 确定。

对于重要的螺栓连接，在产品装配图样中应注明预紧力或拧紧力矩指标，安装时要采取措施严格控制。

（二）螺栓连接的防松

螺纹连接的不足之处就是在变载、振动和冲击作用下，以及工作温度变化很大时可能松动。由松动引起连接预紧力减小甚至丧失，从而不能保证连接的紧密性，甚至造成连接松脱或连接中各件过早产生疲劳破坏，最后导致机器或飞行器等严重事故发生。

松动是一个极复杂和涉及范围很广的问题，至今还有许多问题没有得到很好的解决。例如载荷引起连接松动特性数据变化的关系，通过典型松动试验方法来评价连接松动特性与实际使用情况的关系，防松方法的应用与选择等。

1. 松动机理

一般螺栓螺母均用普通螺纹，由于在静载荷下，螺纹升角小于螺纹副的当量摩擦角 p'，所以螺栓螺母螺纹副可满足自锁条件，再加上拧紧后螺母（或螺栓）与被连接件或垫圈支承面之间的摩擦，因此如果不是支承面压陷过深，在静载荷下连接都能保证不会松动。

螺母在开始松动时，要克服螺纹力矩和螺母支承面力矩的阻碍。在螺栓预紧力 σ_p 的作用下，总的阻止螺母松动力的力矩为

$$T' = Q_p[\tan(p' - \phi)d^2/2 + f_e 3(D_1^3 - d_0^3)/(D_1^2 - d_0^2)]$$

式中，Q_p ——预紧拉力；

$\quad d$ ——螺栓的公称直径；

$\quad p'$ ——当量摩擦角；

$\quad \phi$ ——螺旋角；

$\quad f_e$ ——摩擦系数；

$\quad D_1$ ——螺栓大径；

$\quad d_0$ ——螺栓小径。

使螺母松动的力矩大小与此相等，T' 近似等于拧紧力矩 T 的 80%。可以认为，以力矩 T 拧紧的螺栓连接，只要作用在螺母或螺栓头部的松动力矩不大于 $0.8T$，连接就不会发生松动。但在变载、振动和冲击作用下，螺纹副的摩擦系数急剧降低，且螺纹副和螺母支承面处的摩擦阻力会瞬时消失，式(5.1)此时不再适用，螺纹副不能满足自锁条件而有微量相对滑动，导致螺母回转，这样多次重复就会导致螺栓连接松动。

在螺母受压和受拉螺栓连接中，当拉力作用时，由于螺纹牙侧面正压力的径向分力使螺母母体径向扩张，而螺栓栓杆则径向收缩，因此螺纹副间将有微量相对滑动。试验证明，当有此径向相对滑动时，螺母相对于螺栓回转的切向滑动很容易产生，这种现象重复多次导致连接松动。

以上是关于螺母在拉力载荷作用下从微量相对滑动到回转而最后导致连接松动的机理的两种分析。

另外即使螺母不回转，螺母和螺栓头部与被连接件或垫圈的支承面由于压强过大而产生塑性环状压陷，并且在使用中这种塑性变形还可能继续发生，结果使连接的预紧力减小，也可能造成连接松动。

还有螺栓连接中互相接触面（如螺纹牙侧面、各支承面、被连接件相互接触面）由于粗糙

度、波纹、形状误差等,在拧紧时产生局部塑性变形,并且在使用中的外力积累作用下,有一部分变形继续发展,也会导致连接松动。对于某一具体螺栓连接,其松动可能是多种因素引起的,因而涉及的几种松动机理,其中有主有次。因此防止螺栓连接松动应针对各个因素采取措施,其根本点是防止螺纹副向松动方向相对转动。一般情况增大预紧力是有利于防松的。克服上述两种塑性变形松动的常用方法是采用大垫圈以减小压强和在连接工作一段时间后补拧螺母以消除松动。

2. 防松方法

根据防松原理可分为靠摩擦力、直接锁住和破坏螺纹运动副关系等三种。

(1)摩擦防松,在螺纹副之间产生一个不随外力变化的正压力,以产生一个可以阻止螺纹副相对转动的摩擦力,这种正压力可通过轴向、横向或同时两向压紧螺纹副来实现。

(2)直接锁住,用止动件直接限制螺纹副的相对转动。

(3)破坏螺纹运动副关系,在拧紧后采用冲点、焊接、粘结等方法,使螺纹副失去运动副特性而连接成为不可拆连接。

采用细牙螺纹、利用其升角小而达到摩擦防松或同时采取两种防松方法互为补充,也是很好的设计构思。航空航天机械用螺栓螺母其螺纹直径大于 10 mm 的和许多承受变载的机械用螺栓螺母,都采用细牙螺纹的其原因也在于此。

常用螺栓连接防松方法,对螺钉连接和双头螺柱连接也适用。

(三)螺栓连接选用的注意事项

选用螺栓连接时,要区分是受拉螺栓连接还是受剪螺栓连接,或者是受拉受剪螺栓连接。这三种连接的受力情况、结构细节、防松方法、装配工艺、预紧程度、提高强度的措施等,都有差异。选用连接时,采用受拉螺栓还是受剪螺栓,主要由被连接的结构形式和载荷状况决定。

选用螺栓组连接时,要选择好螺栓的数目和安排好各个螺栓的位置。对于具有对称性的被连接部分,螺栓的布置也应有对称性;对于非对称性的被连接部分,则要根据结构和力流的流向而相应地安排传力点。

不论被连接部分和螺栓的布置有无对称性,都尽可能使需要传递的工作载荷——拉力或剪力这螺栓组的形心位置线,也就是通过被连接部分在力矩作用下的旋转或翻转趋势时所绕的轴线。螺栓的形心尽可能与连接接合面的形心重合。

一般情况下,螺栓组连接中各个螺栓的材料和规格尺寸都相同。对于不受结构限制的非对称性螺栓组或各个螺栓受力相差甚大的螺栓组,有时根据受力情况采用不同材料和规格尺寸的螺栓,例如航空航天结构中某些构件和轴销支座的螺栓组连接。

螺栓组中各个螺栓的布置还应考虑螺栓孔(包括凸台或沉头座)加工和连接装配的方便。

螺栓连接中,各个材料和规格尺寸相同的螺栓,要用相同的预紧力拧紧,并应按合理的顺序拧紧各个螺栓,以保证被连接部分接合、贴紧和受压均匀。

对于重要的连接,应规定需要的预紧力或拧紧力矩的大小,并在拧紧连接时严格控制。应多采用先进、准确地控制预紧力的装配工具和测量方法。

每个螺栓连接都应有防松措施。防松的要领在于防止螺纹副的初始相对转动,而不是防止螺母或螺本对于被连接部分的转动。必要时,可采用双重防松措施。

在螺母处应有足够的扳手空间。螺栓头部处也应有足够的扳手空间或特殊的结构,以便在拧紧连接时将头部扭紧或者采用在螺栓端部扭紧的方法,对于处于不甚开敞处的连接,更需要考虑安装和拧紧的可能与方便。

连接中螺栓的间距和连距,其最小值和最大值,都应按选用规范和经验规定。

螺栓螺纹部分在螺母支承面以下的余留长度和伸出螺母的长度,都应按标准。在受拉螺栓连接,要有一定的余留螺纹。在受剪螺栓的连接,此余留螺纹的长度应尽可能小,可以采用补偿垫圈容纳螺纹收尾,以使被连接部分的孔壁全长都与螺栓杆接触,在传递横向力的受剪螺栓连接,沿传力方向的螺栓不宜超过 6 个,以免各个螺栓受力不均。

在传递旋转力矩的受剪螺栓组连接和传递翻转力矩的受拉螺栓组连接时,合理安排螺栓位置有可能使各个螺栓受力相差不过大,使受力最大螺栓的工作剪力或接力小些。

对于受剪螺栓连接,可考虑用各种抗剪装置以分担剪力而使连接变为受拉螺栓连接,例如用衬套、齿垫、销等。

应多考虑各种提高螺栓连接强度的措施,并注意综合评价一个连接设计,以寻求优化的设计方案。

以上注意事项,对螺钉连接和双头螺柱连接也是适用的。

任务二　焊　接

焊接是将两块分离的金属用加热、加压或同时进行加热、加压等方法,以促使物体间的原子结合达到牢固连接的目的。焊接分熔化焊、压力焊和钎焊三大类。

通过加热使物体连接处熔化最有利于实现原子间的结合,这类焊接方法称为熔化焊。如:气焊、气体保护焊、电弧焊、电渣焊和等离子弧焊等。

物体连接处加热到塑性状态或表面局部熔化状态,同时施加压力,也可达到物体原子间的结合,这类焊接方法称为压力焊。如:摩擦焊、接触焊和爆炸焊等。

仅使低熔点填充金属熔化而母材不熔化的焊接方法称为钎焊。

1) 气焊

气焊是利用可燃气体和氧气(助燃)混合燃烧形成的火焰,将被焊工件局部熔化,另加填充金属而进行的焊接方法。

气焊所用的设备和工具基本上与氧—乙炔气割相同,只是用焊炬代替割炬。

(1) 焊丝。焊丝作为填充金属,其化学成分直接影响焊缝金属的机械性能。焊丝应根据焊件成分选择,常用低碳钢气焊丝牌号主要有 H08、H08A,等等。气焊丝的规格一般为直径 2～4 mm,长 1 m。

(2) 气焊粉。气焊粉主要用来除去气焊时在熔池中形成的氧化物等杂质,并以熔渣覆盖在焊缝表面,使熔池与空气隔绝,防止熔化金属的氧化。在焊接铸铁、合金钢及有色金属时必须采用气焊粉,气焊低碳钢时可不使用气焊粉。

常用的气焊粉有粉 101、粉 201、粉 301、粉 401,其用途见表 5.2。

表 5.2　气焊粉的种类、用途与性能

牌号	名　　称	应用范围	基 本 性 能
粉 101	不锈钢及耐热钢焊粉	不锈钢及耐热钢	熔点约 900 ℃,能防止熔化金属被氧化,焊后熔渣易清除
粉 201	铸铁焊粉	铸铁	熔点约 650 ℃,能有效地去除铸铁在气焊时所产生的硅酸盐和氧化物,有加速金属熔化的作用
粉 301	铜焊粉	铜及铜合金	熔点约 650 ℃,能有效地溶解氧化铜和氧化亚铜,焊时呈液态熔渣,覆盖于金属表面
粉 401	铝焊粉	铝及铝合金	熔点约 560 ℃,能有效地破坏氧化铝膜,能引起铝的腐蚀,焊后必须将熔渣清除干净

(3)接头形式和焊前准备。气焊时,一般采用对接接头,只有在焊接薄板时才采用角接接头和卷边接头。在对接接头中,当钢板厚度大于 15 mm 时,必须开坡口,焊接低碳钢时,各种焊度钢板的坡口形式见表 5.3。

表 5.3　低碳钢对接接头与角接接头的坡口形式

接头形式	坡口形式		各种尺寸(mm)		
	图　示	名　称	板　厚	间隙 c	钝边 p
对接接头		卷　边	0.5~1	—	1~2
	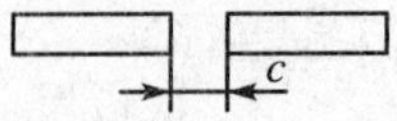	不开坡口	1~5	0.5~1.5	—
	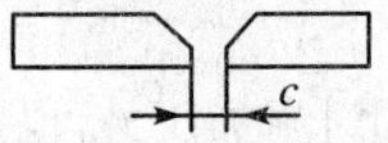	V 形坡口	4~15	2~4	1.5~3
	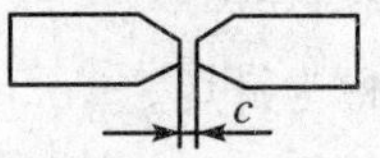	X 形坡口	>10	2~4	2~4
角接接头	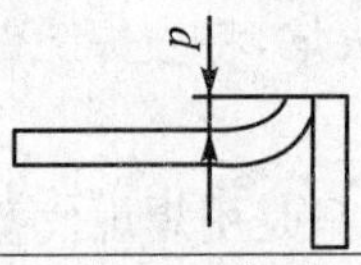	卷　边	0.5~1	—	1~2
	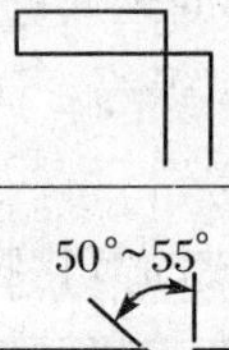	不开坡口	≤4	—	—
	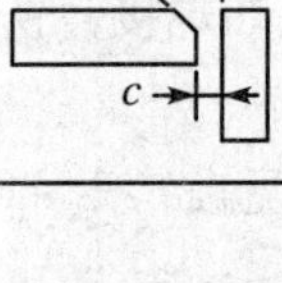	V 形坡口	4	1~2	—

为保证焊缝质量,在气焊前,应把焊丝及工件接头处表面的铁锈、水分、氧化物和油污等脏物清除干净,否则焊缝会产生气孔、夹渣等缺陷。清除方法可用喷砂或直接用气焊火焰烘烤后,再用钢丝刷清理。

(4) 气焊规范的选择。气焊规范是保证气焊质量的主要技术依据。气焊规范通常包括焊丝的成分与直径、火焰的成分与能率、焊炬的倾斜角度、焊接方向和焊接速度等。

① 焊丝直径。焊丝直径主要根据焊件厚度来选择。当焊件厚度一定时,如果焊丝直径选得小,焊接时往往会发生焊件尚未熔化而焊丝已经熔化下滴,这样就会造成焊缝熔合不良。相反,如果焊丝直径过大,焊丝熔化就必须经较长时间加热,造成焊件受热过大,同样会降低焊缝质量。焊接低碳钢时,焊丝直径的选择见表5.4。

表 5.4 焊件厚度与焊丝直径关系

焊件厚度(mm)	1~2	2~3	3~5	5~10	10~15	>15
焊丝直径(mm)	1~2	2	2~3	3~5	4~6	6~8

② 火焰成分与能率。氧—乙炔焰根据氧气体积与乙炔体积不同的混合比,可为中性焰,碳化焰和氧化焰三种。气焊的火焰成分对焊接质量影响很大,混合气体内乙炔量过多时,就会引起焊缝金属的渗碳,使焊缝的硬度增高,塑性降低,同时还会产生气孔等缺陷。相反,氧气量过多时,也会引起焊缝金属的氧化,使焊缝金属的强度和塑性降低。常见火焰种类见表5.5。

表 5.5 常用金属气焊火焰

工件材料	火焰种类	工件材料	火焰种类
低碳钢	中性焰(乙炔稍多)	锰钢	氧化焰
中碳钢	中性焰(乙炔稍多)	镀锌铁皮	氧化焰
高碳钢	碳化焰	青铜	中性焰(乙炔稍多)
低合金钢	中性焰	黄铜	氧化焰
不锈钢	中性焰(乙炔稍多)	铝及铝合金	中性焰(乙炔稍多)

火焰能率是以每小时乙炔的消耗量(L/h)来表示,其大小根据工件厚度,金属的熔点及导热性来选择。焊接低碳钢和低合金钢时,乙炔的消耗量可按下列经验公式计算。

左向焊法:

$$V = (100 \sim 120)t$$

右向焊法:

$$V = (120 \sim 150)t$$

式中,t——钢板厚度(mm);

V——火焰能率(L/h)。

根据上述公式计算得到的乙炔消耗量,可选择合适的焊嘴。火焰能率是由焊炬型号及焊嘴号码大小来决定的。焊嘴号码越大,火焰能率也就越大。

③ 焊嘴的倾斜角度。焊嘴倾斜角的大小,决定于焊件厚度,焊嘴大小及焊接位置等。焊件越厚,导热性及熔点越高,焊炬的倾角应越大,使火焰集中,热量损失小,升温快,否则相反。

另外,还应根据具体情况不同而灵活改变焊嘴倾角。如开始焊时,因工件处于冷态,应使焊嘴倾角加大,以使焊件充分受热,尽快形成熔深;当工件温度升高后再减小焊嘴倾角,使焊嘴对准焊丝加热,并使火焰上下摆动,断续地对焊丝和熔池加热。气焊过程中,焊丝与焊件表面的倾角一般为 $30°\sim40°$,与焊嘴的角度为 $90°\sim100°$。

④ 焊接速度。根据焊件厚度和材料选择焊接速度,如果焊接速度太慢,则焊件受热过大,质量降低。焊接速度还与焊工操作熟练程度、焊缝位置等因素有关。在保证质量的前提下,应力求提高焊接速度,以提高生产率。

(5)气焊操作。气焊操作时,按照焊炬和焊丝移动的方向分为左向焊法和右向焊法两种。左向焊时,焊丝与焊炬都是自右向左移动,焊丝位于焊接火焰之前,这种焊法因火焰指向工件未焊的冷金属,所以热量散失一部分,焊薄件时不易烧穿。同时,左向焊时,熔池看得清楚,操作简便。但焊厚件时因受热区较大,生产率较低。右向焊时,焊丝与焊炬自左向右移动,焊丝在焊炬后面,火焰指向焊缝,所以热量损失少,熔深较大。焊接过程中火焰始终保护着焊缝金属,使之避免氧化,并使熔池缓慢地冷却,改善了焊缝金属组织,减少气孔夹渣。同时,因热量集中,金属受热区小,因而焊缝质量高。但右向焊时,焊丝阻挡了焊工视线,熔池也看不清楚,操作不便,所以除厚件外,一般很少采用。

(6)焊炬与焊丝摆动。在焊接过程中,为获得优质美观的焊缝,焊炬和焊丝应沿焊缝的纵向和横向作均匀协调的摆动。

此外,焊丝还有向熔池的送进动作,焊丝末端需均匀协调地上下运动,否则会造成焊缝高低不平,宽窄不匀等现象。焊炬和焊丝的摆动方法与工件厚度、性质、空间位置及焊缝尺寸有关。

2)电焊

电焊即电弧焊接,是利用电弧的热量来熔化焊条和工件边缘,使两被连接板材金属的原子之间产生结合作用,达到连接的目的。电弧焊是应用最广的一种焊接方法,它所使用的热源是电能,而电能是以电弧的形式转变为热能来熔化金属的。

(1)电弧焊的工具。电弧焊常用的工具有:电缆,焊钳,面罩和清理工具。

电缆用于导电,有两根,一根从电焊机的一极引出连接焊钳,另一根从电焊机的另一极引出连接焊件。

焊接电缆应该柔软,具有良好的导电能力,外表应有良好的绝缘层,避免发生短路或触电事故。

焊接电缆的长度,应根据使用的具体情况来决定,一般不宜过长,它的截面大小主要根据焊接电流的大小来决定。

焊钳用于导电夹持焊条。焊钳应重量轻、导电性好,更换焊条灵活方便,焊钳的导电部分用铜制造。手柄用绝缘材料制造。

面罩用于遮挡飞溅的金属和电弧中有害的光线,是保护焊工头部和眼睛的重要工具,常用的面罩有手握和头戴两种。面罩上的护目玻璃片用来降低电弧光的强度,阻挡红外线及紫外线。

为了防止护目玻璃片被飞溅金属损坏,在护目玻璃片前面放一块白玻璃片,白玻璃片可以随时更换。

清理工具有钢丝刷和清渣锤等。钢丝刷用来刷除焊件表面的锈污等脏物。清渣锤用于敲除焊渣和检查焊缝。锤的两端可根据实际情况磨成圆锥形或扁铲形等。

（2）电焊条。手工电弧焊时，焊条起着两个方面的作用：一是起导电作用，焊接时工件为一个电极，焊条为另一个电极。二是作为焊缝的填充金属。焊缝金属是由基本金属和焊条金属共同组成的，其中绝大部分是由焊条熔化而成的，所以正确地选择和使用焊条，是获得优质焊缝的重要因素之一。

（3）焊条的组成。焊条是由金属芯（简称焊芯）和药皮组成。焊条的前端药皮成45°左右的倾角，以便于引弧。在尾部有一段为裸焊芯，约占焊条总长的1/16，便于焊钳夹持和导电。焊条直径（即焊芯直径）有1.6、2、2.5、3.2（或3）、4、5、5.8（或6）mm等几种，长度在250～400 mm之间。

焊芯金属的成分直接影响到焊缝质量，因此对焊芯金属的化学成分应有一定的要求。焊芯品种可根据被焊金属的化学成分和使用要求，按国家标准GB 5117—85，GB 5118—85规定的焊条用钢选用。低碳钢和低合金钢焊条通常选用焊08（H08）或焊08高（H08A）作为焊条芯。焊芯牌号中的"焊"代表焊芯，代号以"H"表示。后面的数字"08"表示水含碳量平均为0.08%。牌号最后的"高"（代号为"A"）表示焊芯的质量较高，其硫和磷含量比同类的焊芯低。

为使焊缝金属具有符合要求的化学成分、良好的机械性能与焊接工艺性能，焊芯外必须涂上药皮。药皮是由各种不同的矿石粉、铁合金粉和有机物等混合而成。根据焊条药皮中各种物质在焊接过程中所起的作用不同，可分为以下几种。

① 稳弧剂。使焊条容易引弧和提高电弧稳定性。主要是由易于电离的物质组成，这些物质称为稳弧剂。如长石、大理石、碳酸钾和钾水玻璃等。

② 造渣剂。是药皮中最基本的组成物，主要作用是造成具有一定物理—化学性能的熔渣，覆盖在熔化金属的表面，使熔池金属免受空气的侵害作用，同时还能使熔化金属缓慢冷却与凝固，使气体和杂质有充分的时间从液体金属中排出。常用的造渣剂有大理石、萤石、金红石、钛铁矿、钛白粉和锰矿等。

③ 造气剂。在焊接过程中，产生一定量的气体，如CO_2、CO等以隔绝空气侵入焊接区，限制氧、氮、氢等有害气体与熔化金属作用。常用的造气剂有大理石、木粉、淀粉和纤维素等。

④ 脱氧剂。用于消除熔化金属中的氧气，使金属氧化物还原，以保证焊缝质量。脱氧剂是由对氧亲和力较大的合金元素的铁合金组成，如锰铁、硅铁、钛铁及铝铁等。

⑤ 渗合金剂。在电弧高温作用下，气体、熔渣及液体金属相互作用的结果，焊缝金属的合金元素被部分烧损，所以在药皮中加入合金元素（用铁合金形式渗进去）以补偿电弧的烧损，从而改善接头质量。为了有利于合金的渗入，加进去的合金元素对氧的亲和力要弱。几种合金元素对氧亲和力大小的渐减次序是：Ti、Al、C、Si、Mn、Cr、V、Mo、Ni。如果加进去的合金元素对氧亲和力强，则合金元素便会和氧结合成氧化物，起不到渗合金作用。常用的渗合金剂有：锰铁、硅铁、钛铁、铜铁、铬铁等。

⑥ 粘结剂。将药皮中各种组成物的粉末牢固地粘在焊芯上，烘干后具有一定的强度，以免脱落。常用的粘结剂是钠水玻璃、钾水玻璃或两者的混合液。

⑦ 增塑剂。为了便于机器压制焊条，而加入一些改善涂料塑性或润滑性的物质，称为增塑剂。如云母、白泥、黏土、滑石粉、钛白粉等。

综上所述，焊条药皮中有许多物质具有多种作用，如大理石既是稳弧剂，又是造气和造渣剂，而锰铁同时起脱氧和渗合金的作用。

（4）焊条的分类。

① 根据焊条的用途分类。按国家标准 GB 938—85 规定,焊条按用途可分为以下几类。

结构钢焊条(包括普通低合金钢);钼和铬钼耐热钢焊条;不锈钢焊条;堆焊焊条;低温钢焊条;铸铁焊条;镍及镍合金焊条;铜及铜合金焊条。以上各类焊条还可以按主要性能或化学组成不同,再分成若干具体牌号的焊条。

② 根据焊条药皮的类型分类。根据药皮中主要的成分不同,焊条药皮可分为各种不同的类型,其操作工艺性能等也各不相同。国家标准规定(GB 980—76),手工电弧焊焊条的药皮主要有 8 种类型:氧化钛钙型、氧化钛型、钛铁矿型、氧化铁型、纤维素型、低氢型、石墨型和盐基型。

③ 根据焊条药皮熔化后形成熔渣的化学性质分类,可将焊条分为酸性焊条和碱性焊条两种。当熔渣中的酸性氧化物(如二氧化硅,二氧化钛等)比碱性氧化物(如氧化钙等)多,这种焊条称为酸性焊条;反之,为碱性焊条。

酸性焊条药皮中含有较多的氧化铁、氧化钛及氧化硅等氧化物,氧化性较强,因此在焊接过程中合金元素烧损较多。同时由于焊缝金属氧和氢含量较多,因而机械性能较低。特别是冲击值较碱性焊条低。酸性焊条可采用交直流电源进行焊接。

碱性焊条的药皮中含有较多的大理石和萤石,并有较多的铁合金作为脱氧剂和渗合金剂,所以药皮有足够的脱氧性。碱性焊条焊接时大理石分解出二氧化碳作为保护气体,与酸性焊条相比,保护气体中氢很少,又因萤石在高温时分解并与氢结合成氟化氢(HF),因而降低了焊缝中的合氢量,所以,碱性焊条又称低氢焊条。但由于氟的反电离作用,因此碱性焊条为了使电弧稳定燃烧,一般只能采用直流反极性进行焊接。碱性焊条焊接的焊缝金属机械性能较好,所以用于焊接重要结构。

(5) 焊条的选用。正确选用焊条是获得优质焊接接头的重要因素之一。在选用焊条时,应根据被焊材料与结构的具体情况来决定。对结构钢或普通低合金钢的焊接。一般情况下只要求焊缝金属的机械性能不低于被焊金属的机械性能,也就是按结构钢的强度选用相应强度等级的电焊条,这就是通常所说的从等强度(焊缝金属与基本金属强度相等)观点出发选用。对于要求具有特殊性能的产品,如耐腐蚀、耐高温、耐磨损等,则选用焊条时使焊缝的化学成分与工件的化学成分相同或接近。

当焊接结构承受动载或冲击载荷时,对焊缝要求保证强度外,还应有较高的冲击韧性和延伸率,故应选用低氢型焊条。此外,选用焊条时还应考虑焊接设备,焊工的劳动条件,生产率的高低,焊条的经济性等问题。

任务三 铆 接

利用铆钉把两个或两个以上的零件或构件(通常是金属板或型钢)连接为一个整体,这种连接方法称为铆接。铆钉制造有锻制法或冷镦法,一般常用冷镦法制造。用冷镦法制成的铆钉,要经过退火处理。铆接时,使用工具连续锤击或用压力机压缩铆钉杆端,使钉杆充满钉孔并形成铆钉头,如图 5.2 所示。

钢结构件虽然大部分都采用焊接,但由于铆接的韧性和塑性比焊接好,传力均匀可靠,以及容易检查和维修,所以对于承受冲击和震动载荷的构件的连接、某些异种金属的连接,以及焊接性能差的金属(如铝合金)的连接中,仍得到广泛的应用。

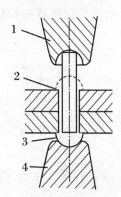

1—罩模　2—铆钉头　3—预制头　4—顶模
图 5.2　铆接

1. 铆接的种类

根据构件的工作要求和应用范围不同,铆接可以分为强固铆接、紧密铆接和密固铆接。

强固铆接要求铆钉能承受大的作用力,保证构件有足够的强度,而对接合缝的严密度无特别要求。这类构件如:屋架、桥梁、车辆、立柱和横梁等。

紧密铆接的铆钉不承受大的作用力,但对接合缝要求绝对紧密,以防止漏水或漏气。一般常用于储藏液体或气体的薄壁结构的铆接。如水箱、气箱和油罐等。

密固铆接既要求铆钉能承受大的作用力,又要求接合缝有绝对的紧密。这类构件如:压缩空气罐、高压容器和压力管路等。

2. 铆钉

铆钉分实心和空心两种。实心铆钉按钉头的形状有半圆头、平锥头、沉头、平头等多种形式。半圆头铆钉常用于承受较大横向载荷的接合缝,如桥梁、钢架和车辆等结构。沉头或半沉头铆钉用于表面必须平滑,并且受载不大的接合缝。空心铆钉由于重量轻,铆接方便,但钉头强度小,适用于轻载。

3. 铆钉的直径、长度和孔径的确定

1) 铆钉直径

铆接时,若铆钉直径过大,铆钉头成型困难,容易使构件变形。若铆钉直径过小,则铆钉强度不足。铆钉直径的选择,主要根据构件的厚度来确定,而构件的厚度又必须按照以下三个原则确定:板料与板料搭接时,按较厚板料的厚度确定;厚度相差较大的板料铆接时,以较薄板料的厚度确定;钢板与型材铆接时,以两者的平均厚度确定铆钉直径可按下列公式计算:

$$d = (50 \times \sum t)^{1/2} - 4$$

式中,d——铆钉直径(mm);

$\sum t$——被铆件的总厚度(mm)。

被铆件的总厚度不应超过铆钉直径的 5 倍。同一构件上应采用一种直径的铆钉,但不要超过两种。

2) 铆钉长度

　　铆接时,如果铆钉杆过长,铆成的钉头就过大或过高,而且在铆接过程中容易使钉杆弯曲;钉杆过短,铆钉头成型不足,而影响铆接强度或磕伤构件表面。铆钉杆长度可按下列经验公式进行计算。

半圆头铆钉:

$$L = 1.1\sum t + 1.4d$$

半沉头铆钉:

$$L = 1.1\sum t + 1.1d$$

沉头铆钉:

$$L = 1.12\sum t + 0.8d$$

式中,L——铆钉杆长度(mm);

　　$\sum t$——被铆件的总厚度(mm)。

　　上面三种钉杆长度的计算值,都是近似值。因此,在大量铆接之前,杆长经计算后还要进行试铆,如有不符合质量标准时,可把杆长适当增减,再进行铆接。

　　3)铆钉孔径

　　孔径应根据铆的方式不同而定,拉铆时铆钉孔径与铆钉直径的配合应采用动配合,如间隙太大,会影响铆接强度。在热铆时,由于铆钉受热膨胀变粗,且钉杆易于镦粗,为了穿钉的方便,钉孔直径应比钉杆直径稍大。在冷铆时,铆钉不易镦粗,为保证连接强度,钉孔直径应与铆钉直径接近。如果板料与角钢等铆接时,则孔径要加大 2%。钉孔直径的标准如表 5.6 所示。对于多层板料密固铆接时,应先钻孔后铰孔。钻孔直径应比标准孔径小 $1\sim2$ mm,以备装配后进行铰孔之用。对于筒形构件必须在平板上(弯曲前)钻孔,孔径应比标准孔径减小 $1\sim2$ mm,以各弯曲成筒形后,进行铰孔之用。

表 5.6　钉孔直径(GB 152—76A)

铆钉直径 d(mm)		2	2.5	3	3.5	4	5	6	8	10	12	14	16	18	20	22	24	27	30	36
钉孔直径 d_0(mm)	精装	2.1	2.6	3.1	3.6	4.1	5.2	6.2	8.2	10.3	12.4	14.5	16.5							
	粗装	2.2	2.7	3.4	3.9	4.5	5.5	6.5	8.5	11	13	15	17	19	21.5	23.5	25.5	28.5	32	28

任务四　胀　　接

　　胀接是指根据金属具有塑性变形的特点,用胀管器将管子胀牢固定在管板上的连接方法。多用于管束与锅筒的连接。工作过程是:将胀管器插入管子头,使管子头发生塑性变形,直至完全贴合在管板上,并使管板孔壁周围发生变形,然后拔出胀管器。由于管子发生的是塑性变形,而管板仍然处在弹性变形状态,扩大后的管径不能缩小,而管板孔壁则要弹性恢复而使孔径变小(复原),这样就使管子与管板紧紧地连接在一起了。利用管端与管板孔沟槽间的变形来达到紧固和密封的连接方法。用外力使管子端部发生塑性变形,将管子与管板连接在一起,又叫胀管。目前,多采用胀管器胀接。

胀接时,必须做到:尺寸准确、结构牢固、对接严密、胀缩自由、内部清洁、外形美观。具体的胀接工艺如下。

(一) 胀管前的准备

1) 管孔清洗、检查、编号

首先应将管孔上的尘土、水分、油污、铁锈等用清洗剂或汽油擦干净,露出金属光泽。管孔的表面光洁度应不低于 12.5 μm,边缘不得有毛刺,管孔不得有裂纹和纵向划痕。允许有个别管孔存在一条螺旋向或环形划痕,但不得超过 5 mm。划痕至管孔边缘距离不小于 5 mm。管孔的几何形状和尺寸偏差应符合 JB 1622《锅炉管孔尺寸及管端伸出长度》的规定。

用经计量合格的内径千分表测量管孔的直径偏差、椭圆度、不柱度。并将测量的数值,填写在胀管记录表中或管孔展开图上,做到清楚、正确,以便选配胀管间隙。

2) 换热管的准备

管子必须有材质证明书,其钢号与图样要求一致。

擦去表面污物,检查外表面不应有重皮、裂纹、压扁、严重锈蚀等缺陷。如有缺陷,缺陷深度不得超过该标准厚度负偏差规定。内表面也不得有严重缺陷。

检查管端外径偏差在标准范围内;检查管端壁厚偏差在标准范围内。

一般要求管孔硬度大于管子硬度 50HB 左右,管板硬度与管子硬度不匹配时,应对管端进行"退火",使其硬度降低。

3) 清理

胀管前,应对已经退火的管端打磨干净,露出金属光泽。打磨长度应比管板厚度长 50 mm。打磨应用磨光机打磨或手工打磨。

打磨后,外圆要保持圆形,外表面不得有起皮、棱角、凹痕、夹渣、麻点、裂纹和纵向沟纹。打磨掉的壁厚不宜超过 0.2 mm。

打磨好的管端应用经校验过的卡尺测量其直径偏差、圆度、壁厚。并做好记录和分组。

4) 管孔和管子的选配

按照管孔和管子的记录表,将管孔和管子选配,大孔配大管,小孔配小管。力求管孔与管壁间的间隙适中,以利于胀管和控制胀管率。经过选配后的管子应进行编号,以便胀管时"对号入座",避免混装。

管子与管孔间的允许间隙如表 5.7。

表 5.7 管子与管孔间的允许间隙

管 子 外 径	32~42	51	57~60	63.5	76
允许正常间隙	1	1.2	1.2	1.5	1.5

5) 试胀鉴定

试胀是胀管工序的关键。通过试胀可以掌握胀管器的性能,了解所胀材质的胀接性能,确定合适的胀管率和控制胀管率的方法。只有通过试胀才能找出做好大额胀管的条件,选取合适的胀管工艺,以便了解胀接工作。

不经过试胀,不允许直接进行胀接。

试胀所采用的管板、管子都应与施胀的管板、管子要求一样。一般复合管板可使用随板带来的试件进行。试胀时,根据所选几组有代表性的管孔,加工好试胀管板管孔和打磨好的管子,根据预选配、间隙和胀管率计算出终胀内径和限位垫片之厚度。

试胀时,用固定胀管器进行胀接,当管间隙消灭时,管子在管孔中已不摇动,再扩张 0.2~0.3 mm,这时记录下电动胀管器的电流值。

进行外观检查,胀口管端是否有裂纹,胀接过渡部分是否有剧烈变化(偏胀、挤台等)。

检查终胀内径,用内径千分尺检查终胀内径,核算胀管率。

解剖胀口检查,检查管孔壁与管子外壁接触表面的印痕,啮合情况,管壁减薄情况,管孔变形情况等。

经过上述试验,检查后选出并确定最佳的胀管率。一般来说,贴胀胀管率应在 1.2%~1.5%以内,强度胀胀管率应在 1.5%~2.1%以内,可以保证胀接质量。

经过试胀后,总结出保证胀接质量的完整工艺程序和控制方法,来指导胀接施工。

6)装管

按照测量时编好的号码"对号入座",将换热管穿入管孔。按照换热管的装配工艺进行。一端穿好后,装配壳程筒体,再穿另一端。

(二) 胀管

用胀管器按预定的胀接工艺进行胀管。注意以下几点。

(1)在胀管过程中,严防油、水和灰尘渗入胀接面间。胀管时环境温度不低于 5 ℃,胀管前,管端内部及胀管器的胀珠胀杆上应涂上润滑脂(为避免润滑脂进入胀接面而产生焊接气孔,可以采用肥皂水作为润滑材料),但要注意不要使润滑脂进入胀接面。每胀 20~30 个胀口应将胀管器拆开放入煤油中清洗,仔细检查是否有损坏或过度磨损,如有磨损立即更换。

(2)胀管器放入管内时应保持胀杆正对管孔中心,操作时始终保持正确的相对位置。胀杆转动应平稳而均匀,不得忽快忽慢或对胀杆施加压力。

(3)要控制胀接速度和胀口温度。机械胀管器转数应控制在 30 r/min 以下,胀口温度不宜高于 50 ℃。以控制其冷收缩量。

(4)胀接过程要随时检查胀接质量,在初胀几根管子后就应该核对和检查一下胀管方法和所选用的胀管率是否恰当。同时,也可以防止由于胀管器不合格或胀管操作不当等原因而损坏换热管。

(5)及时、准确测量在各项胀接参数,以便计算各管的胀管率。注意观察胀管机的电流值,避免过胀或超胀。

(三) 补胀

按照合适的胀管率范围计算出胀管后内径,对于不足胀管率下限的换热管进行补胀。补胀量要严格控制,补胀前要核对胀管率,检查胀口无问题时,再向内部补胀。补胀量一次不超过 0.1 mm,且不超过两次。补胀后需测量内径值,并做好记录,补胀口的胀管率不允许超过最大胀管率。经过补胀管子出现裂纹时,应予换管,更换的管子外径应略大些。按正常工艺重新进行胀接。

(四) 缺陷处理

1) 胀管不足(欠胀)

胀管不足即管子未达到应有的扩张程度,使胀口接合不严密。用手摸,感觉不出管子胀过部分过渡到未胀部分的变化或变化不大。原因有胀接停止过早未能达到应有强度;胀珠太短,与换热管及管板厚度不相称、胀管器限位装置不正确,进入距离过小,未达到扩胀量等。

补救方法:补胀。补胀前应核对胀管率,检查胀口无问题时,再进行补胀。补胀量一次不宜超过 0.15 mm,补胀量不得超过 2 次,必要时,应对相邻胀口稍加补胀,避免其他胀口松弛。

2) 偏胀

管子在管孔外端处一面形成偏挤,而另一面则显现平直,主要原因是管子安装不正、胀管用力不均、管孔与管子之间间隙过大。

避免方法:装正管子、端正胀管器,及时测量管子与管孔的间隙。

3) 过胀

过胀就是管孔产生永久变形,降低了胀口的牢固性及严密性。带来两种后果:一是管子胀坏,二是管孔壁失去弹性。

前者应更换管子,后者则切断管子后,再对管孔壁进行修复,重新加工。

胀接中应严格控制工艺,注意观察胀接电流,及时测量胀口尺寸,避免过胀。

4) 挤压台阶、切口

各胀珠在巢孔中的间隙过大。

避免方法:选择合格的胀管器。

5) 管口内壁起皮和擦伤

一方面由于胀管器清洗不及时,胀接面间有杂物,另一方面胀珠表面有裂纹、凹陷和粗糙面。

避免方法:清洗或更换胀管器。

(五) 质量验收

胀接施工人员要详细记录各管口的胀接数据,检验人员认真核对数据和实际胀口,确认合格后进入下道工序。

(1) 强度胀接接口在水压试验时应仔细检查,漏水的胀口在放水干净后随即进行补胀,避免生锈。补胀 2 次后仍然漏水时,应予换管。重新进行胀接。

(2) 贴胀接口检查合格后进入焊接工序。

练 习 题

1. 焊接结构常用的连接方法有哪些?

2. 叙述焊接定义及分类。

3. 焊条药皮中各种物质在焊接过程中所起的作用有哪些?

4. 焊条如何分类?

5. 叙述铆接定义及其种类。

6. 按预定的胀接工艺,用胀管器进行胀管时应注意哪些事项?

7. 胀管常见缺陷及避免方法是什么?

项目六　典型焊接结构化工设备的制作工艺与质量检验

任务一　典型化工设备制造工艺

焊接结构中,化工设备最具代表性,化工生产中所用的设备种类很多,如贮槽、换热器、塔、反应器等。这些设备大都由一个化工容器和内件组成,容器又都由筒体、封头、法兰、接管、支座等零部件组成。在此将对化工生产中常用的几种典型设备的制造工艺进行叙述。

一、化工设备制造的特点

各种钢制化工设备的制造工艺主要有以下两个特点。

(1) 制造过程的主要工序基本上是固定的。例如,对每一个容器,从钢板的划线、切割、坡口加工、成型、组对焊接、总装到试压等各工序的顺序基本上是固定的,各道工序的检验一般放在该工序之后。而且各种设备制造中,相同工序的基本原理、所用工装和操作也都相同。

(2) 设备制造大都属于单件和小批量生产性质。

二、化工设备组对技术要求

化工设备的组对,包括筒节纵缝的组对;筒节之间、筒节与封头之间环缝的组对;法兰、接管、支座与筒体之间的组对等,组对指的是将这些零件,按一定的技术要求对合好并加以点焊。

(一) 化工容器主要受压部分的焊接接头分类

化工容器主要受压部分的焊接接头分为 A、B、C、D 四类,如图 6.1 所示。

(1) 圆筒部分的纵向接头(多层包扎容器层板层纵向接头除外)、球形封头与圆筒连接的环向接头、各类凸形封头中的所有拼焊接头以及嵌入式接管与壳体对接连接的接头,均属 A 类焊接接头。

(2) 壳体部分的环向接头、锥形封头小端与接管连接的接头、长颈法兰与接管连接的接头,均属 B 类焊接接头,但已规定为 A、C、D 类的焊接接头除外。

(3) 平盖、管板与圆筒非对接连接的接头,法兰与壳体、接管连接的接头,内封头与圆筒的搭接接头以及多层包扎容器层板层纵向接头,均属 C 类焊接接头。

（4）接管、人孔、凸缘、补强圈等与壳体连接的接头，均属 D 类焊接接头，但已规定为 A、B 类的焊接接头除外。

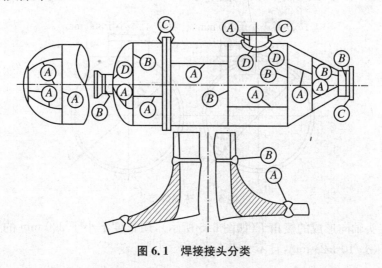

图 6.1　焊接接头分类

（二）组对技术要求

（1）A、B 类焊接接头对口错边量 b（如图 6.2 所示）应符合表 6.1 的规定。锻焊容器 B 类焊接接头对口错边量 b 应不大于对口处钢材厚度 δ 的 1/8，且不大于 5 mm。

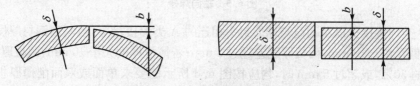

图 6.2　A、B 类焊接接头对口错边量

表 6.1　A、B 类焊接接头对口错边量允许值

对口处钢材厚度 δ(mm)	按焊接接头类别划分对口错边量 b(mm)	
	A	B
≤12	≤1/4δ	≤1/4δ
>12~20	≤3	≤1/4δ
>20~40	≤3	≤5
>40~50	≤3	≤1/8δ
>50	≤1/16δ，且≤10	≤1/8δ，且≤20

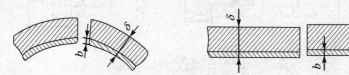

图 6.3　复合钢板的对口错边量

复合钢板的对口错边量 b（如图 6.3 所示）不大于钢板复层厚度的 5%，且不大于 2 mm。

（2）在焊接接头环向形成的棱角 E，用弦长等于 1/6 内径 D_1，且不小于 300 mm 的内样板或外样板检查（如图 6.4 所示），其 E 值不得大于$(\delta/10+2)$ mm，且不大于 5 mm。

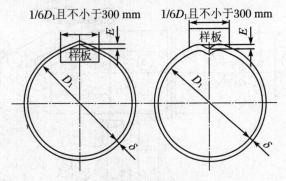

图 6.4　环向焊接

在焊接接头轴向形成的棱角 E（如图 6.5 所示），用长度不小于 300 mm 的直尺检查，其 E 值不得大于$(\delta_s/10+2)$ mm，且不大于 5 mm。

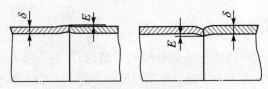

图 6.5　轴向焊接

（3）B 类焊接接头以及圆筒与球形封头相连的 A 类焊接接头，当两侧钢材厚度不等时，若薄板厚度不大于 10 mm，两板厚度差超过 3 mm；若薄板厚度大于 10 mm，两板厚度差大于薄板厚度的 30%，或超过 5 mm 时，均应按图 6.6 所示的要求单面或双面削薄厚板边缘，或按同样要求采用堆焊方法将薄板边缘焊成斜面。

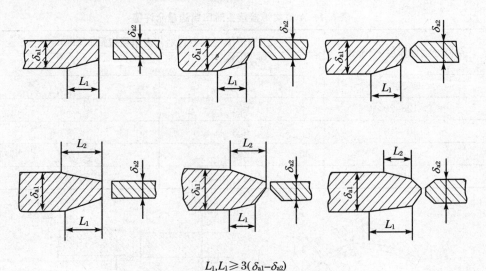

$$L_1, L_1 \geqslant 3(\delta_{a1}-\delta_{a2})$$

图 6.6　钢材厚度不等的焊接

当两板厚度差小于上列数值时，则对口错边量 b 按（1）要求，且对口错边量 b 以较薄板厚度为基准确定。在测量对口错边量 b 时,不应计入两板厚度的差值。

(4) 除图样另有规定外,壳体直线度允差应不大于壳体长度的 1‰。当直立容器的壳体长度超过 30 m 时,其壳体直线度允差应符合 JB/T 4710—2005 的规定(JB/T 4710—2005 为《钢制塔式容器》制造标准)。

(5) 筒节长度不小于 300 mm 组装时,相邻筒节 A 类接头焊缝中心线间外圆弧长以及封头 A 类接头焊缝中心线与相邻筒节 A 类接头焊缝中心线间外圆弧长应大于钢材厚度 δ_s 的 3 倍,且不小于 100 mm。

(6) 法兰面应垂直于接管或圆筒的主轴中心线。接管法兰应保证法兰面的水平或垂直(有特殊要求的应按图样规定),其偏差均不得超过法兰外径的 1%(法兰外径小于 100 mm 时,按 100 mm 计算),且不大于 3 mm。

法兰的螺栓通孔应与壳体主轴线或铅垂线跨中布置,如图 6.7 所示。有特殊要求时,应在图样上注明。

(7) 直立容器的底座圈、底板上地脚螺栓通孔应跨中均布,中心圆直径允差、相邻两孔弦长允差和任意两孔弦长允差均不大于 2 mm。

(8) 容器内件和壳体焊接的焊缝应尽量避开筒节间相焊及圆筒与封头相焊的焊缝。

(9) 容器上凡被补强圈、支座、垫板等覆盖的焊缝,均应打磨至与母材齐平。

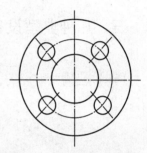

图 6.7　法兰螺栓孔布置

(10) 承受内压的容器组装完成后,按要求检查壳体的圆度。

① 壳体同一断面上最大内径与最小内径之差 e,应不大于该断面内径 D_1 的 1%(对锻焊容器为 1‰),且不大于 25 mm(如图 6.8 所示)。

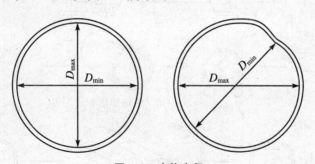

图 6.8　壳体内径

② 当被检断面位于开孔中心 1 倍开孔内径范围内时,则该断面最大内径与最小内径之差 e 应不大于该断面内径 D_1 的 1%(对锻焊容器为 1‰)与开孔内径的 2% 之和,且不大于 25 mm。

(11) 压力容器的组焊要求如下。

① 不应采用十字焊缝。相邻的两筒节间的纵缝和封头拼接焊缝与相邻筒节的纵缝应错开,其焊缝中心线之间的外圆弧长一般应大于筒体厚度的 3 倍,且不小于 100 mm。

② 在压力容器上焊接的临时吊耳和拉筋的垫板等,应采用与压力容器壳体相同或在力学性能和焊接性能方面相似的材料,并用相适应的焊材及焊接工艺进行焊接。临时吊耳和拉筋的垫板割除后留下的焊疤必须打磨平滑,并应按图样规定进行渗透检测或磁粉检测,确保表面无裂纹等缺陷。打磨后的厚度不应小于该部位的设计厚度。

③ 不允许强力组装。

④ 受压元件之间或受压元件与非受压元件组装时的定位焊,若保留成为焊缝金属的一部分,则应按受压元件的焊缝要求施焊。

(12) 筒体(含球壳、多层压力容器内筒)和封头制造的主要控制项目如下。

① 坡口几何形状和表面质量。

② 筒体的直线度、棱角度,纵、环焊缝对口错边量,同一断面的最大最小直径差。

③ 多层包扎压力容器的松动面积和套合压力容器套合面的间隙。

④ 封头的拼接成型和主要尺寸偏差。

⑤ 球壳的尺寸偏差和表面质量。

⑥ 不等厚的筒体与封头的对接连接要求。

三、几种典型设备的制造工艺

(一) 贮槽

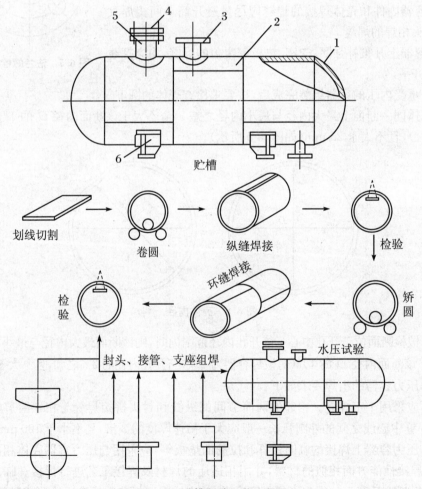

图 6.9　贮槽制造工艺流程图

贮槽(罐)是化工生产中的一种典型设备。它的构造比较简单,主要由封头、筒体、接管、法兰、人孔、人孔盖、支座及内梯等附件共同组成。

贮槽(罐)的制造工艺采用如图 6.9 所示来表示其全过程。

(二)列管式换热器的制造工艺

换热器在化工生产过程中的应用十分广泛,其类型与结构也很多。列管式换热器的特点是结构坚固,适应性大,因此在当前的化工生产中仍是主要类型。

图 6.10 所示为一个固定管板式换热器结构简图。这种换热器的结构简单,造价低,因此获得了广泛应用。但是它的管外清洗很困难,因此壳体内应走清洁和不结垢的流体。而且温差应力大时也不能使用。

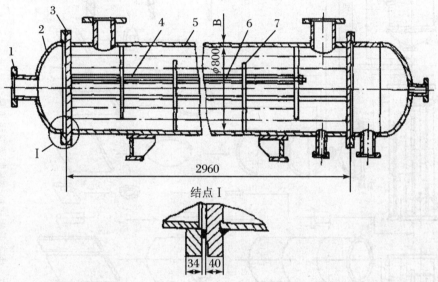

1—接管　2—封头　3—管板　4—定距管　5—筒体　6—拉杆　7—折流板
图 6.10　固定管板式换热器结构简图

在列管式换热器制造中,筒体、封头等零件的制造工艺与一般容器制造无异,只是要求不同。制造中突出的问题是管板的制造及管子与管板的连接。

由于列管式换热器筒体内部要装入较长的管束,管束上还有折流板,为防止流体短路,折流板与筒体内壁间的装配间隙比较小。因此,其筒体的制造精度要求比一般容器高。例如,筒体直径允许偏差为 $+3\sim+4$ mm;椭圆度不超过 $0.5\%D_R$,且不大于 5 mm;筒体不直度不大于筒体长度的 1/1000,且不大于 4.5 mm;筒体内壁焊缝要求磨平等,显然这些要求都比一般容器高。

管板由机械加工完成,它的孔径和孔间距都有公差要求。其钻孔工作量很大,钻孔可用划线钻孔、钻模钻孔、多轴机床钻孔,比较先进的是采用数控机床钻孔。当采用划线钻孔时,由于精度较差,必须将整台换热器的管板和折流板重叠起来配钻。钻后从管板到折流板依次编上顺序号和方位标记,以便组装时按钻孔时的顺序和方位排列。这样可以保证换热管的顺利穿入。折流板应按整圆下料,待钻孔后拆开再切割或剪切成弓形。

图 6.11 所示为换热器的制造和装配的流程简图。其装配顺序如下。

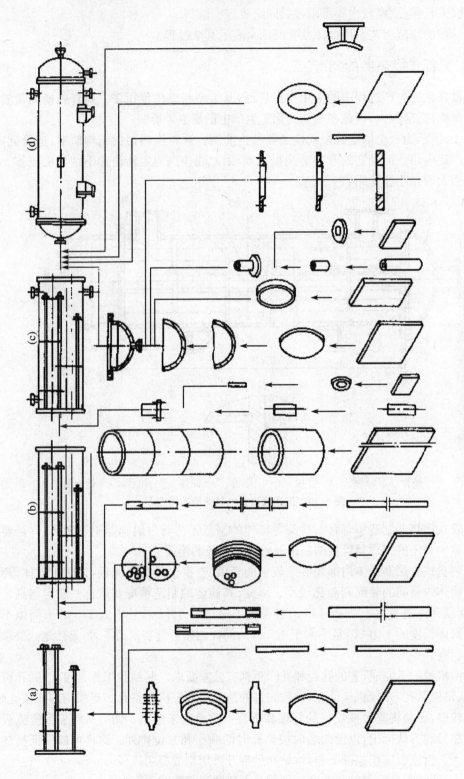

图6.11　固定管板式换热器制造流程简图

(1) 将一块管板垂直立稳作为基准零件。

(2) 将拉杆紧固在管板上。

(3) 按图将定距管和折流板穿在拉杆上,如图 6.11(a)所示。

(4) 穿入全部换热管。

(5) 套入筒体。

(6) 装入另一块管板,并将全部管子的右端引入此管板孔内,校正后将管板与筒体点焊好。

(7) 在辊轮架上焊接管板与筒体连接的环缝。

(8) 管子与管板的胀接或焊接。若采用焊接,则先点焊再将换热器竖直,使管板处于水平位置,以便于施焊。此工序完成后的情况如图 6.11(b)所示。

(9) 装接管、支座。接管可根据具体操作情况在筒体套入前定位开孔,甚至装焊在筒体上。此工序完成后的情况如图 6.11(c)、(d)所示。

(10) 壳体水压试验,目的在于检查焊(胀)管质量,筒体与管板连接的焊缝质量,筒体的纵、环焊缝质量,接管法兰及与筒体连接处的焊缝质量等。

(11)装上两端封头(管箱)部件。

(12) 管体水压试验,主要检查管板与封头连接处的密封面,封头上的接管、焊缝质量。

(13) 清理表面,然后进行油漆。

(三) 高压容器的制造工艺

高压容器广泛用于化工、炼油等工业部门,如合成氨、合成尿素、合成甲醇、聚乙烯、加氢反应器、原子能反应堆壳体、水压机的蓄势器等,而且通常都是大而壁厚的重型设备。为了构成所需壁厚,出现了各种高压容器的制造方法和结构形式。总的来说,可分为单层结构和多层结构两大类,每一类又有多种制造方法和结构形式,如表 6.2 所示。

表 6.2 高压容器制造方法和结构形式

单层容器	多层容器	单层容器	多层容器
整体锻造式	层板包扎式	铸锻焊式	型槽钢带缠绕式
单层卷焊式	热套式	电渣重熔式	绕丝式
半片筒体冲压拼焊式	绕板式	引申式	
锻焊式	扁平钢带错绕式		

当前大型高压容器的制造方法及结构形式中,以单层卷焊、多层层板包扎和热套式应用最广泛。当然其他几种制造方法和结构形式也都各有特点,下面就其中几种作简要介绍。

1. 单层卷焊式高压容器

单层卷焊式高压容器的制造与中低压容器制造基本相同,它是用厚钢板在大型卷板机上弯卷成筒节,经纵焊缝的组焊和环焊缝的坡口加工后,再将各筒节之间,筒节与封头之间的环焊缝组焊起来,便成为高压容器。

2. 层板包扎式高压容器

层板包扎式高压容器是将薄钢板(一般为 6～8 mm)弯卷成瓦状片,然后将它们逐层包扎和焊接在内筒之外,形成厚壁筒节。厚壁筒节经环焊缝坡口的加工和组对焊接,便成为高压容器筒体,如图 6.12 所示,在每次包扎一层层板时,都利用靠油压拉紧的钢绳,将所包层板扎紧,然后进行其纵缝的点焊,点焊好后将钢绳松开,取下筒节进行纵缝焊接。由于钢绳的勒紧力和焊缝的收缩力,使每一层层板都紧密贴合在所包层的表面,并产生一定的预应力。

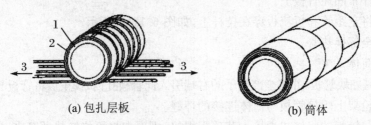

(a) 包扎层板　　　　　　　　　(b) 筒体

1—内筒　2—层板　3—钢绳拉紧

图 6.12　层板包扎式

3. 绕板式高压容器

绕板式高压容器是在一个内层筒节外面,连续绕上若干层 2~5 mm 厚,与内筒一样宽的钢板,绕完后在外面包扎一层约 10 mm 厚的瓦状片,并将瓦状片的纵缝焊接而成为一个保护罩。因此,绕板容器的筒节是由内筒、绕板层、保护罩(外筒)组成。其筒节绕制如图 6.13 所示。筒节制造好之后,经环缝坡口的加工和组焊而成为筒体。为了填补由于钢带所造成的间隙,在绕板的起端和末端都加有楔形板,如图 6.14 所示。

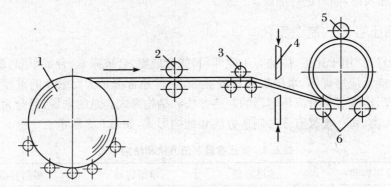

1—钢板滚筒　2—夹紧绳　3—矫正辊　4—剪板机　5—加压辊　6—驱动辊

图 6.13　绕板装置示意图

4. 电渣重熔式高压容器

电渣重熔式高压容器属单层容器,它是筒体成型的一种新技术。它是用带状焊条(板电机)在一个与电渣焊相似的熔池中,连续熔化焊接而成,如图 6.15 所示。熔焊首先在一个基

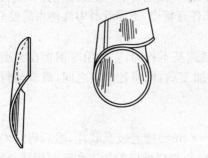

图 6.14　楔形板

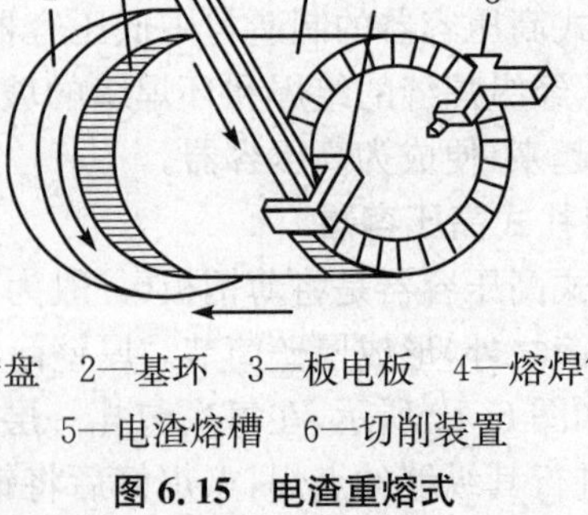

1—转盘　2—基环　3—板电板　4—熔焊筒体
5—电渣熔槽　6—切削装置

图 6.15　电渣重熔式

环上开始,基环固定在转盘上。在熔焊时,转盘带着基环既作旋转又作轴向移动,于是焊道便形成连续的螺旋形。新熔焊的金属堆焊在已凝固的金属上,而且两焊道边缘互相熔合,逐渐形成容器的筒壁。

为使熔池工作稳定,电极的熔化速度、工件的旋转速度和轴向旋转速度必须协调一致。熔敷金属从熔池出来以后是红热状态,须经冷却装置强制冷却,凝固后的金属,用切削装置进行内外圆表面的车削。一般的焊道深度(轴向宽度)为 30~50 mm,壁厚为 30~300 mm。材料可以是碳钢、普低钢、不锈钢等,都能保证容器有足够好的机械性能。

5. 扁平钢带错绕式高压容器

扁平钢带错绕式高压容器是在一个已焊好的内层筒体上,用 3~10 mm 厚,40~200 mm宽的钢带,以一定倾角(约 30°)依次作螺旋形缠绕。绕完一层以后,又以与上一层交错的倾角缠绕第二层,如图 6.16 所示。这样,逐层以一定倾角交错缠绕,直到构成所需壁厚。

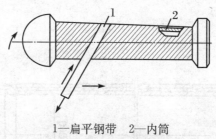

1—扁平钢带　2—内筒

图 6.16　扁平钢带错绕式

这种容器没有深的纵向和环向焊缝,不但节省了焊接工时,还可避免深焊缝产生的各种缺点。由于是交错缠绕,成为一种静定结构,并使环向和轴向受力达到等强度设计。但因倾角缠绕,造成环向强度削弱,爆破压力低于其他形式的容器。目前,这种容器用于直径 1000 mm以下。

单层容器和多层容器在制造工艺和结构上都各有特点,应用最广泛的是单层卷焊式和层板包扎式容器,都具有一定的代表性,二者比较如下。

(1)制造工艺。单层卷焊容器的制造过程简单,工序少,生产率高,生产中机械化程度高。层板包扎式的制造工艺过程繁琐,工序多,周期长。

(2)工艺装备。单层卷焊式要求有大型的卷板机,大型的加热炉和热处理设备。层板包扎式所用的层板包扎装置和卷板机等,都不是大型和复杂的装置,所以一般中、小厂也能制造这种容器。

(3)所使用的钢板及其性质。单层卷焊式需优质的厚钢板,而厚钢板(特别是超厚板)的轧制比较困难,质量不易保证,厚板的抗脆裂性能比薄板差,而且价格昂贵。层板包扎式所用层板为薄板,质量均匀而且易保证,抗脆性破坏性能好。层板包扎式还可节约贵重金属,当工作介质有腐蚀性时,内筒用耐腐蚀材料,而层板用一般钢材。

(4)安全性。层板包扎式的安全性较单层卷焊式高,因为层板不但抗脆裂性好,而且不会产生瞬时性的脆性破坏。即使个别层板存在缺陷,也不至于延展至其他层。此外,每一筒节的层板上都钻有透气孔,若内筒发生腐蚀破坏,介质由透气孔漏出也易于发现。

(5)导热体。多层容器由于层间间隙的存在,所以导热性比单层容器小得多,高温工作时,热应力大。

(6)层板包扎式没有深的纵焊缝,但它的深环焊缝难以进行热处理。

6. 热套式高压容器

热套式高压容器是按容器所需总壁厚,分成相等或大约相等的 2～5 层圆筒,用 25～50 mm 的中厚板分别卷制成筒节,并控制其过盈量在一定范围内,然后将外层筒加热,内层筒体迅速套入成为厚壁筒节。热套好的筒节经环焊缝坡口的加工和组焊以及进行消除应力热处理等,即成为高压容器筒体。

热套容器的结构很多,以年产 3×10^5 t 合成氨的合成塔壳体为例,如图 6.17 所示为其结构简图。它是一个三层热套容器,直径为 $\phi 3200$ mm,壁厚为 $3 \times 50 = 150$(mm),材料为 18MnMoNb。

主要技术特性如下。

工作压力:14.6 MN/ m^2;

工作介质:N_2、H_2、NH_3、Ar、CH_4;

设计压力:15.0 MN/m^2;

材质:18MnMoNb;

工作温度:200 ℃。

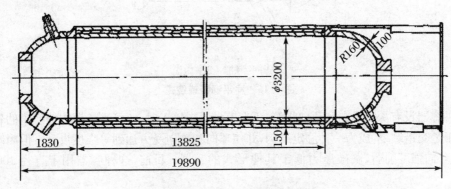

图 6.17　氨的合成塔结构简图

热套容器制造中的一个关键问题是如何保证设计所规定的过盈量和套合面之间的均匀紧密贴合,以使筒体套合应力均匀和导热性好。为此,必须要求套合面的尺寸和几何形状准确。

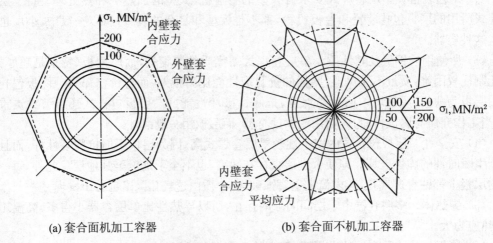

(a) 套合面机加工容器　　　　　(b) 套合面不机加工容器

如图 6.18　套合应力分布图

在当前的生产制造中,有套合面机械加工和不机械加工两种工艺路线。显然前者由于套合面经过切削加工,可以消除前面各个工序所产生的各种误差,并比较容易保证过盈量,所以其套合面贴合得好,套合应力均匀,如图 6.18(a)所示。当然套合面机加工需要大型立式车床,而且较费工时,多用于小直径超高压及不进行热处理消除预应力的容器。而一般大直径容器,趋向于不机械加工。

不机械加工的热套容器,由于套合面之间的贴合不如机械加工容器好,所以套合应力的分布也不如机械加工容器均匀,如图 6.18(b)所示。因此,必须采取各种工艺措施,保证套合面的紧密贴合。其制造工艺过程各工厂差不多,图 6.19 所示为其工序流程图。

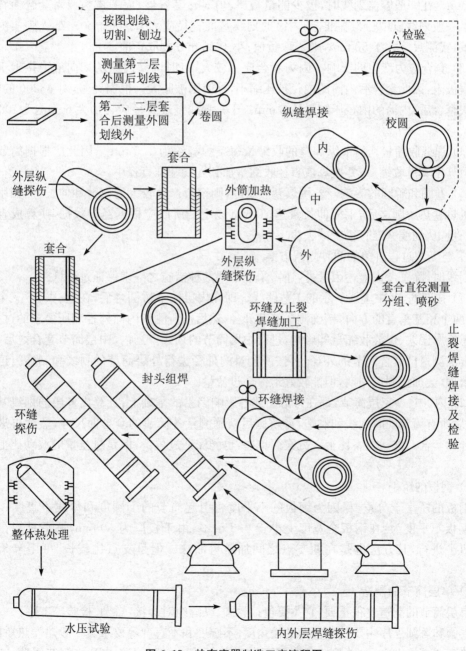

图 6.19　热套容器制造工序流程图

其主要工序及技术措施如下。

1) 钢板的测厚及划线

钢板的划线与一般的划线方法相同,要求尺寸准确和留出加工余量。但在热套容器的制造中,为了保证设计内径和套合过盈量,考虑的因素较多,下面以 $\phi3200$ 筒体的内层筒节为例来说明这些因素的影响。

(1) 内径公差。内径要求为 $\phi3200^{+6}_{0}$,其上偏差为 6 mm,下偏差为零。因此划线尺寸应适当放大,工厂经验认为以取上限为宜,即以 3206 mm 作为计算依据。

(2) 板厚测量。通常 50 mm 板厚的公差为 ±1.2 mm,某厂实测的结果为 $48\sim50.2$ mm。在一般容器划线时,极少测量板厚,但对热套容器,应考虑板厚对套合面直径的影响。一般划线以中径为基准,则内筒的划线基准直径应为 $\phi3206+50+\Delta$,Δ 为实测板厚的偏差,实测尺寸大于 50 mm,则 Δ 取负值;小于 50 mm 则取正值。

(3) 套合应力产生的影响。因为套合应力较大,有时内筒内壁的切向应力接近于材料的屈服极限,因此套合后内筒的内径被压缩小,外筒则被胀大。根据经验,对 $\phi3200$ 的容器,经两次套合后,内筒的内径压缩量达 6 mm。于是划线基准直径应再加大 6 mm,为 $\phi3212+50+\Delta$。

(4) 焊缝收缩量。筒节纵焊缝的收缩量每条焊缝约为 1.5 mm。因此应根据筒节的纵焊缝数算出其总收缩量,并换算成直径收缩量加到划线基准直径中。

(5) 卷圆和矫圆的影响。若用热卷热矫圆,则钢板产生较大的碾薄和伸长,例如用四辊卷板机热卷热矫圆之后,钢板伸长量达 20 mm 以上。所以应根据经验数据,换算成直径上的伸长量,从划线基准直径中减去。

2) 与工艺过程有关的两种划线方案

划线时,除了考虑上述因素外,还需采取下列两种措施之一来保证过盈量。

(1) 按图 6.18 中虚线所示的工艺路线。即在内层筒节矫圆之后,在上、中、下三个断面上,取两个相互垂直的方向,精确测量筒节外径,然后按所测量内筒外径和所要求的过盈量,并考虑板厚误差、焊缝收缩量等影响,进行中层筒节的划线。当内、中层筒节套合之后,用同样的方法测量已套合筒节的外径,再按所测量的外径进行外层筒节的划线和制造。这种方案较繁琐,会加长制造周期,但能较好地保证过盈量。

(2) 内、中、外三层筒节,都在考虑上述各影响因素的基础上,计算出各层的划线基准直径,然后所有筒节同时划线和制造,待矫圆后精确测量各筒节的套合面尺寸,然后再进行选择配合和套合。这一方案比上一方案简单些,也能保证过盈量,但是过盈量的波动比上一方案大。

3) 钢板的矫平

钢板的矫平十分重要,因为钢板的不平度将引起筒节的不圆度和母线不直度。通常要求钢板不平度为:在钢板全宽度上小于 0.5 mm。由于板厚为 50 mm,矫平只能在大型水压机上进行,其方法也是在两支点之间加压弯曲法。但是支点比较长,可用窄条钢板做成。

4) 单层筒节的制造

单层筒节的制造也很重要,它主要包括卷圆、纵缝组对焊接、矫圆、检验等工序。

卷圆和矫圆工序主要控制筒节的棱角度、不圆度和不直度等要求。一般热卷热矫圆(工件加热至 950 ℃左右)对消除棱角度和不直度有利,但会产生氧化皮和将筒节碾薄、圆周碾长,所以若卷板机能力足够,以冷卷为好。采用中温(约 550 ℃)卷圆和矫圆,也是较好的措施。这一温度区域避开了一般钢材的冷脆区和热脆区,在钢材的再结晶温度以上,塑性较好,氧化也小。根据工厂经验,采用冷卷中温矫圆,不但矫圆效果好,而且筒节周长变化很微小。

筒节矫圆以后,其几何形状基本定型,因此矫圆是一道重要工序。经矫圆和磨削后的筒节应满足以下要求。

(1) 棱角度 E 应符合表 6.3 的规定。棱角度用弦长等于 1/6 设计内径,且不小于 300 mm 的圆弧样板进行检查。

表 6.3　筒节棱角度允许值

棱角 E	$E \geqslant 1.5$	$1.5 > E > 1.25$	$1.25 > E \geqslant 1$	$1 > E > 0.75$	$0.75 > E \geqslant 0.5$
棱角 E 的弧 套合面圆周长 %	0	3	4	5	6

棱角度对套合面之间的紧密贴合影响最大,它主要出现在焊缝处,是由于小段直边和对口错边量的存在,焊缝收缩变形,卷圆时焊缝强度高于其他部位等因素引起。在套合时,棱角度不会因套合应力的作用而消除,因而形成层间间隙。在工艺上,除了采取两次预弯直边、尽量减小错边量,仔细矫圆等措施外,纵焊缝应进行机械加工或磨锉,使纵焊缝的圆弧曲率与筒身一致。这一操作也很重要,因为磨锉消除了错边、小段的平直部分、棱角、焊缝加强高、咬边等圆面的不连续部分。这些部分都是造成局部应力集中、产生疲劳裂纹和附加弯曲应力的根源。实验表明,经过磨锉的热套容器,其疲劳强度比保留焊缝加强高的容器提高了2.1~2.5 倍。此外,磨锉还可消除焊缝表层存在的裂纹,以及便于磁粉探伤。

(2) 筒节不圆度不能太大。套合时,筒节的不圆度在套合应力作用下会向正圆方面调整,一般不会引起层间间隙。因此,套合后套合筒节的不圆度,比单层筒节小。但是,不圆度太大会使套合应力不均匀,甚至由于不圆度在套合中引起的附加弯曲应力过大出现反常的应力状态,即内筒内壁应为压缩应力,但因不圆度过大,在该点出现拉伸应力。

此外,不圆度过大还会使套合时的间隙不均匀,影响套合操作,甚至无法套合。因此对每一筒节,在上、中、下三个断面上测量,同一断面上的最大最小直径差,应不大于0.5%的设计直径。

(3) 单层筒节的平直度。平直度用长度不小于筒节长度的直尺检查,将直尺沿轴线靠在筒身上,测量其间隙不得大于 1.5 mm。

5) 套合

套合通常是从内向外,即先内层和中层筒节套合后,再和外层筒节套合。套合时应注意以下几点。

(1) 套合操作应靠筒节自重自由套入,不允许强力压入。

(2) 套合前应根据套合面各方位的直径,考虑套合间隙均匀定出两筒节相互套合方位。并使各层筒节的纵缝错开,错开角度不小于 30°。

(3) 确定加热温度。外筒加热温度高,膨胀大,利于套合的顺利进行。但套合温度应不影响材料的机械性能,特别是调质钢和正火钢材,加热温度应低于回火温度。一般情况可比其最后热处理温度低 20~25 ℃。在上述前提下,外筒加热温度可按下式进行估算。

$$t \geqslant [(D_1 + \Delta_1 + \Delta_2 - D_2)/D_2\alpha] + t_0 \tag{6.1}$$

式中,t ——外筒加热温度;

D_1 ——内筒外径;

D_2 ——外筒内径;

α ——钢材线膨胀系数;

Δ_1 ——直径过盈量;

Δ_2 ——最小套合间隙,根据各厂条件而定。

通常加热温度约为 500~600 ℃。

(4) 层间间隙检查。套合后两层间的间隙(即套合面间的间隙),是在筒节端部用塞尺检查。间隙的存在会造成容器在使用过程中应力不均,使壳体某些部位处于高应力状态下运行,降低了容器疲劳强度,影响使用寿命。

当间隙的径向尺寸较小时,随着工作压力的逐渐升高,内层筒体膨胀变形,层间间隙逐渐减小以致消失,引起筒体应力状态的重新分布,即整个筒体在高压下的应力状态接近单层容器的应力状态。但当间隙的径向尺寸较大或间隙面积较大时,就会造成应力不均匀状态。因此为保证设备质量,间隙的径向尺寸必须小于 1.5 mm,单个间隙的最大面积,不得大于 0.4% 的套合面积。当间隙的径向尺寸小于 0.2 mm 时,它的应力状态与单层容器相当,可以不计。

此外,筒节中部存在的间隙,当前还无法检查,所以只有靠采取工艺措施来避免。例如筒节不直度必须小于 1.5 mm,棱角度 E 必须小于 1.5 mm 等要求,也就是对最大间隙的限制。

(5) 外筒加热。外筒加热速度约为每小时 100 ℃,升温至 500~540 ℃ 之后,均热保温 50 min,出炉后迅速套合。为防止冷却,可采用一个随工件一起加热的保温套,或直接在炉车上套合,还可将筒节置于地炉(井式炉)内加热,套合操作也在炉内进行。

6) 环缝组焊

筒体的环焊缝属于深槽焊缝,均为 U 形焊缝,如图 6.20 所示。筒节套合好之后,按图车削出焊接坡口。由于容器是多层结构,在层间间隙处,焊接时可能产生夹渣、未熔合等缺陷,而且焊接后焊缝冷却收缩,层间间隙有扩大的倾向。因此当容器使用温度很高或很低时(例如大于 450 ℃ 或小于 -40 ℃),或工作压力经常波动时,须采用止裂焊缝,如图 6.21 所示。

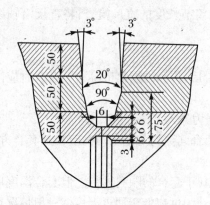

图 6.20 环焊缝结构

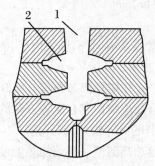

1—环焊缝 2—止裂焊缝

图 6.21 止裂焊缝

环焊缝的焊接一般采用自动焊,用手工打底,也可采用窄间隙气体保护焊(如氩弧焊)。

焊接时必须预热,并保持预热温度直至焊接结束。

焊接不允许在层间以下距层间 3 mm 范围内停焊,靠近层间的焊道,应使层间上下 2~3 mm 的母材熔合好,如图 6.22所示。如有止裂焊缝,则应先焊止裂焊缝,一般用手工焊,也可用自动焊,用焊接变位装置使之处于平焊位置进行焊接。焊后进行磨光,并经着色或磁粉探伤,合格后才进行环缝的组焊。

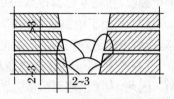

图 6.22　环焊缝焊道要求

环焊缝焊接完后,筒体内表面的焊缝须经过磨锉加工,不允许保留错边量、焊缝加强高和咬边,并使环焊缝与筒体内表面圆滑过渡。

环缝的组对和焊接还应保证筒体的直线度。筒体不直度的测量应沿其外围表面 0°、90°、180°、270°四个方位进行,在同一方位所测量的结果,应符合 GB 150 的规定。

7) 检验

热套容器制造过程中。除尺寸和几何形状的检查外,检验项目还很多,与筒体制造有关的检验项目如下。

(1) 钢板探伤。筒体所用钢板需经超声波探伤,结果应符合 JB 4730 中的有关规定。

(2) 焊缝探伤。筒体环焊缝焊接后及水压试验后,需经 100% 射线探伤,结果应符合 JB 4730中的有关规定。

所有单层筒节的纵焊缝焊接后,需经 100% 的射线探伤。中层及外层筒节的纵焊缝在套合后,还需经过 100% 射线探伤。

内层筒节及最外层筒节的纵焊缝在水压试验后,还需经 100% 的射线探伤。

所有单层筒节纵焊缝的内、外表面及筒体环焊缝的内、外表面,在磨锉后需作着色或磁粉探伤。环焊缝的内表面及内层筒纵焊缝的内表面,在水压试验后还要作着色或磁扮探伤,结果应符合 JB 4730 中的有关规定。

必须指出,在一般情况下,所有纵、环焊缝的着色、磁粉探伤及射线或超声波探伤,只需在焊接后进行一次即可。上述焊缝探伤项目根据设计图纸和工厂经验,为确保设备质量而提出来的。因为在水压试验后,热套容器的内层筒可能发生较大的弹性变形,某些局部地方还会产生塑性变形,使原来允许存在的缺陷可能扩大超过允许值,也有可能产生新的缺陷。因此水压试验后,内、外层筒体的纵、环焊缝还要作射线或超声波探伤,筒体内表面的纵、环焊缝还需作着色或磁粉探伤。

此外套合以后,外层套合筒节将产生膨胀变形,也有可能发生缺陷的扩展,因此每次套合后的外筒纵缝,也需再进行探伤。

(3) 机械性能试验。每台产品应在任意一筒节的纵焊缝延长部位焊上一组焊接试板,以作为焊接接头的机械性能试验。调质处理的筒体和封头,则应附一块母材热处理试板,其处理工艺与被检查工件一致,作为检查工件热处理后的机械性能试板。

(4) 制造完工的容器,按图样要求进行耐压试验,如水压试验及气密性试验等。

8) 热处理

热处理的目的主要是消除焊接应力和套合应力。比较好的情况是整个过程只需两次加热,即消除纵焊缝焊接应力兼套合加热;消除环焊缝焊接应力兼消除套合应力最终热处理。

由于材料和条件不同,加热次数也不同。例如在 $\phi3200$ 合成塔的制造过程中,共进行了 5 次加热。这是因为:

（1）18MnMoNb 钢板的缺口敏感性高，经火焰切割后切口有淬硬倾向，为了防止预弯时产生裂纹，在切割后钢板经 580 ℃保温 1 h 的软化退火。

（2）采用了中温矫圆兼消除筒节纵焊缝焊接应力热处理，这主要是由于卷板机能力不够，冷矫不能消除棱角度等缺陷。

（3）焊接环缝时有焊缝收缩应力，如果套合应力不预先消除，则焊缝中的应力比较复杂。因此，为了慎重而采取先消除套合应力后焊环焊缝。

经过这样 5 次加热，可使钢材的强度极限和屈服极限降低很多。

7. 球罐制造工艺

球罐是一种新型结构的压力容器，与相同容积的其他形式的压力容器相比，具有用料省，占地面积小，成本低等优点。

球罐主要由球体、支柱、平台、扶梯、喷淋装置等组成，图 6.23 所示为球罐结构图。球罐制造质量的好坏，主要取决于球瓣的制造精度、安装质量和焊接质量等几个方面。

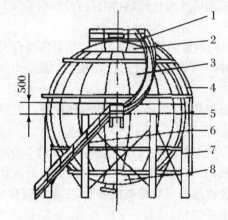

1—顶部平台　2—上极顶　3—上温带　4—喷淋管
5—下温带　6—扶梯　7—柱脚　8—下极顶

图 6.23　球罐结构简图

球体是由压成弧形球面的许多瓣片（球瓣）装配拼焊而成的。随着球罐的容量增大，组成一个完整的球体，往往需要数十瓣至数百瓣之多的球瓣。对于单个球体来说，应尽可能地减少分瓣的数量，即球瓣制得大些比较有利，瓣片越大则同一球罐上的瓣片数量越少，就能减少制造、安装、焊接、焊缝检验等的工作量，同时也减少了工装夹具的配备，且球体的成型质量越有保证。

球罐制造在装配时所采用的方法很多，有半球组装法、分段组装法和分瓣组装法等。下面就几种常用的方法进行介绍。

1）半球组装法

在车间或现场预制成两个半球，然后吊装成整球的安装方法。这种方法具有高空作业少，操作条件好，制造速度快，易达到组装工艺要求，质量好，但在两个半球合拢时，需较大的起重设备。因此适用于直径小于 10 m 的中、小型球瓣的组装。其装配工艺按如下程序进行。

（1）温带预装。首先是组装平台及组装胎架，在平台上设上、下温带预装胎架各一座，胎架用一圈板（上口内靠模）厚度为 20 mm 和由工字钢制成的 8 根支柱所组成，柱顶与圈板之间用螺钉连接，必要时可作调整。在平台上应标有温带下口圆口线及等分界线，在等分界线瓣片外侧各焊上吊耳一副,装配时可用背骨式夹具,如图 6.24 所示。

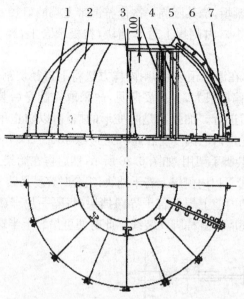

1—平台钢板　2—温带板　3—挡铁　4—胎架
5—背骨式夹具　6—楔铁　7—吊耳
图 6.24　温带的预装

　　瓣片按试装的编号顺序逐个地吊入胎架上,调整瓣片纵向对接缝的错边及拼装间隙,使用背骨式夹具将夹具钩在瓣片的上口,其下端与平台吊耳销牢,在夹具的两侧打入楔铁进行调整。确认符合温带组装技术要求后,便可分别点焊,再定位焊。

　　(2) 极顶预装。上下两极顶由 3 块球瓣组成,组装时,分别将球瓣置于胎架上,用羊角卡马连接夹住,调整拼装间隙和错边,保证弧度,符合组装工艺要求后进行点焊加固。为防止焊接产生的角变形,在其边缘焊上两道防变形弧板,如图 6.25 所示。

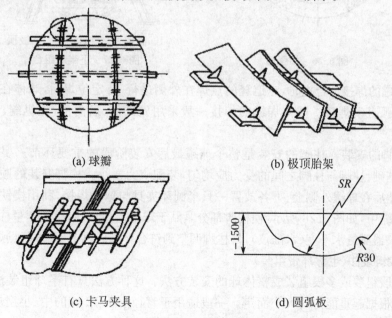

(a) 球瓣　　　　　　　　　(b) 极顶胎架

(c) 卡马夹具　　　　　　　(d) 圆弧板

图 6.25　极顶组装

(3) 组装成上半球。温带预装后,利用胎架加装一根定心把杆,将半自动切割机安装在胎架的圈板上,采用双焰割炬,绕其圆周一次修整温带上端的口径,形成焊接坡口,坡口用砂轮修磨光洁,然后在温带小口内侧焊上若干挡块,将极顶合上,经检测符合要求后,再定位点焊。

(4) 组装成下半球。在温带预装后,用同样方法将上口径切割修磨再进行翻身,这是因为组成下半球后,翻身时偏重很大,为稳妥起见,故采取先翻身后装极顶的方法。下温带的翻身应在用加强箍加固后进行。加强箍是防变形的措施,以防止吊装或工件翻身时产生的变形,保证上、下半球合拢接口的圆度。在距赤道边缘 400~500 mm 处,用外加强箍加固同时,亦可作为起吊吊耳和装脚手架用,如图 6.26 所示,然后再在胎架上吊装下极顶。下温带与极顶的组合,可先在下温带下口内侧焊上若干挡块,组合时容易吊装下极顶,如图 6.27 所示。

再在下半球大口径的内壁上焊上若干导向挡块(每隔一块球瓣焊一块),便于上半球放下时就位。在下半球上还应标有柱脚安装线。此时便可吊装上半球进行大合拢。

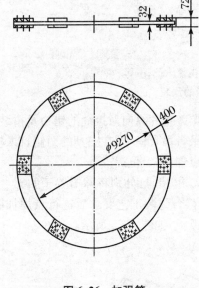

图 6.26 加强箍

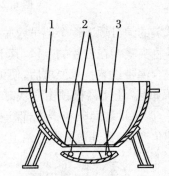

1—温带 2—挡板 3—下极顶

图 6.27 下半球组合

(5) 球罐的焊接。合拢时,赤道缝的点焊在外侧进行,待定位焊后,球体在回转胎架上便可进行埋弧自动焊接。球体焊缝的焊接一般采用先外侧、后内侧,先纵缝,后横焊缝的顺序。

(6) 柱脚的安装。柱脚的安装是整个球罐最后安装阶段的重要环节。要求柱脚与球体、柱脚与基础、柱脚与柱脚之间的受力应均匀,装配应力要小。柱脚安装的顺序是先吊装柱脚钢管,然后在球罐外侧上、下各放置一只半圆环夹具与球壁焊接,利用楔铁打入管壁与半圆环之隙缝中,如图 6.28 所示,使柱脚部分紧贴于球壁上,同时用线锤测量柱脚钢管之垂直度,并用仪器测量水平度(水准仪),将柱脚调整到符合要求后再上、下进行点焊固定。

2) 分段组装法(也称环带组装)

有分三段组装或多段组装成整体球的安装方法。这种方法具有半球组装法的优点,分段的数量可根据起重能力的大小而定。一般适用于直径小于 12 m 的中、小型规格的球罐,因吊装时环带直径过大,显得刚度不够,会发生变形的可能。

安装顺序基本上与半球组装相同,环带一般有赤道带、上温带、下温带、上极顶、下极顶组成。先将上、下极顶与上、下温带分别进行组合成段,并用加强板固定,符合工艺要求后进行焊接,然后将下段吊入基础中央的圈环架上,调整接口的水平度,同时安装 5 根柱脚,用水平仪调整注脚的垂直度,符合要求后拧紧地脚螺栓。再将赤道带(即中段)吊入就位,并保证赤道带端口的水平度,然后再装上其余5 根柱脚,调整垂直度后,才进行柱脚与赤道带的组合焊接。再起吊下段与赤道下端口合拢,借助预先装在赤道带端口内侧的若干导向板作为定位靠模,起吊时平稳、缓慢,待环缝间隙符合要求后用卡马连接固定。再将上段起吊与赤道带上口合拢,然后进行赤道上、下两道环缝的内外焊接。分段组装方法的流程简图如图6.29所示。

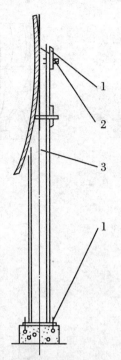

1—楔铁　2—半圆环
3—柱脚钢管　4—底板

图 6.28　柱脚安装

3) 分瓣组装法

分瓣组装是将瓣片单瓣或多瓣直接吊装成整球的安装方法。它的最大特点是不需要很大起重能力的设备,大多适用于大型球罐的组装。分瓣组装法按装配顺序,可分为下寒带为基准和赤道带为基准两种,而以赤道带为基准的安装方法最普遍。其安装顺序是先安装好赤道带,以中间向两端发展。特点是由于赤道带先安装,其重力直接由柱脚来支承,使球体利于定位,稳定性好,不需要组装平台,辅助材料消耗也较少。分瓣组装法以赤道为基准的装配流程简图,如图 6.30 所示。

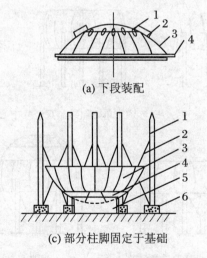

(a) 下段装配

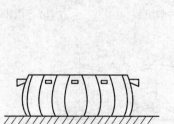

(b) 下段放在基础中央

(c) 部分柱脚固定于基础

(d) 赤道带中段

(a) 1—极顶　2—加强板　3—温带　4—加强箍
(c) 1—柱脚　2—拉杆　3—下温带　4—下极顶　5—圈板架　6—基础

图 6.29　分段组装流程简图

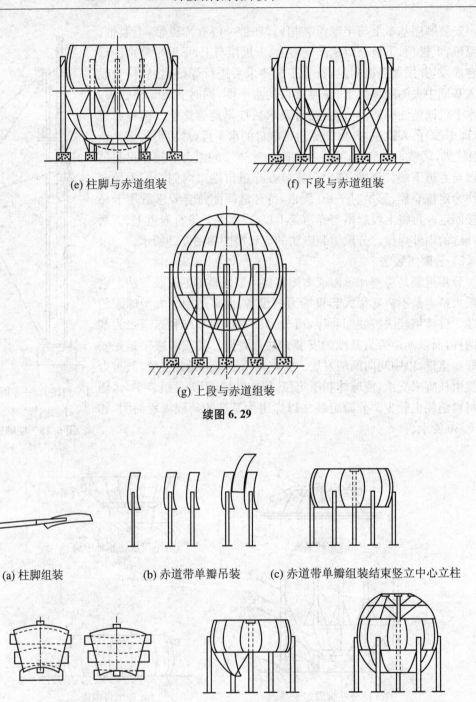

(e) 柱脚与赤道组装　　　　　(f) 下段与赤道组装

(g) 上段与赤道组装

续图 6.29

(a) 柱脚组装　　(b) 赤道带单瓣吊装　　(c) 赤道带单瓣组装结束竖立中心立柱

(d) 温带球瓣双拼　　(e) 下温带吊装　　(f) 上温带吊装

图 6.30　分瓣组装流程简图

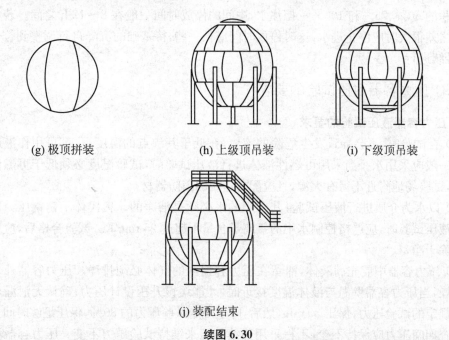

(g) 极顶拼装　　　　　　(h) 上级顶吊装　　　　　(i) 下级顶吊装

(j) 装配结束

续图 6.30

将支柱与赤道瓣在地面上用专用胎架先拼装成柱脚,然后按球罐圆周等分在地基上竖立起柱脚,用水平仪调整好垂直度与水平度,再吊装其余的赤道带单瓣,待整个赤道带吊装结束后,再竖定中心立柱,在中心立柱上安装数个手拉葫芦,供吊装温带球瓣时,用来调整相互间的位置。由于温带球瓣采用双拼吊装,装配温带球瓣时,应按赤道带圆周对称地吊装,以防止赤道带受力不均而引起的变形,其顺序是先装下温带,后装上温带,再装上极顶,后装下极顶。

球罐的焊接与一般焊接要求不同。其特点是全位置焊接,球壁厚度大于 30 mm 时,需在预热条件下长时间地连续焊接,劳动条件差,强度大,而焊接质量又要求高,每条焊缝均需做 100% 的探伤检验。所以球罐的焊接工序十分重要,对焊工需进行严格的培训,经考核合格且有各项合格证者方允许上岗进行施焊。并且,在焊接过程中,对焊接材料的要求也很严格。为提高焊接质量,焊前必须做好焊条的烘干、坡口的修磨,同时可用碳弧气刨清除未焊透、夹渣及焊根等缺陷,然后用砂轮机修磨,去除碳刨时的硬化层,并对焊缝坡口修磨光滑,最后用着色探伤表面有无细微裂纹,合格后才允许正式焊接。焊接时必须严格遵守焊接工艺所做的各项要求。

4) 球罐的压力试验

压力试验是检验球罐安装和焊接质量的关键工序。球罐的压力试验一般采用水压试验。在试验前应对全部焊缝和钢板表面质量再次进行仔细的检查,发现有不符合要求的咬边、凹坑、表面气孔均要打磨修光。对拆除球罐本体上的装配工具、吊耳和加强板等附属物后,留下的痕迹应打磨与母材齐平,并做着色探伤或磁粉探伤。合格后再清除罐内杂物,关闭上人孔及球罐的管接头。水压试验的用水,应采用经离子交换后的水源,尽量避免用含有氯离子的水源。

水压试验时球罐注满水后重量陡增。为防止基础的下沉,使其沉降缓慢和稳定,应按比例进水,并放置一定时间,同时需做基础的沉降测定,观察其沉降情况。进水量的比例可按球罐容积的 50%、75%和 100%三挡注水,中间的停放时间一般在 8～12 h 之间。若相邻基础沉降之差很大时应停止进水,这时停放时间应长一些,待基础的沉降自行调整到符合要求时,再继续进行。

(四) 压力容器耐压试验的要求

1. 压力容器液压试验的要求

(1) 在试验时,不会导致发生危险的液体,在低于其沸点的温度下,都可用作液压试验介质。一般应采用水。当采用可燃性液体进行液压试验时,试验温度必须低于可燃性液体的闪点,试验场地附近不得有火源,且应配备适用的消防器材。

(2) 以水为介质进行液压试验,其所用的水必须是洁净的。奥氏体不锈钢压力容器用水进行液压试验时,应严格控制水中的氯离子含量不超过 25 mg/L。试验合格后,应立即将水渍去除干净。

(3) 压力容器中应充满液体,滞留在压力容器内的气体必须排净。压力容器外表面应保持干燥,当压力容器壁温与液体温度接近时,才能缓慢升压设计压力;确认无泄漏后继续升压到规定的试验压力,保压 30 min,然后,降至规定试验压力的 80%,保压足够时间进行检查。检查期间压力应保持不变,不得采用连续加压来维持试验压力不变。压力容器液压试验过程中不得带压紧面螺栓或向受压元件施加外力。

(4) 碳素钢、16MnR 和正火 15MnVR 制压力容器在液压试验时,液体温度不得低于5 ℃;其他低合金钢制压力容器,液体温度不得低于 15 ℃;如果由于板厚等因素造成材料无延性转变温度升高,则需相应提高液体温度。其他材料制压力容器液压试验温度按设计图样规定。铁素体钢制低温压力容器在液压试验时,液体温度应高于壳体材料和焊接接头,两者相比冲击试验的规定温度的高值再加 20 ℃。

(5) 新制造的压力容器液压试验完毕后,应用压缩空气将其内部吹干。

(6) 液压试验后的压力容器,符合下列条件为合格。

① 无渗漏。

② 无可见的变形。

③ 试验过程中无异常的响声。

④ 对抗拉强度规定值下限大于等于 540 MPa 的材料,表面经无损检测抽查未发现任何裂纹。

2. 压力容器气压试验的要求

(1) 由于结构或支承原因,不能向压力容器内充灌液体,以及运行条件不允许残留试验液体的压力容器,可按设计图样规定采用气压试验。

(2) 试验所用气体应为干燥洁净的空气、氮气或其他惰性气体。

(3) 碳素钢和低合金钢制压力容器的试验用气体温度不得低于 15 ℃。其他材料制压力容器,其试验用气体温度应符合设计图样规定。

(4) 气压试验时,试验单位的安全部门应进行现场监督。

(5) 应先缓慢升压至规定试验压力的 10%,保压 5～10 min,并对所有焊缝和连接部位进行初次检查。如无泄漏可继续升压到规定试验压力的 50%。如无异常现象,其后按规定试验压力的 10%逐级升压,直到试验压力,保压 30 min。然后降到规定试验压力的 87%,保压足够时间进行检查,检查期间压力应保持不变。不得采用连续加压来维持试验压力不变。气压试验过程中严禁带压紧固螺栓。

(6) 气压试验过程中,压力容器无异常响声,经肥皂液或其他检漏液检查无漏气,无可见的变形即为合格。

3. 压力容器气密性试验要求

(1) 介质毒性程度为极度、高度危害或设计上不允许有微量泄漏的压力容器,必须进行气密性试验。

(2) 气密性试验应在液压合格后进行。对设计图样要求做气压试验的容器,是否需再做气密性试验,应在设计图样上规定。

(3) 碳素钢和低合金钢制压力容器,其试验用气体的温度不低于5 ℃,其他材料制压力容器按设计图样规定。

(4) 压力容器进行气密性试验时,一般应将安全附件装配齐全。如需投用前在现场装配安全附件,应在压力容器质量证明书的气密性试验报告中注明装配安全附件后需再次进行现场气密性试验。

(5) 气密性试验所用气体,应为干燥洁净的空气、氮气或其他惰性气体。

(6) 经检查无泄漏,保压不少于30 min即为合格。

4. 有色金属制压力容器的耐压试验和气密性试验要求

有色金属制压力容器的耐压试验和气密性试验应符合相应标准规定或设计图样的要求。

5. 压力试验过程中的压力表选用要求

(1) 选用的压力表,必须与压力容器内的介质相适应。

(2) 低压容器使用的压力表精度不应低于2.5级;中压及高压容器使用的压力表精度不应低于1.5级。

(3) 压力表盘刻度极限值应为最高工作压力的1.5～3.0倍,表盘直径不应小于100 mm。

(4) 所选用的压力表,其校验和维护应符合国家计量部门的有关规定。压力表安装前应进行校验,在刻度盘上应划出指示最高工作压力的红线,注明下次校验日期。压力表校验后应加铅封。

6. 压力表更换条件

压力表有下列情况之一时,应停止使用并更换。

(1) 有限止钉的压力表,在无压力时,指针不能回到限止钉处;无限止钉的压力表,在无压力时,指针距零位的数值超过压力表的允许误差。

(2) 表盘封面玻璃破裂或表盘刻度模糊不清。

(3) 封印损坏或超过校验有效期限。

(4) 表内弹簧管泄漏或压力表指针松动。

(5) 指针断裂或外壳腐蚀严重。

(6) 其他影响压力表准确指示的缺陷。

任务二　化工设备的质量检验

质量检验是为了保证产品达到设计要求和使用性能（如密封件的连接，产品的结构强度，构件的精度），保证制造过程对产品的使用安全。

产品的检验，按工艺程序可分为施工前的检验、中间检验和最终检验。

施工前的检验，一般是对原材料进行的化学成分、机械性能等方面的检验。中间检验和最终检验，一般是焊接缺陷的检验、产品结构的检验和最终压力试验等。

一、原材料的检验

重要产品，特别是压力容器，对入厂的原材料，必须有材料生产单位按相应标准的规定向用户提供的质量证明书（原件），并且在材料上的明显部位有清晰、牢固的钢印标志或其他标志，至少包括材料制造标准代号、材料牌号及规格、炉（批）号、国家安全监察机构认可标志，材料生产单位名称及检验印标志。材料质量证明书的内容必须齐全、清晰，并加盖材料生产单位质量检验章。使用厂应按炉批号作一定的数量抽查复核，并按《压力容器安全技术监察规程》中规定，对压力容器的主要受压元件，对其用材进行复验。复验内容至少包括：逐张检查钢板表面质量和材料标志，按炉检验钢板的化学成分，按批复验钢板的力学性能、冷弯性能；当钢厂未提供钢板超声检测保证书时，应按《压力容器安全技术监察规程》中第 14 条的要求进行超声检测复验。

（一）钢板的复验范围

用于制造第三类压力容器的钢板必须复验。

用于制造第一、第二类压力容器的钢板，有下列情况之一的应复验。

（1）设计图样要求复验的。

（2）用户要求复验的。

（3）制造单位不能确定材料真实性或对材料的性能和化学成分有怀疑的。

（4）钢材质量证明书注明复印件无效或不等效的。

用于制造第三类压力容器的锻件复验要求按《压力容器安全技术监察规程》中第 25 条规定执行。

（二）原材料机械性能检验的取样

常规的原材料机械性能试验项目，有抗拉强度试验、弯曲试验和冲击试验等。各项试验方法在有关标准中，均有介绍，这里仅对与制造设备时有关试样的制取作一介绍。

材料经过热加工和焊接后，其最终温度与原始值有所不同，代表产品材料的温度性能应以终端温度性能为准。对于不经过热加工的工件（如不经热处理或热卷），其焊接试样可代替母材试样。

（1）用钢板作为机械性能检验的试样时，可在钢板轧制方向的横、纵向上分别截取。但钢板轧制的横向试样的机械性能、强度总是低于纵向试样的机械性能。因此一般在钢板上仅截取横向试样作代表。

（2）锻件法兰的机械性能试样，可在法兰厚度的切线方向上截取。如无余量的毛坯法兰的试样，可在法兰的孔芯中截取。

（3）锻件管板的机械性能试样，大多在管板厚度的边缘切向上截取。有些锻件的管板，当需要在管板上割取环形圆时，则应注意割取的环形圈的宽度必须大于试样的要求。

（三）焊接接头机械性能检验的试样

1. 需要设置焊接试板的产品规定

（1）移动式压力容器（批量生产的除外）。

（2）设计压力大于等于 10 MPa 的压力容器。

（3）现场组焊的球形储罐。

（4）使用有色金属制造的中、高压容器或使用 σ_b 大于等于 540 MPa 的高强钢制造的压力容器。

（5）异种钢（不同组别）焊接的压力容器。

（6）设计图样上或用户要求按台制作产品焊接试板的压力容器。

（7）GB 150 中规定应每台制作产品焊接试板的压力容器。

2. 试样板的规格

当试板厚度 $\delta_s < 20$ mm 时，$L = 650$ mm；当 $\delta_s \geqslant 20$ mm 时，$L = 500$ mm，具体试样板如图 6.31 所示。

图 6.31 试样板的规格

3. 制备产品焊接接头试样的要求

（1）产品焊接试板的材料、焊接和热处理工艺，应在其所代表的受压元件焊接接头的焊接工艺评定合格范围内。

（2）产品焊接试板应由焊接产品的焊工焊接，并于焊接后打上焊工和检验员代号钢印。

（3）圆筒形压力容器的纵向焊接接头的产品焊接试板，应作为筒节纵向焊接接头的延长部分（电渣焊除外），采用与施焊压力容器相同的条件和焊接工艺连续焊接。

（4）凡需经热处理以达到恢复材料力学性能和弯曲性能或耐腐蚀性能要求的压力容器，其试板应随产品同炉进行热处理。

（5）产品焊接试板经外观检查和射线（或超声）检测，如不合格允许返修。如不返修，可避开缺陷部位截取试样。

4. 焊接接头机械性能试样的截取

（1）试样应在经无损检验合格的焊接试板上截取，并要求此焊缝位于试样的中段。试样的长度方向还应与焊缝垂直。试样的截取如图 6.1 所示。

（2）试板两端舍去部分长度随焊接方法和板厚而异，一般手工电焊不小于 30 mm；自动焊和电渣焊不小于 40 mm。如有引弧板和引出板时，也可以少舍弃或不舍弃。

（3）试样的截取一般采用机械切割法，也可用等离子或其他火焰切割的方法，但应去除热影响区。

（4）根据不同试验项目的要求，对试样进行加工，打上钢印或其他永久性的标志。

（5）对焊接管子的拉伸试样，焊管外径大于或小于 30 mm 时，可截取整根管子为拉伸试样；对于外径大于 300 mm 时，可切取纵向板形试样，即在管子轴的对称方向上，分别截取两个试样作同一检验项目，当需作弯曲试样时，在管子轴的对称方向所截取的两个试样中，其一作背弯试样，另一个则作面弯试样。

（四）其他性能检验

1. 金相检验

金相检验主要是检验高温、高压容器和管子的焊缝质量，这种检验有两种方法。

第一种方法是宏观组织检验。将焊接试板用机械加工的方法截取截面，再用金相砂纸由粗到细的顺序磨光。后用适当的浸蚀剂浸蚀，使焊缝金属和热影响区有一个清晰的界限，观察焊缝中是否有裂纹、疏松、未焊透、气孔和夹渣。

第二种方法是微观组织检验。将磨光后的试板放在 1000～1500 倍的显微镜下，观察焊缝或母材的各种缺陷和组织状态。

2. 晶间腐蚀倾向试验

有抗腐蚀要求的不锈钢及其复合材料，应作晶间腐蚀倾向试验，以测试其抗酸、碱腐蚀的性能，保证容器的使用寿命。

要求做晶间腐蚀倾向试验的奥氏体不锈钢压力容器，可从产品焊接试板上切取检查试样，试样数量应不少于 2 个。试样的形式、尺寸、加工和试验方法，应按 GB 4334《不锈钢耐酸钢晶间腐蚀倾向试验方法》进行。试验结果评定，按产品技术条件或设计图样的要求。

（五）各项检验的目的

（1）抗拉强度试验的目的是检查焊缝或原材料的强度极限 σ_b、屈服极限 σ_s，延伸率 $\delta5$ 是否符合要求。

（2）弯曲试验的目的是将试件弯曲到规定的角度。观察弯曲部位产生裂纹的情况，并以此鉴定焊缝承受弯曲的能力。

（3）压扁试验，对于管子的焊接接头，通常用压扁试验代替弯曲试验。压扁试验的目的与弯曲试验相同，它是将管子压扁至外壁间的距离为规定的 H 值时，对焊缝进行检查，观察裂纹的尺寸和位置。一般认为沿焊缝出现的裂纹长度不超过 3 mm、宽度不超过 0.5 mm 为合格。

（4）冲击试验是检查金属及焊缝的冲击值 α_K，它是衡量材料韧性的指标。冲击韧性是材料的一个重要性质，它表示材料受外载荷突然冲击时，能迅速产生塑性变形的能力。

（5）金相检验的目的是检查金属的金相组织及其内部显微缺陷。

二、无损探伤

无损探伤是检验材料和机械产品中内在缺陷的各种非损坏性方法的统称。是一种不损坏被检验产品而能了解其内在和表面质量的一种物理方法。最常用的无损探伤方法有射线探伤、超声探伤、磁粉探伤、渗透探伤和涡流检测等。

（一）射线探伤

射线探伤可分 X 射线、γ 射线、高能 X 射线探伤。它们的基本原理相同，只是射线源不同。X 射线或 γ 射线就本质而言与可见光相同，都属于电磁波。但因波长不同，所以性质也有所差异。X 射线的波长为 $101.9\sim0.0006$ nm，但在实用上多为 $0.31\sim0.0006$ nm 之间。γ射线的波长为 $0.1139\sim0.0003$ nm。波长愈短，射线愈硬，穿透力愈强。反之，穿透力愈弱。

X 射线探伤通常用于板材厚度 70 mm 以下的对接焊缝。γ 射线探伤则多用于 70 mm 以上的大厚度材料的对接焊缝。

1. X 射线探伤原理

X 射线探伤原理，如图 6.32 所示，由 X 光管发生的 X 光束，穿过焊缝与放置在工件下面的胶片起作用。但由于 X 光对金属及内部的缺陷有着不同的穿透率，即 X 光对缺陷的穿透率大，对金属的穿透率小，穿透率大的地方，使胶片强力感光，穿透力小的则反之。凡有缺陷的地方，便会在胶片上呈现出黑色阴影，阴影的大小与形状，反映了焊缝内缺陷的大小与形状。阴影在胶片上所在的位置，则是对应于缺陷在焊缝上所处的位置。

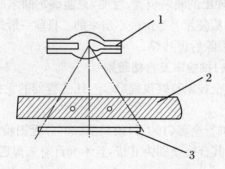

1—射线源　2—工件　3—装在暗盒里的胶片
图 6.32　射线探伤原理图

2. X 射线探伤的缺陷判定技能

用上述方法摄制出来的焊缝胶片，即可根据阴影的位置形状和大小，来判断焊缝是否有气孔、未焊透、夹渣及裂纹等缺陷。

各种焊缝缺陷在 X 射线胶片上的反映，列于表 6.4。

表 6.4 焊缝缺陷在 X 射线胶片上的判定

缺陷名称	简 图	缺陷判定	缺陷名称	简 图	缺陷判定
气孔		胶片上的阴影为黑化程度的不同,其黑度中心处较大,逐渐向边缘缩小,且外形呈有规则的小圆点	未焊透		胶片上的阴影为一条有规则的连续或断续的黑直线
裂纹		胶片上的阴影呈形状鲜明的直线形或曲线形的细黑线,两端尖细,中部较宽	焊瘤		胶片上的阴影为不同形状的白色斑点
夹渣		胶片上的阴影呈不同形状的黑影,黑度均匀,并带有棱角	凹坑		胶片上的阴影为模糊的边缘,其中部的黑化程度较大,逐渐向边缘减小

3. 缺陷位置的确定与返修

根据 X 光波片上所表现出的缺陷位置、性质,只能确定缺陷的长度与宽度,但对缺陷的埋藏深度及其本身的厚度,从胶片上是反映不出来的。目前一般缺陷返修的方法,只能用碳弧气刨或风铲等工具进行去除后再补焊。

4. 射线探伤(超声探伤)抽检率及合格级别

国家标准《压力容器安全技术监察规程》规定,压力容器的无损检测按 JB 4730《压力容器无损检测》执行。

对压力容器对接接头进行全部(100％)或局部(20％)无损检测:当采用射线检测时,其透照质量不应低于 AB 级,其合格级别为Ⅱ级,且不允许有未焊透;当采用超声检测时,其合格级别为Ⅱ级。

对 GB 150、GB 151 等标准中规定进行全部(100％)无损检测的压力容器、第三类压力容器、焊缝系数取 1.0 的压力容器以及无法进行内外部检验或耐压试验的压力容器,其对接接头进行全部(100％)无损检测:当采用射线检测时,其透照质量不应低于 AB 级,其合格级别为Ⅱ级;当采用超声检测时,其合格级别为Ⅰ级。

公称直径大于等于 250 mm(或公称直径小于 250 mm,其壁厚大于 28 mm)的压力容器接管对接接头的无损检测比例及合格级别应与容器壳体主体焊缝要求相同;公称直径小于 250 mm,其壁厚小于等于 28 mm 时仅做表面无损探伤,其合格级别为 JB 4730 规定的Ⅰ级。

有色金属制压力容器焊接接头的无损检测合格级别,射线透照质量按相应标准或由设计图样规定。

压力容器的对接焊接头的无损检测比例,一般分为全部(100%)和局部(≥20%)两种。对铁素体钢制低温容器,局部无损检测的比例≥50%。

符合下列情况之一时,压力容器的对接接头,必须进行全部射线或超声检测。

(1) GB 150 及 GB 151 等标准中规定进行全部射线或超声检测的压力容器。

(2) 第三类压力容器。

(3) 第二类压力容器中易燃介质的反应压力容器和储存压力容器。

(4) 设计压力大于 5.0 MPa 的压力容器。

(5) 设计压力大于等于 0.6 MPa 的管壳式余热锅炉。

(6) 设计选用焊缝系数为 1.0 的压力容器(无缝管制筒体除外)。

(7) 疲劳分析设计的压力容器。

(8) 使用后无法进行内外部检验或耐压试验的压力容器。

(9) 符合下列之一的铝、铜、镍、钛及其合金制压力容器:介质为易燃或毒性程度为极度、高度、中度危害的;采用气压试验的;设计压力大于等于 1.6 MPa 的。

(二) 超声探伤

超声波与普通声波一样,是一种直线传播的向性声波。声波是弹性介质的机械振动,人耳所能感受的振动频率为 16~20000 Hz,故 20000 Hz 以上的弹性振动称为超声波。在探伤中所用的超声波频率为 0.5~10 Hz。

1. 超声波原理

超声波在传播过程中,当遇到两种不同介质的界面或不同密度的材料时,便会在交界面上发生折射或反射。反射式探伤法是利用超声波在工件的传播中,能分别在工件的内部缺陷及其背面发生反射,而反射回来的超声波在通过超声波接收器之后,又将声波转为电能,在荧光屏上显示三者各自的波形图,如图 6.33 所示。始脉波"a"位置即是工件的表面,是发射超声波的起点,进入工件内部的超声波与工件背面的波形图即底脉波"b"之间。若无其他波形出现,则说明在该工件中未发现缺陷。反之在超脉波与工件底脉波之间,若有其他波形出现,则说明工件内部缺陷,即缺陷脉波"c"。此时可根据波峰的位置、大小与形状,估算出工件缺陷的位置、大小与形状。

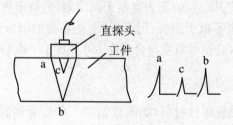

a—始脉波　b—底脉波　c—缺陷脉波

图 6.33　超声波探伤

2. 直探头探伤法检验钢板

1）耦合剂的选择

在探伤时，为了克服探头与工件表面之间的空气膜，使超声波顺利传入工件，所以进行超声波探伤时，在工件表面需要涂耦合剂。对耦合剂的要求，应符合下列几点。

（1）透声性良好，耦合介质的声阻抗应高一些。

（2）对工件应无腐蚀作用，对后道工序加工无影响。

（3）流动性好，来源方便，价格又低廉。

（4）对操作人员的健康无损害。

目前一般常用的耦合剂，有机油和水等。

2）探伤操作

先将超声探伤仪放在钢板上，用探头沿垂直于钢板的轧制方向，作间距为 100 mm 的平行线移动，并用水或机油作为耦合剂探伤。当监视到有缺陷波形出现时，还应在其两侧进行探查，以确定缺陷面积，并用显示笔记录在钢板上。

3）缺陷的判定

（1）当荧光屏上无底脉波而只有缺陷波的多次反射。

（2）当荧光屏上缺陷波和底脉波同时存在。

（3）当荧光屏上无底脉波而只有缺陷脉波的多个紊乱的缺陷脉波。

（4）斜探头探伤法检验焊缝，若焊缝表面和钢板的表面不平，须磨平焊缝后，才能用直探头。但在某些情况下，焊缝不能磨平，只可选用斜探头。

焊缝探伤时，应将其两侧一定宽度范围内的飞溅、污垢及突起的氧化皮等清除干净，否则将会影响探伤的灵敏度和准确性，同时在探头与工件表面之间，应涂上耦合剂（机油）等。

3. 超声波探伤的抽检率和合格级别的规定

用于制造压力容器壳体的碳素钢和低合金钢钢板，凡符合下列条件之一的，应逐张进行超声检测。

（1）盛装介质毒性程度为极度、高度危害的压力容器。

（2）盛装介质为液化石油气且硫化氢含量大于 100 mg/L 的压力容器。

（3）最高工作压力大于等于 10 MPa 的压力容器。

（4）GB 150 第 2 章和附录 C、GB 151《管壳式换热器》、GB 12337《钢制球形储罐》及其他国家标准和行业标准中规定应逐张进行超声检测的钢板。

（5）移动式压力容器。

钢板的超声检测应按 JB 4730《压力容器无损检测》的规定进行。用于（1）、（2）、（5）所述容器的钢板的合格等级应不低于Ⅰ级；用于（3）所述容器的钢板的合格等级应不低于Ⅱ级，用于（4）所述容器的钢板，合格等级应符合 GB 150、GB 151 或 GB 12337 的规定。

（三）磁粉探伤

磁粉探伤是用来探测铁磁性材料，如碳素钢和一些合金钢的表面或近表面缺陷的探伤方法。操作时，先将工件磁化，工件中有磁力线通过。当工件无缺陷时，其磁力线是均匀分布的。当工件中有裂纹、气孔和夹渣时，由于缺陷的磁导率比铁磁材料要小得多。随后再把磁粉撒在其表面上，这样磁粉就会因磁场的泄漏作用而堆集于裂纹和其他线状缺陷上，形成磁粉纹路，从而将其缺陷显示出来。

磁粉探伤的磁力线,具有一定的方向性。当线型缺陷与磁力线垂直时,磁粉才集中积聚在缺陷上。当线型缺陷与磁力线平行时,其灵敏度最小。因此为了有效地检测线型缺陷等,对于每个工件的被检测区域至少应作2次以上的探伤,且探伤磁力线的方向应相互垂直。

(四) 渗透探伤

渗透探伤法是利用某些渗透性液体的毛细作用,渗入工件表面的微小裂纹中,然后清除工件表面的剩余液体,在工件上再涂上一层吸附性强的吸附剂,经一定时间后,由于吸附剂的毛细作用,把渗入工作缺陷中的液体吸出来,显示出缺陷的形状、位置和大小。

在渗透液中加入一些荧光物质,便是有明亮对比度的荧光探伤,若在渗透液中加入红色染料,便是着色探伤。

1. 着色探伤

着色探伤是先将被探测的焊缝表面及其附近 25 mm 内的污垢、熔渣、飞溅、氧化皮及锈蚀等清除干净。再用清洗气雾剂将被检测区域表面洗净,以除去表面油污和灰尘等,然后烘干或晾干。用渗透气雾剂喷涂至已清洗的工件表面(渗透 10～30 mm),有时为探测细小的缺陷,也可将被探工件区域预热 40～50 ℃后再渗透。用清洗剂喷涂工件表面,待 3～5 mm后用清水洗净多余的渗透剂,并用洁净的丝绸将其擦干。将摇匀的显影剂均匀地喷涂在被检测区域的表面,并使之自然干燥。当工件表面上有缺陷时,在白色显影剂上,便会显示出红色缺陷图像的裂纹或小气孔。

2. 荧光渗透探伤

荧光渗透探伤的程序与着色探伤基本相同。不同的是所用的渗透剂为荧光型渗透剂,而在暗室内用紫外线灯照射,当有缺陷时,便会显示出明亮的荧光图像。

(五) 压力容器焊接头检测方法的选择要求

(1) 压力容器壁厚小于等于 38 mm 时,其对接接头应采用射线检测;由于结构等原因,不能采用射线检测时,允许采用可记录的超声检测。

(2) 压力容器壁厚大于 38 mm(或小于等于 38 mm,但大于 20 mm 且使用材料抗拉强度规定值下限大于等于 540 MPa)时,其对接接头如果采用射线检测,则每条焊缝还应附加局部射线检测。无法进行射线检测或超声检测时,应采用其他检测方法进行附加局部无损检测。附加局部检测应包括所有的焊缝交叉部位,附加局部检测的比例为本规程第 84 条规定的原无损检测比例的 20%。

(3) 对有无损检测要求的角接接头、T 形接头,不能进行射线或超声检测时,应做 100%表面检测。

(4) 铁磁性材料压力容器的表面检测优先选用磁粉检测。

(5) 所有焊缝的交叉部位以及开孔区将被其他元件覆盖的焊缝部分必须进行射线检测,拼接封头(不含先成型后组焊的拼接封头)、拼接管板的对接接头必须进行 100%无损检测,拼接补强圈的对接接头必须进行 100%超声或射线检测,其合格级别与压力容器壳体相对应的对接接头一致。拼接封头应在成型后进行无损检测,若成型前进行无损检测,则成型后应在圆弧过渡区再做无损检测。

(6) 经过局部射线检测或超声检测的焊接接头,若在检测部位发现超标缺陷时,则应进行不少于该条焊接接头长度的 10%补充局部检测;如仍不合格,则应对该条焊接接头全部检测。

上述四种无损探伤方法,所能探测到焊缝的缺陷形状,内外表面深度各不相同的功能,因此必须根据缺陷的特征,选择最适宜的探伤方法,如表 6.5 所示。

表 6.5　焊缝的不同缺陷对探伤能力的比较

缺陷特征　　探伤方法	平面(裂纹未焊透)	球形(气孔)	圆柱形(夹渣)	线形(表面裂纹)	圆形(表面缺陷针孔)	特　　点
射线探伤	一般	好	好			可明显地看到缺陷的形状、大小、数量和分布位置,判定能力强,但对于如发纹一类缺陷,不能发现,胶片能长期保存,对工件表面无要求
超声探伤	好	一般	一般			探测灵敏度高、探测厚度大,对缺陷的定性困难,只能用当量表示,要求工件表面必须平整
磁粉探伤				好	一般	对表面裂纹灵敏度高,能确定缺陷所在位置,但只能检测表面及表面下一定距离的缺陷,对缺陷深度难以确定,不宜用于非铁磁性材料
渗透探伤				好	好	设备简单,适应性强,亦适用于非铁磁性材料,但只能检测表面开口性缺陷,对工件表面必须打磨到一定的粗糙度

三、在制件和产品的检验操作技能

产品制造时,产品的形状位置和尺寸公差检验是一道重要的工序。形状位置和尺寸公差的准确程度,对制造机械设备来说,不仅会影响到组装或工地总装的可能性,而且还会由于连接的问题等因素而影响使用的经济性、安全性和使用寿命。为此在制造产品的过程中,必须遵守工艺规程,并对各道工序的重要部位,进行质量管理,控制不符合形状位置和尺寸公差标准的产品,不应将不合格流向下道工序。待产品装配完工后,还要进行全面的最终形状位置与尺寸公差的检测。

几何尺寸检验,贯穿在从零件下料开始直到加工成型和部件组装完成的整个过程。对各个环节的检验是保证产品形状位置和尺寸公差合格的必要条件。机械产品的种类繁多、形状位置和尺寸公差在制造中的要求各有不同。因此,检验的内容、要求和手段也各不相同。下面仅对一些主要产品作一分析。

1. 钢结构的检验

钢结构构件主要部件是柱与梁的检验,如表 6.6 所示的钢柱、梁质量标准及检验方法。

表 6.6　钢柱、梁质量标准及检验方法

名称	检验项目	简　图	公差范围	检测方法
柱	长度		柱 $\Delta L \leqslant \pm 3$	用钢卷尺测量
	柱脚底板翘曲		$\Delta f \leqslant 3$	将柱卧放于平台,且垫上两块相同高度的垫块,用直角尺测量
	翼缘板倾斜度		$b \leqslant 400$ 时,$\Delta f \leqslant b/100$ $b > 400$ 时,$\Delta f \leqslant 5$	将柱卧放于平台,且垫上两块相同高度的垫块,用直角尺测量
	腹板中心线偏移		接合部位 $l_1 \leqslant 2$ 其他部位 $l_2 \leqslant 3$	用尺直接测量
梁	长度端部高度		端部口板封 $\Delta L \leqslant 5$ 其他形式 $\Delta L \leqslant L/2500$ 且 $\leqslant 10$ $H \leqslant 2000$ 时,$\Delta h \leqslant \pm 2$ $H > 2000$ 时,$\Delta h \leqslant \pm 3$	用钢卷尺测量
	侧弯矢高 (Δf_1) 和扭曲 (h_1) 腹部不平直度		$\Delta f_1 \leqslant L/2000$, 且 $10h_1 \leqslant H/250$ 当 $t < 14$ 时,$\Delta f_2 \leqslant 3L/1000$ $t \geqslant 14$ 时,$\Delta f_2 \leqslant 2L/1000$	将直尺放置于凹面处,用钢皮尺测量
	翼缘板倾斜度		$\Delta f_1 \leqslant 2$	将梁卧放于平台,且垫上两块相同高度的垫块,用直角尺测量

2. 产品的最终检验

产品的最终检验,包括产品相互连接的尺寸检验和特性尺寸检验两个内容。

1) 连接尺寸的检验

钢结构的连接尺寸检验,一般是指柱的底脚螺栓孔对底板中心轴线的偏差,如图 6.34 所示 $e \leqslant 1.5$ mm。柱底面到牛腿支承面距离的偏差:一般柱底面到牛腿距 $L1 \leqslant 10$ mm 时, $\Delta L \leqslant \pm 5$ mm,$L1 > 10$ mm 时,$\Delta L \leqslant \pm 8$ mm。

2) 容器连接尺寸的检验

一般是指法兰螺孔、支承座等。

(1) 接管法兰。法兰的螺栓孔应与壳体主轴线或铅垂线跨中布置。有特殊要求时,应在图样上注明。如图 6.35 所示,法兰面应垂直于接管或圆筒的主轴中心线。接管法兰应保证法兰面的水平或垂直(有特殊要求的应按图样规定),其偏差均不得超过法兰外径的 1%

（法兰外径小于 100 mm 时，按 100 mm 计算），且不大于 3 mm。

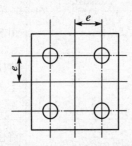

图 6.34　底脚螺栓孔对底板中心轴线的偏差

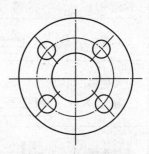

图 6.35　法兰螺栓孔

（2）支承座位置。由于支承座位置是直接与基础连接的，如果与基础偏移大，一方面会影响容器的就位，另一方面还会影响连接管路的尺寸限制乃至受阻。所以对支承座位置尺寸的检验，同时还应对接管与支承座位置的相对尺寸检验。直立容器的底座圈、底板上地脚螺栓孔应跨中均布，中心圆直径允差、相邻两孔弦长允差和任意两孔弦长允差均不大于 2 mm。

3）特征尺寸的检验

特征尺寸主要是指影响强度、安全性和使用性的尺寸。最终检验时，应对容器的直度、圆度形状尺寸进行检验。

产品的使用性能是指影响容积和传热方面的尺寸。如容积的检测可由周长和轴向测量值计算所得。也可用通水试验的水量测定，以及一些传动设备的传动机构测定。

3. 产品附件的检验

产品的附件检验包括容器的水位指示器、容器的压力超负荷的安全阀等在紧急情况下，能否排放等一系列的检测。

练 习 题

1. 各种钢制化工设备制造工艺主要特点是什么？

2. 化工容器主要受压部分的焊接接头怎样分类？

3. 叙述化工设备组对技术的要求。

4. 叙述换热器的装配顺序。

5. 单层容器和多层容器在制造工艺和结构上各有什么特点？

6. 热套容器制造主要工序及技术措施有哪些？

7. 球罐制造在装配时常采用的方法有哪些？

8. 压力容器耐压试验的要求是什么？

9. 化工设备的检验，按工艺程序如何分？

10. 最常用的无损探伤方法有哪些？

11. 叙述 X 射线探伤原理。

12. 叙述超声波探伤原理。

13. 叙述超声波探伤的抽检率和合格级别是如何规定的？

项目七　大型储罐的现场装焊

任务一　大型储罐的现场制作与安装

大型储罐在现代化工生产中是必不可少的设备,而它的制作与安装又是比较复杂的,所以本章就大型储罐的制作与安装进行讨论。

（一）大型储罐的构造与分类

大型储罐按其主要特点可分为拱顶储罐和浮顶储罐两种。

1. 拱顶储罐的构造

拱顶储罐是最常用的固定顶储罐。它具有结构简单,建造、使用和维护方便等特点。其主体结构是由罐底、圆筒形罐壁、包边角钢和罐顶组成,见图 7.1。

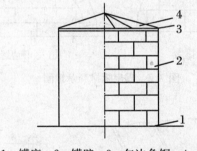

1—罐底　2—罐壁　3—包边角钢　4—罐顶

图 7.1　拱顶储罐的构造

附属结构有盘梯和顶部平台,人孔及防火呼吸阀等,另外还有消防设施。

我国的拱顶储罐容积范围为 $100 \sim 20000 \ \mathrm{m}^3$。

2. 浮顶储罐的构造

浮顶储罐有外浮顶和内浮顶两种。外浮顶储罐又有双盘式浮顶和单盘式浮顶储罐之分。

外浮顶储罐主体构造由罐底、罐壁、浮船、加固圈、抗风圈、包边角钢及密封装置、泡沫消防设施及附件和配件所构成。其特点是顶部结构为浮船结构,它漂浮在介质面上,浮船周围与储罐内壁有一定间隙,用聚氨酯泡沫塑料及密封橡胶带使其密封,整个浮船随介质而上下升降。

内浮顶储罐的构造特点是具有固定顶结构,又有浮顶结构,因此介质挥发损耗极小,具有良好的储存性能。目前,我国外浮顶储罐的容量为 $1000 \sim 50000 \ \mathrm{m}^3$,内浮顶储罐的容量为

$100\sim10000$ m³。

（二）储罐的制作

罐体制作包括罐底、罐壁、罐顶及其他配件的制作。

1. 排料

储罐主体用料材质一般为碳素钢或普通低合金钢。据供料规格和施工设计图纸的要求,进行排料、号料。

1）钢材质量检验

油罐所用材质应有材质合格证明书,否则施工单位应复验。所用钢板不得有裂纹、夹层及深度大于 0.5 mm 的麻点凹坑等缺陷,不得有严重的机械损伤。

2）排板配料尺寸要求

（1）罐底板的排料:罐底板的结构形式一般有两种,如图 7.2 所示。罐内径小于 12.5 m 时,罐底宜采用条形排板,罐内径大于或等于 12.5 m 时,罐底宜采用弓形边缘板。

罐底板由中幅板和边板构成。中幅板与边板、中幅板之间一般均采用搭接;弓形边板之间可采用对接和搭接外端切口加垫板,以满足底层壁板的安装要求。搭接宽高误差要求不得大于±5 mm。搭接与对接的形式如图 7.3 所示。罐底边板、中幅板长度不得少于 1000 mm,宽度不得少于 500 mm。

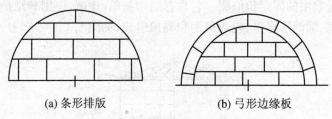

(a) 条形排版　　　　　　　(b) 弓形边缘板

图 7.2　罐底板排料示意图

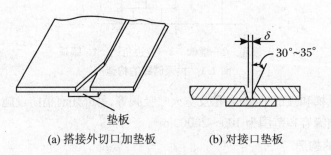

(a) 搭接外切口加垫板　　　　(b) 对接口垫板

图 7.3　底板接口形式

（2）罐顶排料。罐顶为拱顶结构,实际配板时根据来料情况,按橘瓣式制作,每块橘瓣形顶板之间为对接结构,整个罐顶由数十块橘瓣形顶板和中心盖板构成。它们之间连接(径向焊缝)均为搭接,而环向焊缝应错开,不得小于 500 mm。橘瓣式顶板大头宽度应≥500 mm,中心盖板直径不小于 1000 mm。

3）排料焊缝错开要求

（1）焊缝连接:箱底板、罐壁板、连接角钢(搭边角钢)、罐盖板、各板与板间。焊缝错口排料,防止焊接应力集中,产生变形,应采用 T 字形焊缝连接,不许采用十字缝连接。根据供料规格尺寸要求,各自位置板与焊口的错口安排原则为:尽量采取焊缝对称配料,既防止焊接变形,又使罐体各位置的应力、强度达到匀称。

① 底板中的中幅板的相邻短缝或壁板相邻主缝,本身互相错开 500 mm 以上。其余底板和盖顶板、各板与板之间的纵焊缝错开 200 mm 以上。

② 底板径向焊缝与下节壁板纵缝互相错开 200 mm 以上。

③ 边板径向焊缝相互错开为 200 mm 以上。

④ 罐壁之间的纵缝应错开,不得小于 500 mm。最上一节壁板的纵焊缝与包边角钢焊缝互相错开距离大于 200 mm。

⑤ 包边角钢的对缝与罐盖板径向焊缝错开 200 mm 以上。

(2) 孔位与焊缝距离安排:罐体各位置的孔位,包括罐顶透光孔、人孔、进出料孔及孔的补强圈外缘,距纵横焊缝应大于 100 mm 以上。

(3) 号料、排料放样要求:罐体各个位的焊缝连接形式和尺寸要求,按设计图纸规定。

① 对接焊缝坡口要求。钢板厚度为 6~8 mm,采用自动或半自动火焰切割的,应用刨边机将其加工成 V 形坡口;钢板厚度大于 8 mm,应加工成对称或不对称的 X 形坡口,见图 7.4 所示。坡口 $\alpha=60°\pm5°$,坡口钝边 $b=(2\pm1)$ mm。

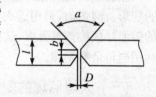

图 7.4 坡口示意图

② 下料尺寸应按排料尺寸进行。钢板下料经剪切坡口后,应对下料各部几何尺寸进行检查。检查标准按表 7.1。

表 7.1 钢板下料允许偏差(mm)

长度、宽度	对接	±1.0	边缘不直度	对接(宽)	≤1.0
	搭接	±2.0		搭接(长)	≤2.0
两对角线差	对接	≤2.0	坡口	钝边	±1.0
	搭接	≤3.0		角度	±2.5°

罐底板排料直径应适当放大,应考虑罐底坡度、焊接收缩等因素,推荐放大率 n 为 0.4~0.5/1000。设计规定底板外伸宽度为 50~60 mm。

罐壁排料尺寸应按设计图纸和要求进行,但考虑到焊接过程中每条纵缝的收缩量对其直径的影响,因此在实际下料过程中,采用下毛料的方法,即先满足每条纵缝收缩,以最后一块"关门板"留有适当补偿余量(150 mm 左右)。倘若采用下净料的办法,那么在排料时应考虑每条纵缝收缩量,推荐放大率 n 为(0.4~0.6)/1000。

4)罐底铺设

铺设前,对所有剪切的罐底板料,用机械或手工矫平,消除凸凹及波浪变形,减少焊接变形。还要对罐底板底面进行人工或机械除锈,涂刷沥青防腐漆,焊缝边缘留有 30~50 mm 不予涂刷。

铺设底板时,由基础中心开始,铺中心条板,再铺中心条板两侧条板,依次交叉,直至整个中幅板铺设完毕。

弓形板是从搭接过渡到对接,如果搭接坡度太大,可用氧乙炔焰加热,用重锤压平。

5)罐底焊接

罐底焊接过程中,电焊工均布在底板,焊缝采用正确的施焊工艺是保证罐底质量的重要环节。

（1）中幅板的焊接顺序是先将短焊缝焊完后再焊长焊缝，长缝焊接时，焊工应均匀对称分布，由中心向外分段退焊。

（2）边缘板对接焊缝的焊接顺序是焊工对称分布隔缝跳焊，先将靠外边缘 300 mm 部位的焊缝焊完即停止施焊，焊缝表面应光滑平整。

（3）罐底板与底圈壁板的环形角焊缝焊接顺序是在底圈壁板对接纵缝焊完后施焊，焊工对称分布在罐内和罐外，沿同一方向分段退焊。

（4）待罐底板与底圈壁板之间的角焊缝焊完后，对边缘板的搭接焊缝和剩余对接焊缝，对其由外向里分段退焊。

（5）最后焊接边缘板与中幅板之间的搭接角焊缝，焊接时焊工应沿圆周均匀分布，分段退焊或跳焊。

2. 罐壁板的预制

预制加工的每张罐壁板，按各层样板要求予以滚弧。以消除它的应力，减少焊接安装后的变形。滚弧前，采用压头机将壁板两端压弯，然后在卷板机上来回滚弧，用弦长为 1.5 m 的弧形样板检查其弧度，达到要求后，为保证正确的曲率，将其吊至弧形胎具上放置，胎具可利用边角余料制作。

（三）大型储罐的安装

按储罐的罐壁板的组装顺序，罐壁安装方法可分正装和倒装两大类。

1. 正装

是由底层壁板开始，逐层向上组装，直至顶层。安装时已装配好下层罐体不动，用起吊设备将待装配的钢板吊至安装位置就位焊接。

2. 倒装

是由罐顶的顶层开始，逐层向下组装，直至底层壁板。安装时，用起吊设备将已配好的上层罐体徐徐吊起，在现场组装。

正装施工法设备复杂，工人必须在高空作业，施工条件差、安全性差。

倒装施工法不需高空作业，操作方便，改善施工条件，节约施工费用，易于控制质量，有利于加快施工速度，在大储罐的施工中，常常采用倒装施工法。大储罐的安装吊具，一般用吊车、抱杆或组合立柱吊装。

3. 储罐的抱杆倒装法

1）罐底试漏

抱杆吊装法前应作罐底焊缝试漏检查。检查前，应清除罐底一切杂物和焊缝位置处的铁锈。利用放大镜对焊缝作外观检查，如有气孔、夹渣及咬边等缺陷，应予以补焊。补焊后再进行试漏检查。一般罐底试漏有两种方法。

（1）真空箱法。先在焊缝表面刷肥皂水，把长方真空箱放在焊缝上，真空箱底部四周用玻璃腻子密封，真空箱的上盖装有密封透明的有机玻璃，以观察箱内渗漏情况，用胶管将真空箱与真空泵连通。当箱内真空度达到 26.6 kPa 时，若焊缝表面无气泡出现，证明焊缝无泄漏，即为合格；如发现焊缝上有气泡产生应在气泡处作记号，进行修补。

（2）罐底氨气试漏法。罐底氨气试漏法也称化学反应法。其过程是在罐底板外圈圆周上用黏土等物将底板边缘与基础缝隙堵死，使罐底下部的氨能达到一定浓度并减少氨气的损耗。按罐底圈周对称留有 3～4 个孔洞不堵，作为检查氨气分布情况。在罐底中心和四周

开有若干个 $\phi 15\sim 20$ mm 的孔洞,用管子与阀门连通焊接好,用胶管与氨气瓶连接,打开阀门向罐底部充氨气,用酚酞、酒精溶液浸过的试纸检查罐底四周。罐底全部充满氨气后,堵死罐底外缘孔洞和关闭所有阀门,用 4% 酚酞、40% 酒精、56% 水(天冷时表层结冰,可多加酒精少加水)的混合溶液搅拌均匀,涂刷罐底焊缝表面,如果出现红色,则表示焊缝泄漏,将漏氨处作好标记,进行补焊。为保证焊接安全,应先将罐底氨气彻底吹净方可进行补焊。

2)罐壁板吊装过程

立抱杆前,底板中心底座位置外侧画好 1~2 个测量用的同心面,按对称基准作好四点标注,如图 7.5 所示。以罐底板中心或同心圆为基准,按排料直径,在罐底边板划出储罐底层和底层壁板所在位置的圆弧线中,沿顶层板圈周线的内侧,每隔 500~1000 mm 的间距点焊定位挡板。

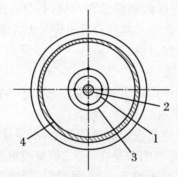

1—中心柱底座　2—中心柱　3—基准点　4—罐壁板

图 7.5　抱杆吊装平面示意图

吊装时,由于吊重集中力的作用,将导致中心柱底座处产生较大的凹陷下沉,施工前应根据基础的耐压强度值,采用道木和钢板来扩大其底座基础的接触面积,以避免凹陷下沉的产生。

3)拱顶支承制作

在倒装施工中,可制作一伞形架来支承顶盖,以便在起吊时保证整个罐体的刚性。所以伞形架的制作和组装的弧度要与拱顶的弧度相符合,应采用样板和胎具,用冷、热加工成型,组装时要在凸形胎具上进行。拱顶储罐倒装,一般按装配尺寸先组对上一层罐壁板,并将所有纵缝焊完,检查各部几何尺寸(周长、圆弧度、垂直度等),符合图纸要求后,再与包边角钢组对成型。组对前,用弧长为 1.5 m 以上的弧形样板检查包边角钢的圆弧度,样板与受检处的间隙不许大于 4 mm。包边角钢在制作时一定要保证其质量,必要时可采取定型胎具滚制。制作后的翘度和弯曲度不得大于设计图纸的规定,加工减薄量不超过 1 mm。表面伤痕不大于 1.5 mm,不许过烧变质。对于 2000 m³ 以上的储罐,包边角钢一般均采用钢板组对焊接成,这样可以提高部件的加工质量和安装质量。

4)包边角钢的安装

顶盖在安装前,应检查搭边角钢和上节壁板的圆度。如圆度不圆,需以同弧度样板为准,找好圆度后,再进行安装。拱顶盖的结构有两种。大型储罐的拱顶结构具有拱形骨架连接。小型储罐的拱顶盖无骨架连接。

拱顶盖骨架安装时,可利用抱杆柱、按顶盖中心位置先固定型钢圈,再与骨架连接,在型钢圈和包边角钢之间,按对称位置先后焊所有骨架,焊接后,在骨架上面铺放和焊接顶板。为避免拱顶板搭接悬空,焊接时产生局部凹变形,必须按事先排料等分线进行,使搭缝位置在骨架型钢的面上。无骨架拱顶板安装时,为了防止顶板向下凹陷,应采取临时支撑或胎具来进行安装。以上两种拱顶盖样在焊接前,用弦长等于 1.5 m 的弧形样板(≥1.5 m)进行检查,局部间隙不大于 6 mm。

5) 壁板、包边角钢、罐顶板的焊接

(1) 壁板焊接顺序。先焊纵向焊缝,后焊环向焊缝。环向焊罐应先焊外侧后焊内侧,施焊时焊工应均匀分布,并沿同一方向施焊。

(2) 包边角钢的焊接顺序。包边角钢安装完毕后,即先焊包边角钢自身的对接焊缝,再焊包边角钢与顶圆壁板搭接的内侧角焊缝,最后焊外部搭接角焊缝。施焊时焊工应对称分布,沿同一方向分段退焊。

(3) 罐顶板的焊接顺序。先焊内侧断续角焊缝,后焊外部连续角焊缝。外部连续角焊缝焊接时采用隔缝对称施焊,并由中心向外分段退焊。焊接罐顶板和搭接角钢的环缝,焊工应对称均匀分布,沿同一方向分段退焊。

4. 储罐的内立柱多点吊装法

为节约材料费用,节省制作使用设备费用以及在场地窄小、缺少起重设备时,常采用在罐内(或罐外)利用立柱多点倒装法。

罐壁内侧,从罐底圆周距罐壁相应距离的位置上,根据储罐的规格,沿圆周等距设立数根吊装钢柱。罐顶板与第一节壁板组对是在一、二节壁板组对后进行。在每根柱上设置起重倒链(倒链的规格可根据实际起重量来定)。吊装时,要求罐壁吊点和立柱各吊点距离相等,吊装的高度和速度一致,实现垂直吊装,以防止产生变形。其结构如图 7.6 所示。

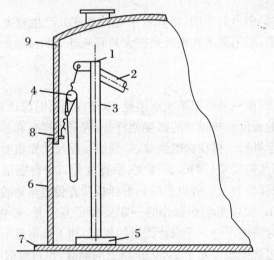

1—吊耳　2—斜撑　3—临时吊柱　4—倒链　5—柱底座

6—下层罐壁　7—罐底　8—吊点　9—上层罐壁

图 7.6　立柱多点吊装示意图

任务二 大型储罐的制作安装程序

(一) 储罐的组焊要求及出入孔预留

1. 焊接要求及检验

(1) 储罐的材料应符合相应的国家标准或行业标准。预制前必须检查材料的出厂合格证明书,没有出厂合格证明书的材料必须复验。

(2) 罐壁底部壁板的规格厚度大于 30 mm 的低合金钢板,应逐张进行超声波探伤检查。检查结果应达到 ZBJ 71003—88《压力容器用钢板超声波探伤》的Ⅲ级质量要求。

(3) 规格厚度大于等于 20 mm 的底部两圈罐壁板周边 100 mm 范围内应进行超声波探伤检查。

(4) 与罐壁相焊的保温构件和所有配件及附属设备开口,接管应在储罐试水前安装完毕(内浮顶罐壁和罐顶通气孔除外)。

(5) 储罐的梯子、平台、加强圈等的安装与焊接应符合国家现行的《钢结构工程施工及验收规范》(GB 205)的规定要求。

(6) 焊缝的表面质量应达到国家现行的《现场设备,工艺管线焊接工程施工及验收规范》(GBJ 236)中焊缝质量标准Ⅱ级。

(7) 罐壁环焊缝的射线检查除 T 型焊缝外,每种板厚(以和相焊件较薄件的板厚为准),每种接头形式,在最初焊接的 3 m 焊缝内任取一个射线检查点(不考虑焊工人数)然后对每种板厚,每种接头的焊缝每 60 m 长及其余数内各取一检查点。

(8) 罐壁上开口接管焊缝应按以下要求检查。

① 罐壁厚度超过 25 mm 的开口接管焊缝(包括补强件焊缝)应在第一层焊完后进行渗透探伤试验,在最后一层焊完,经过一天后进行磁粉探伤或渗透探伤试验。

② 补强圈应在罐体试水前通入 0.1~0.2 MPa 的压缩空气进行焊缝检漏。

③ 罐壁与整体补强件之间的对接焊缝应 100%进行射线或超声波探伤检查。

2. 储罐制作出人孔的预留

大储罐的制作过程中,施工人员必须在罐内或罐外往返数次。但由于储罐是密闭性设备,尤其是在倒装施工时,人员进出很不方便,用梯子爬上爬下进出,不但速度慢,工作效率低,而且在罐逐步升高后安全性也比较差。为解决上述问题,可在罐底以及罐的基础上开一个供施工人员进出的通道。待储罐安装完毕后将此预留底板以及基础通道堵死。此时人员出入可通过最底层壁板的人孔出入。

(二) 储罐倒装拔节之前的支承

安装每层罐壁胀圈装置,采用点焊龙门架,用三角销压紧,使胀圈紧贴在所要加固的壁板上,从而加强了已装配壁板下口的刚度,保证组装的圆度。省略了组装焊接临时卡具的过程,保证了整体的安装质量。

一般储罐施工用的胀圈是由数段长度为 4~6 m 的型钢圈构成,各销圈之间留有一定的间隙,视储罐直径的大小每隔 45°(90°或 180°)用千斤顶将其胀紧。胀圈可由槽钢、工字钢或用钢板组拼而成。其外弧度与罐的内壁尺寸相同。

下层壁板是依上层壁板的外径圆周为基准进行组对,第二层壁板在组对立缝时应开活口,活口处的对接板可用拉紧器组对。活口处的对接壁板应开出余量,按排料拼装尺寸作好标记,并打上冲印,用拉力工具拉紧。将该节壁板全部立缝焊完后,再拉紧活口壁板,紧贴上节壁板外径,焊接上下两节壁板的环缝。为了控制两层壁板的搭接宽度和防止吊装脱节,应在两层壁板间的环缝圆周,每隔一定距离,设置定位拉杆。

上层壁板限位吊起后,组对和焊接两层壁板的环缝。组对环缝时,可利用内部胀圈和外部设支柱顶力靠严,以进行搭接环缝的组对。这种方法可以省去焊接临时楔具,减少焊疤,从而保证质量。

焊接环缝时,活口两侧环缝应留出 500 mm 左右的距离暂不焊接,待活口切割组对后再与纵缝同时焊接。壁板搭接环缝焊接顺序是先焊壁板内部的断续焊缝,后焊外部的连续焊缝。焊接时,数名焊工均匀分布,采用分段并向同一方向施焊,以减少焊接变形。其余各层壁板的组装、焊接、吊装,均采用上述方法。

任务三　大型储罐制作安装过程的其他工作

(一) 储罐的制作与运输

根据储罐制作施工的条件不同,可将储罐的制作分为现场制作安装和在基地制作现场安装两种情况。现场制作安装一般是在制造多台储罐的条件下进行。这样可以省去运输过程中的设备费用。而在基地制作现场安装是常见的一种情况,多数都是这种情况。由于罐盖和罐壁板加工制作后都不是平整的,这就需要在加工后存放以及往现场运输时采取一定的措施。可以根据罐盖及罐壁板的弧度及尺寸制作相应吻合的胎具来防止其在制作和运输中的变形,保证储罐的整体制作质量。

(二) 储罐的吊装和支承材料的拆除

储罐制作完毕后,需对其吊装抱杆、立柱以及支承胀圈进行拆除。抱杆及立柱拆除时必须设置牢固可靠的锚点,以保证拆除过程的安全性。胀圈拆除前,应检查焊接位置的焊缝质量是否合格,如发现缺陷应及时修理后方可拆除。

(三) 储罐附件的安装

储罐的附属设施,如梯子、平台、栏杆等均按设计技术要求进行制作和分件安装,有时也可随罐体安装一并进行,但这样的方法有危险,一般不用。安装附件时必须保证质量,不能有损坏罐体本身的地方。

(四) 储罐吊装工机具的选用

工机具的选用直接影响到储罐的施工效率和质量。在选用导链、钢绳、千斤顶等机具时，必须保证其完好度，必要时可用专用设备和专业人员进行检测。另外，对于导链的安全系数要慎重考虑，一般最大负荷不超过 0.8 倍的额定负荷。

（五）储罐焊罐的探伤检查

当板厚等于或小于 10 mm 时，每一名焊工焊接的每一种板厚，每一种接头形式的焊缝，在最初 3 m 内取一射线检查点。然后对同一种板厚，同一种接头形式的焊缝不管是由几名焊工完成的，每增加 30 m 应增加一个射线检查点，最后余下的零头亦取一个射线检查点。当板厚大于 10 mm 小于 25 mm 时，除按上述方法进行检查外，还应对 T 型接头进行射线检查探伤。每一张照片在交点的每一侧应清晰地显示不小于 50 mm 的焊缝长度。当板厚大于 25 mm 时，纵焊缝应进行 100% 的射线检查。

（六）储罐的盛水试验及沉降观测

1. 充水试验

（1）充水试验前，所有附件及其他与罐体焊接的构件应全部完工。

（2）充水试验前所有与严密性试验有关的焊缝，均不得涂刷油漆。

（3）充水试验采用淡水，水温不应低于 5 ℃，对于不锈钢储罐，水中氯离子含量不得超过 25 mg/L。铝浮顶试验用水不应对铝有腐蚀作用。

（4）补强圈应在充水试验前通入 0.1～0.2 MPa 的压缩空气进行焊缝检漏。

（5）充水试验中应加强基础沉降观测，在充水试验中，如基础发生不允许的沉降应停止充水，待处理后方可继续试验。

（6）充水和放水过程中应打开呼吸阀口，且不得使基础浸水。充水高度为最高操作液位，试验储罐强度时在此液位保持 48h，观察罐壁无渗漏，无异常变形为合格。如发现渗漏应放水，放水前做好标记并使液面低于渗漏点 300 mm 左右，然后进行补焊。

（7）作罐顶的强度及严密性试验时，罐内水位应在最高液位下 1 m 进行缓慢充水升压，当升至试验压力时（设计内压力的 1.1 倍）观察罐顶无异常变形，焊缝无渗漏为合格（涂肥皂水）。罐顶的稳定性试验应充水到设计的最高液位，用放水方法进行。试验时应缓慢降压，达到试验负压时，罐顶无异常变形为合格。上述两项试验后应立即使贮罐内部与大气相通，恢复到常压。引起温度剧烈变化的天气，不宜作固定顶的强度、严密性和稳定性试验。

2. 沉降观测

沉降观测时选择 4 个观测点，方向为东、南、西、北，罐内充水前对罐进行第一次观测，并做好记录。罐内充水到 3 m 时，停止充水。每天定期进行沉降观测并绘制时间/沉降量的曲线图，当日沉降量减少时，可继续充水，但应减少日充水高度，以保证在载荷增加时，日沉降量仍保持下降趋势。当罐内水位接近最高操作液位时，应在每天清晨作一次观测后再充水，并在当天晚上再作一次观测，当发现沉降量增加，应立即把当天充入的水放掉，并以较小的日充水量重复上述的沉降观测，直到沉降量无明显变化，沉降稳定为止。基础不均匀沉降许可值，应符合设计文件的规定。

练 习 题

1. 叙述大型储罐主要特点及其各自构造。
2. 罐体制作包括哪几部分制作?
3. 罐壁安装方法可分几类?
4. 叙述储罐的组焊要求及检验过程。
5. 储罐的盛水试验有哪些注意事项?

项目八 典型焊接结构的制作实例

任务一 工作实例——灰斗的制作

（一）灰斗的作用

灰斗的全称为煤气发生炉下灰斗，是煤气发生炉上的配套设备。煤气发生炉生产煤气的原料是焦炭，自动加焦机将焦炭加入炉内，焦炭经过燃烧后产生煤气，基本燃尽的焦炭成为焦渣，通过煤气发生炉底盘的旋转，经过炉箅子将焦渣排入灰斗中。焦渣进入灰斗之后并不是随来随排，也有暂时的贮存作用，要等到基本贮满，并且拉运焦渣的轨道车来到后，由人工排放焦渣。焦渣对灰斗的磨损比较快，几年就要更换一次。每台炉子上用 2 个灰斗，9 台煤气发生炉共计有 18 个灰斗，几乎每年都要更换 2~4 台，所以灰斗这种设备每年都要制作 2~4 台。

（二）灰斗制作的程序

（1）加工件下料气割、转接、加工。如上口的方法兰、下口的圆法兰、接缘、连接板等凡是需要车削、刨削、钻孔或铰丝的工件首先下料并组焊成型，留好加工量，连同零件图一起转到车工车间或车工工段进行加工，以备下步整体组对时使用。

（2）上斗方锥体、中段方箱、方法兰短节及方锥体上的筋板放样，下料剪切，组对成型，焊接。放样时将上斗方锥体及其四周的筋板样板取出，连同方箱一起下料剪切，平整之后组对成型，将组对成型的方锥体与方箱组对在一起，然后再焊接其角焊缝及横焊缝，以防单独焊接变形过大，校正困难。方法兰短节组对后也进行焊接。

（3）下斗的斜锥体放样时取出样板、号料、气割、剪切，然后分两片槽打成型、组对成一体进行焊接。

（4）主体组对焊接。将加工好的方法兰取回，与短节组对焊接，再与上斗的方锥体组对在一起。下斗的斜锥体与方箱组对，主体成型之后一起焊接。

（5）零部件组对焊接。将 12 块筋板组对到上斗方锥体和方法兰周围，并且进行满焊。再将钻完孔的连接板与小筋板组对焊接，然后组对到方箱一侧的相应位置上点焊即可；将两块铰丝完毕的接缘组对点焊到下斗斜锥体一侧的相应位置上。点焊的连接板和接缘留待现场安装时如若位置稍有差异，调整合适后再进行焊接。

完成上述工序之后，该设备即可经检查员进行质量检查，只要几何尺寸基本准确，外观无缺陷，焊道的焊肉符合要求，无飞溅物，无焊疤焊瘤，即可开具合格证办理交工。

（三）放样的主要要求

图 8.1 为灰斗的视图。

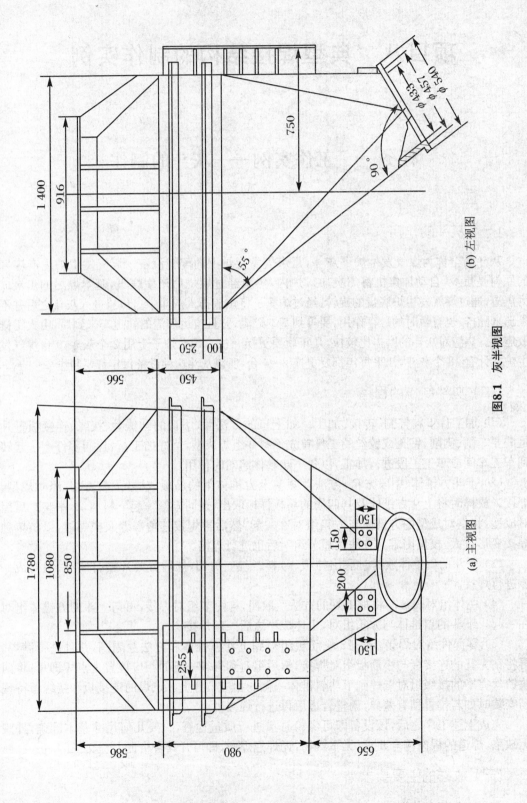

(a) 主视图　　(b) 左视图

图8.1　灰半视图

上斗方锥体的放样没有什么特殊要求,采用三角形方法即可求出长方正拔棱锥体的两个样板。在画平面图实样时应用内皮尺寸,这样下料后,用钢板组对出的实物才会符合图纸的要求,四条棱锥都是钢板的内皮相接,外角自然形成 90° 的焊肉填充角。中段的方箱虽不用放样,在钢板上可直接号料,但也应采用内皮尺寸,道理与锥体相同。

下斗斜锥天圆地方的放样要求应根据灰斗的主视图和左视图,放出下斗天圆地方的俯视图实样,方口尺寸应采用钢板的中间层尺寸,圆口也应采用中径尺寸,画出后应是椭圆。平面实样放出后,即可按一般天圆地方放样的三角形法,先将椭圆分成若干等分,然后与相应的四角连线,是为槽线的平面投影长,再利用相关的实高线,求出各条槽线和对接开口边线的实长,就可以画出展开图形了。样板展开后应两块,大瓣一块,小瓣一块,对接口应选在长方的短边中间处为宜,这样直角边稍短些,便于槽打成型。展开图画成后,不要忙于剪下样板,应用理论计算法算一下圆口 1/2 的展开长度,再用盘尺实际盘量一下展开图的圆口展开长,如基本相符则可,若误差较大是由于用划规取等分弧长时所造成,应适当向大或向小调整,使之合于理论计算的长度,然后再剪下样板。图 8.2 即为俯视图的示意图形。图 8.3 为下斗大瓣的展开示意图。图 8.4 为下斗小瓣的展开示意图。

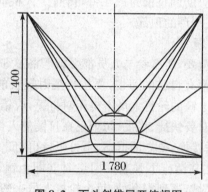

图 8.2 下斗斜锥展开俯视图

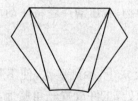

图 8.3 下斗大瓣展开图

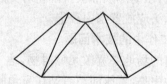

图 8.4 下斗小瓣展开图

(四) 下斗槽打的注意事项

1. 槽打前的准备工作

(1) 准备好槽活用的道轨三角胎。三角胎是用两根长 1.6～1.8 m 的普通铁道轨制作而成的,夹角约在 25°～30°,由两块厚为 30～40 mm 的钢板连接焊制而成,如图 8.5 所示。

(2) 安装好 6～8 把大锤,质量为 5.4～6.4 kg,锤把长为 1.1 m 左右,一定要有锤楔子,以保证工作时安全。

(3) 准备好几个槽活用的压葫芦,压葫芦头应是锻制而成,外形有些像斧头,但比斧头高得多,受大锤击打的压葫芦头为八棱形,四大面四小面间隔设置。中部有长方形孔,是安装压葫芦把用的,把可用 $\phi25\times3$ 的钢管制作。压葫芦刃部稍扁,较宽大,厚约 10 mm 左右。锻好的压葫芦头应在砂轮机上磨制成较光滑但很钝的刃,纵向看刃部为较缓的圆弧,横向看刃部近似于直线,略呈圆弧状。压葫芦把约 2.5 m 左右,距头部约 200 mm 处打成约 130～150°的弯角。

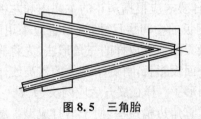

图 8.5　三角胎

(4) 将槽打的钢板工件上划好槽打线,方口的 90°槽打角要气割出长 80～100 mm 的割口,以利于槽打成较规则的 90°角,组焊成型后再补焊好。此外还要准备测量角度的 90°度角尺,测量圆口的校圆铁皮样板,几根撬棍,吊板的板卡子,同时要有天车配合槽打工作。参与的人员在 12 人或 13 人为宜,其中 1 人主持槽打工作,1 人手持撬棍插在板卡子顶丝杆的孔内,使其不能受振打而松动,协助调整槽打的工件,再有 1 人机动干零活,其余 10 人分为两队,轮番各出 1 人持锤轮打压葫芦的顶部。

2. 槽打过程中的安全问题

槽打工作中的安全异常重要,所有参与人员都必须严格遵守安全规定,稍一麻痹大意就可能酿成人身事故。每个人都有自己的习惯,要按打锤时擅长的左撇或右撇安排好两队轮打人员的位置和顺序。每次上锤的轮打人员不得相对打锤,应错开一定角度,以防锤头飞出伤及对面人员。上下锤接换时要快捷、稳妥,每个正在打锤的人员在打锤的同时还要用眼睛的余光注意周围,如有人上锤接换,要立即退下,不可坚持再打。上锤人员应双手持锤,从轮打人员的轮锤侧上锤接换,在其锤打下弹起后回悠时立即上锤,抬服迈步压住前者运锤路线,下锤人员快速撤离轮打区域,退到安全处,每个轮打人员一般打 10～15 锤。打锤人员一律不得戴手套打锤,以防大锤滑脱。出现下列情况时,要立即停锤:锤楔振出打锤不准;锤把被压葫芦磕折;压葫芦顶部被打翻花后突然掉下异物;着压葫芦者将压葫芦头放倒示意暂停时。不打时锤头应放置水中浸泡。

3. 槽打工作中的技术问题

下斗槽打的场地要宽敞无障碍物,地上无较大灰尘,少洒些水,使不起灰尘为宜。三角胎放置在场地中央,着压葫芦者站在三角胎的顶角处,工件放置三角胎上,圆弧口向前,先槽一个槽打角,槽打角的边线与三角胎道轨的内边对齐。压葫芦的定向角度要与槽线角度基本一致,走动点应前稀后密,工件要与道轨背挨实,这样槽打效果好,以免空砸而工件却成型缓慢。着压葫芦者在槽打过程中要一边运动压葫芦还要一边注意工件对接边的变化,要始终使其基本保持直线为好。圆弧口在槽打过程中应经常用校圆样板测量,尽量避免槽打过度还要用大锤放开。方口在槽打基本成型时,要用 90°角尺测量,看其是否合适,要力求精确。着压葫芦者要注意压葫芦的定向角度与槽线角度基本保持一致,不要有太大的变化,防止工件成型后出现畸扭现象。万一不慎出现了畸扭的情况,应该将工件翻转过来,用大锤敲打工件正面的相关槽打区域,使其放开一些后,再翻转过来。工件放在三角胎上,压葫芦的走向要同畸扭的方向相反,这样槽打成型后可基本解决畸扭的问题。检查槽打成型后的工件是否畸扭,主要方法就是将其平口向下放在较平整的地面上或钢板上,看其是否四角着地不晃动,如果稳稳当当不晃动就是不畸扭,若是用手一推直晃动就是畸扭了,晃动的幅度越大说明畸扭的程度越重。较轻的畸扭不必修理,可在两块成型的工件组对时强制组对即可解决问题。

(五) 组对的有关要求

上斗方锥体,中段方箱,方法兰短节,12 块筋板在组对前均应将各块板料进行平整,以保证组对后的工件棱角分明、平直、焊缝的缝隙均匀,外形美观。上斗方锥体和中段方箱组对应在平面实样上进行,以保证下口平齐,四角均够 90°。上斗方锥体和中段方箱组对成型点焊牢固后,可将这两件组对成一体进行焊接,目的是为了防止和减少焊接变形。方箱的一头方口与上斗方锥体组对后,另一头方口为防止焊接变形,可以用 φ76 mm 的钢管在靠近方口处进行十字支承,再进行焊接,待与下斗的斜天圆地方的方口组对完毕后,即可将支承管割除。

下斗的两瓣工件分别槽打成型后,对接口的直边要气割坡口,然后进行组对成一体。两道纵缝焊接后,要对下斗整形,方口用角尺测量四角是否还符合 90°,如有不符合应进行修理整形,同时还要用校圆样板测量下斗圆口的圆度,如果圆度不够,应该用气焊工具配合进行加热校圆。校圆及整形的主要方法就是用大锤敲击,用缩螺丝或千斤顶等工具进行校正,使之达到理想的状态。下斗校正好之后,其基本垂直面的方口边缘应气割坡口,与其对接的方箱的对应边也要割出坡口再组对,其余三面因下斗的三面板是斜的,能够形成一定程度的填充焊肉的坡口角,组对时可根据具体情况,如果自然形成的焊肉填充角不够,可适当用气焊工具修割,使其适当,不能一律割成 30° 坡口,加上自然形成的斜度角,这样会造成焊肉填充角过大,无端增加了焊接工作量,加大了焊接的难度。总之,组对完了的灰斗,方法兰的上平面与上锥体和方箱焊缝,与方箱和下斗方口焊缝这三条线应该平行,总体几何尺寸应符合图纸要求。

(六) 下斗的改造

下斗的槽打工作不仅要靠技术,更要靠体力。一台灰斗的下斗槽打锤要 12 人干 4～5 天,如果每次计划制作 4 台灰斗,那么槽打下斗的工作就要连续干将近 20 天。劳动强度相当大,为了减轻体力劳动,20 世纪 70 年代末对灰斗的下斗进行了改造,将下斗的下 1/2 段改造成铸钢件的斜锥天圆地方,下斗的上 1/2 段改造成钢板制作的偏斜方锥体。由于下斗的下半部磨损较大,改成铸钢件后可以延长灰斗的使用寿命。没有将下斗整体改成铸钢件,主要是因为下斗整体较大,铸造困难,由于上半部的磨损不大,铆焊更方便快捷,只铸下半部就容易一些。

将下斗的下 1/2 改成铸钢件,除了要减轻劳动强度之外,还有一个因素就是下斗的下半部改成铸钢件后,下斗的上半部在放样时就基本同上斗的方锥体相似,以内皮尺寸为准放样,取 3 个样板,两侧板一样,只取一个样板,加上前后板各一个样板,计 3 个样板。组对时下斗的上半部也要在平面实样上进行,以内皮相接,外棱角的外形同上斗锥体和中部方箱一样,自然形成了焊肉填充角。下斗上半部与下半部铸钢件相对接的方口在组对时可只将上半部方口钢板气割成两面坡口,钝边可稍厚一点儿,而铸钢件的方口不必割出坡口,只需将不平处齐边即可。因为铸钢件比较厚,与上半部相对接时,内外皮均超出 12 mm 钢板的厚度,已经自然形成了角接的形式,加之上半部方口钢板的内外坡口,足以满足焊接强度的要求,若铸钢件也割出坡口,焊接量就太大了,一是没有必要,二是焊接量过大效果反而不好。

任务二 工作实例——铁砂扫炭炉底的制作

(一) 铁砂扫炭的作用

铁砂扫炭炉底是煤气发生炉的配套设备。生产煤气是以渣油为原料,生产出来的裂解气中带有大量的片状炭黑,且温度很高。为了利用热能,将裂解气送入废热锅炉,通过锅炉盘管吸收热能,生产蒸汽,这样大量的炭黑就附着于盘管表面。为了延长盘管的使用寿命,提高热能利用的效率,用压力蒸汽将铁砂带上炉顶,靠其自重落下,经过7层盘管,将炭黑扫下,通过斜马蹄口顺坡度落入炉底。铁砂经箅子板下来后,进入负压管,再由压力蒸汽将其带上炉顶落下,继续进行扫炭作用,往复循环,直至铁砂磨损废掉,再更换新铁砂。铁砂扫炭炉底在使用过程中,上锥体的斜马蹄和连接管是磨损量最大的,更换比较频繁,修补就更是常事了。

(二) 铁砂扫炭炉底的制作程序

铁砂扫炭炉底的制作程序基本上可以分为如下几步。

(1) 加工件号料、气割、转接、加工。如清扫孔的法兰和盲板,插管的法兰和盲板,还有炉箅子穿筋条板等凡是需要车削、划线、钻孔等加工的工件,首先下料、气割、剪切,除掉氧化物,留好加工量,调直校平后转车工段进行加工,随同送去各加工件的零件图纸,以备到整体组对时使用。

(2) 上锥体斜马蹄、下锥异形锥体、连接管及主筒体之间的异径斜插三通和斜插角度的铁皮校正样板、清扫孔上盖板等部件的放样、号料、气割、剪切、卷制、槽打成型、组对、点焊、焊接。放样时取出上锥体斜马蹄的样板和斜马蹄加强圈的样板,和连接用的环形板的1/6样板;取出下锥异形锥体的半圆锥体样板和3块斜板样板;取出连接管和主筒体之间的异径斜插三通样板,开孔样板。组对时所用的斜插角度校正铁皮样板;取出清扫孔上盖的样板,然后号料、气割、剪切。6块1/6的环形板料的对接边气割坡口后,组对成整圆后进行焊接,焊后校平待用。上锥体斜马蹄的前半部大斜面的上半段以卷制为主,再辅以槽打使之成型,下半段完全卷制即可成型。斜马蹄的后半部展开长的中段采用卷制成型,两侧部分进行槽打成型。3块料均成型并基本合乎样板后,将其组对成整体马蹄形进行焊接,焊后用大锤、缩紧螺丝、千斤顶,再辅以气焊加热校圆整形,并用钢管将上下口直径拉撑定型。斜马蹄的加强圈料分几段卷制并配合槽打方法使之成型。斜马蹄先与环形连接板组对焊接,再将料马蹄加强圈分段圈对到马蹄和环形连接板之间并焊接。

下锥异形锥体的半圆锥体部分采用槽打方法使之成型后,在平面钢板上放出半圈半方的实样,按3块斜板样板号料剪切,将3块斜板钢板连同半圆锥体在实样上组对成异形锥体待用。用算料展开方法在钢板上号出主筒体、上部短节管和连接管,剪切、代头、卷圆、焊接纵缝后校圆。将连接管斜插三通样板围在连接管筒体外、号料、割出斜三通。开孔样板铺在主筒体适当位置划线、气割开孔、三通与主筒体预组对,严口,用斜插角度铁皮样板校正,合适后点焊。在钢板上用圆规号出环形连接板,用清扫孔上盖样板号料、气割、剪切。号清扫孔方箱两块侧板及正面方板料,剪切、平整。将环形连接板及上部短节组对到主筒体上,点焊,在主筒体下部、三通口对应面画出清扫孔方箱的组对线,气割掉这块半圈主筒体,在实样上将清扫孔方箱两块侧板,上盖板及正面方板组对到主筒体上,再将异形锥体与主筒体的半圈半方口组对到一起,然后进行全面焊接。

取回清扫孔的法兰、盲板,插管的法兰和盲板,号清扫孔短管及插管料,割下后与法兰组对焊接。在清扫孔方箱和异形锥体相应位置开孔,插管组对,清扫孔组对,焊接。

按主筒体与斜马蹄中心距尺寸划出斜马蹄大口圆及上部短节圆,按高度差垫好主筒体,摆好斜马蹄、预组对、气焊严口、点焊牢固即可,不必焊接,目的是方便现场安装。

(3) 零部件组对、把紧螺丝、焊接:斜马蹄与环形连接板之间的筋板号料、剪切、组对、焊接。清扫孔盲板把手用钢筋崴制,组对焊接到盲板上。清扫孔盲板及插管盲板穿螺栓、加垫、把紧。最后做煤油渗漏检查。

完成以上工序之后,这台设备就可以让检查员进行最终的质量检查。基本要求是几何尺寸准确,外观无缺陷,焊道无飞溅,无焊疤焊瘤,焊缝强度符合要求,然后开具产品合格证办理交工。

(三) 放样的注意事项

铁砂扫炭炉底需要放样取样板的部件比较多,有上锥体斜马蹄、下锥异形锥体、连接管与主筒体斜插 45°异径三通和清扫孔上盖等计 4 个部件。除清扫孔上盖板的放样很简单之外,其余的都较复杂,尤其是上锥体斜马蹄和下锥异形锥体还有一定难度,分别需要取 8 块样板。其中,上锥体斜马蹄 2 块样板,斜马蹄加强圈 2 块样板;下锥异形锥体的左边为半圆锥体样板,右边为上方下圆锥斗形,需要取 3 块样板。图 8.6 和图 8.7 是铁砂扫炭炉底主视图及俯视图。

上锥体斜马蹄放样时要用中心径尺寸,加强圈也要用中心径尺寸。斜马蹄的斜边与大口的夹角原则上是 45°,但在斜边与高度的交点上做 90°线和锥体的另一边线碰出小口直径有误差时,可适当调整斜边与大口的角度,使小口直径保证所需要的尺寸,并且按这个角度来相应调整连接管与主筒体的斜插角度。例如斜马蹄的斜边与大口的夹角是标准的 45°,那么,连接管与主筒体斜插的异径三通角度也应是 45°,如果夹角的角度被调整成为 45°20′,斜插三通的角度就应该变成 44°40′。总之,它应该符合三角形中有一角的角度固定不变,另外两个角的角度变化就必然是一个变大,另一个变小。在这个斜马蹄的主视图中,短边与大口边是 90°夹角,斜边与大口的夹角和斜插三通的斜插夹角就相当于直角三角另外两个锐角,一个角变大了,另一个角就一定会变小,这样马蹄的斜边与连接管的边缘线才会是一条直线,否则,组对成型的工件的边缘线就会不直,就会出现内棱角或者外棱角的情况。

下锥异形锥体在放实样时也要用中心径尺寸,这样有利于保证半圆锥体的一侧样板比较准确。另一半方锥的 3 块样板在号料剪板之后,要把射向方角的两个棱线 3 块钢板的 4 条边割出板厚 1/2 的内坡口,这样组对出来的异形锥体的几何尺寸会比较准确、外形美观。异形锥体的小口由于有 1/2 周长是 3 块板料割成的曲线组对成的,不会太规范,待在现场安装设备时,与负压管相连接时略作处理就可以了。

还有一点要注意的是连接管与主筒体的异径斜插三通,除了在放样时斜插角度要随斜马蹄的斜角变化而变化之外,放样时可按内径尺寸放样,在取连接管的样板时要按外径尺寸

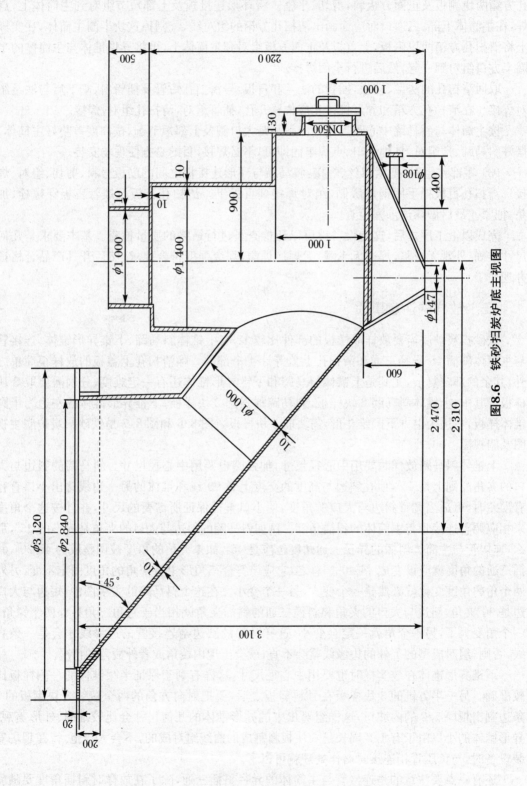

图8.6 铁砂扫炭炉底主视图

计算周长,再外加 4~5 mm 的余量。样板的高度可视实际尺寸而定,最短边线的长度以不小于 200 mm 为宜。主筒体的开孔样板应按内孔尺寸,这与作三通样板按内径放样是一致的,也便于在三通严口组对时有一定的余量。

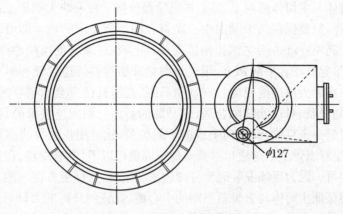

$\phi127$

图 8.7 铁砂扫炭炉底俯视图

(四) 斜马蹄及异形锥体的控制与槽打

斜马蹄的前半部在做样板时可以放一个样板,然后在其中部横向划一条规则的弧线,按弧线把一个样板剪成两块分别进行号料。这样做主要是因为一般的钢板幅面宽度都不够,反正都得拼接,而且也便于卷制与槽打,成型之后再接在一起。斜马蹄前半部的上半截板料可以以卷制为主,靠近两侧直边的部分再辅以槽打即可成型,无论卷制还是槽打都要使它的上下口的圆弧符合校圆样板,这样组对起来才会方便省力。下半截基本是以完全卷制的方法就可以达到较理想的状态。在卷制时,卷床的床头应设有靠轮,这样可以使要卷制的工件的小口靠在轮上,按小口的弧度线走料,走一遍适当加一次压力,反复多次就基本可以卷制出较理想的工件了。还有卷床的上轴辊靠床头那一侧要压低一些,另一侧要抬高一些,斜度基本与要卷制工件的斜度相近,并且按这个斜度一次次增加压力,再以工件大口和小口的校圆样板量卡,适当调整两侧的压力和斜度,卷制出来的锥体工件就会比较理想。

斜马蹄的后半部展开长的中间段可以在卷床上卷制成大致形状,其两侧部分则因斜度较大,必须槽打才能成型。槽打工作也要在三角道轨胎上进行,准备工作及有关的注意事项基本同灰斗的一样,只是两侧直边的中间到小口一段的三角区域槽打时要略重一点往里兜,这样成型较好,组对时比较方便。

下锥异形锥体的半圆锥部分因为小口直径太小,锥体斜度太大,加之又是偏心锥体,无法卷制,必须完全以槽打的方法使之成型。在实际槽打时难度还是不小的。主要是因为小口直径太小,压葫芦和大锤在小口将要成型时不能摆动自如,应该先槽打小口的两侧部分,基本够圆弧后再槽打中间部分,这样比较有利于最后的槽打,不理想之处只好用气焊加温,热作成型了。

(五) 组装的有关要求

组装内容也包括部件的组对,要先部件后整体,上锥体斜马蹄和下锥异形锥体在部件单体组对后要焊接完毕再进行校圆整形。斜马蹄校圆整形之后,要先与上法兰连接环组对焊接,再组对焊接筋板。下锥异形锥体要在实样上组对,焊接后整形校圆待用。主筒体卷制组对焊接后与连接环、连接管组对焊接,然后在另一头的一侧开孔,组对斜插连接管,再在另一侧开方孔,组对清扫孔方箱及人孔,将组焊好的两层炉箅子装入下锥异形锥体大口内,点焊牢固,再将异形锥体与主筒体组对上,然后进行全面焊接。在一块大钢板上放出斜马蹄与主筒体的俯视图实样,只要保证两个圆的中心距符合图纸所要求的尺寸即可。在主筒体的圆上,用钢板组对垫高 400 mm,将主筒体倒置安放其上,找好垂直度与同心度,再将上锥体斜马蹄的大口向下吊起放在其平面圆上,用气焊割把开始对斜插连接管和斜马蹄的小口进行严口,边严口边往前用大锤或撬棍磕打撬动斜马蹄,直至其已完全达到它的中心位置,并且整圈圆周符合所划线条,对口处缝隙合适,斜马蹄的斜面与斜插连接管的斜度一致,从侧面看,斜面的轮廓线是一条直线,没有向上或向下的棱角,就是用粉线拉线测量也没有什么较大的误差就可以组对点焊了。这道口只要点焊牢固就可以了,不必焊接,在运输过程中能够不开焊,不变形即可。因为现场安装时要分两体吊装组对,这样更方便一些。这样组对出来的设备,关键是要保证主筒体与上锥斜马蹄的中心距,保证斜马蹄的大口与主筒体的上口连接管口在 400 mm 的高度差,并且使两道口保持平行,这就是这台设备制造安装的关键问题。

任务三　工作实例——翘腿裤形管的制作

(一) 翘腿裤形管的制作程序

翘腿裤形管的全称为翘腿裤形连接管,是化肥厂压缩车间水洗工段所用的配件,工作压力 3 MPa。它的制造工艺虽然比较复杂,但它的制造程序却相对要简单一些。首先要制作加工件,法兰是铸钢材质,应该由铸造车间或工段铸出铸钢件的法兰毛坯,再由车工进行车削加工、划线、钻孔,之后留待整体组对焊接时使用。

翘腿裤形管的主体部分是标准的铆焊件,是定型的无缝管制成品,首先放出主视图及左视图的实样,用投影方法求出各段部件之间的结合线,再用平行线展开法划出裤形管腰部短管的展开样板和分叉段裆部短管的展开样板,然后用放射线法或者三角形法划出翘腿部分锥形短管的展开样板。样板做完之后,就可以在相应尺寸的无缝管上用样板围管号料了,连同裤形管小腿部分的直口短管一起号出料来,由气焊一次完成割料工作。翘腿部分的锥形短管也要在 $\phi 325$ mm 的无缝管上号料并气割下料,经过热作成型制成锥形短管,将锥体纵缝割出坡口并打磨光滑,无锈蚀及氧化物,组对焊接。组对时,首先要将腰部及裆部 3 段短管对在一起严口,缝隙合适后气割坡口并用角向磨光机打磨,组对焊接,焊后用 X 光检测,合格后再与翘腿部分锥形短管组对严口、打磨、焊接、探伤,合格后再与小腿部分直管组对,最后与上下 3 块法兰组对焊接,检测合格后,试水压办理交工手续。

(二) 翘腿裤形管的放样要求

翘腿裤形管的放样首先要按图纸所给定的尺寸在地板上划出主视图及左视图,按投影关系求出各部短管之间的结合线。放实样时,要按图纸的尺寸,保证裤形管腰部中心到翘腿部法兰的中心距,保证总高度,然后再减掉两头法兰的高度,只放出中间部分主体的实样即可。要按投影关系划出左视立面图的斜口在主视平面图中形成的椭圆,以及主视平面中的椭圆在左视立面图中形成的椭圆,以便用平行线法做档部短管的展开样板时使用,也便于放样者在工作中思路清晰,更便于初学者能够易于理解和学习。翘腿部分的锥形短管的放样展开是整体放样展开工序的最难点,因其不是正拔棱锥体,且上下口均是斜口,如果按放射线法做展开样板可能误差较大,所以,还是用更换投影面的方法划出俯视图,以三角形法做出展开样板为宜,这样误差会相对小一些。参看图 8.8 主视图和左视图。

(三) 裤形管中翘腿锥形短管的号料

各种样板制作完成后,就可以号料气割下料了。腰部短管及档部短管均可用样板围在 $\phi325$ mm 钢管的上面整体号料,而小腿部分的一头斜口一头直口的短管的号料,则应用不短于 200 mm 的斜口样板号出斜口,再用放样时在实样所量得的小腿部短管的实际长度在 $\phi273$ mm 钢管上,以所号的斜口中心点为基准号出实际长度,这头号出直口,就可以气割下料了。

对于翘腿部分锥形短管的号料,不可按常规那样在钢板上号料,这样制作起来更费力。因为平板下料后需要代头卷制,直径又小,板又比较厚,还不是正拔棱锥体,所以实际施工时难度很大。如果要在 $\phi325$ mm 的管上号料,情况就会相对好得多。因为是在定型无缝管上

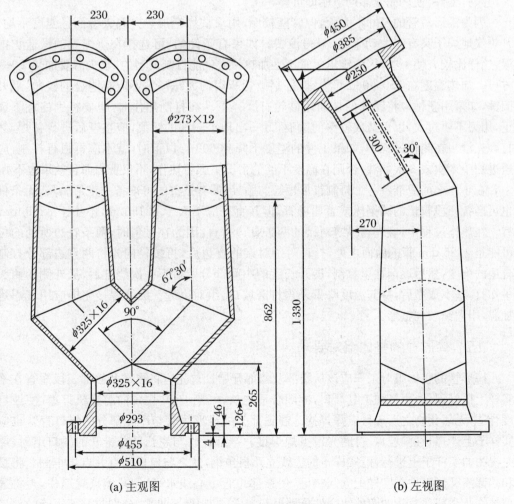

(a) 主观图　　　　　　　　　　　　　　(b) 左视图

图 8.8　翘腿裤形管视图

号料,可以省略打头或代头的工序,而且已经有了大致的筒状,热作制成锥体形状就会省些力。另外,锥体的大口直径虽为 $\phi325$ mm,还是斜口,周长虽然能略长于 $\phi325$ mm 管的周长,但因为是斜锥体,因在管外号料时,纵缝处大口的两个角围绕 $\phi325$ mm 管一周,不会正对在一起,而是会错开许多,这样,尽管周长略大一些,也会够用的。

(四) 锥形短管的热作成型

由于锥形短管是在 $\phi325$ mm 的直管上号料并气割下料的,管壁较厚,直径较小,又是由筒状改制成锥状,无法槽打成型,也无法在卷床上冷卷成型,只有热作成型。热作成型方法较多,主要根据热作工件的大小、材质,热作的复杂程度而定。如果材质是纯铝,制作内容是铝翻边,那么,只需将铝板材料下成相应尺寸的圆环形,用两块活套法兰将铝圆环夹位,把紧螺丝,在法兰上焊 3~4 个大于翻边高度的支腿放在地上即可。热作加温可用氧炔烤把或煤气火,温度加到 300~400 ℃,即可用小木槌翻打。如果材质是 Q235A,制作内容是特大直径的锥体,板厚 30 mm,可以分瓣制作然后组对成整体,这时,就需先制作打制锥体的下胎具,厚板锥体分段下料,然后在室外升地炉子,用焦炭火将板料烧至 900~950 ℃,在天车的配合下,迅速将烧红的工件放到下胎上,用球形重锤将烧红的板料大致压靠近胎具,再用人力以大锤敲打工件,使之完全靠严下胎即可。

因为锥形短管的尺寸不太大,但管壁较厚,用氧炔烤把加热升温太慢而且温度不均匀,升焦炭地炉子又有些大动干戈,显得浪费。如果有条件的,可选择在烧煤气的锻造炉内加温,这样比较方便一些,因为锥形短管不是加热一次就能打制成型的,至少需要加热 2~3 次方可。加热温度在 850~950 ℃为宜,打制锤管所用的大锤锤头不应有明显的棱角,最好用旧锤,如果用新锤应将锤头的棱角用砂轮打磨一下。在打制热作时,也要特别注意下锤要正,用力不要过大,以免造成较深的锤痕,万一出现了较深的锤痕,应在事后进行补焊,然后打磨光滑。在热作过程中,如果工件的温度下降到 600 ℃以下时,就不应再强行打制,应该送进炉中 2 次或 3 次加温,否则在温度不够的情况下强行热作,不仅费力而且效果也不好。

在热作之前应准备一个打制锥形短管的胎具,如有条件的可准备一锥形胎具,无条件的也可准备一段较粗的圆钢棒或者厚壁管,但其直径应不大于 $\phi219$ mm,不小于 $\phi159$ mm 为宜。在热作过程中,应先将纵缝对接的两条直边打直,因为在号料时,两条直边所处的位置可能是 $\phi325$ mm 管的曲面之处,打直两条对接的直边后,再按径向先将两直边部分打制成合适的锥度,然后逐渐往里打制,展开长度的中间部分留待下一次烧红后,从外侧的两头往里扣打,基本成型后,待其温度降下来再打磨坡口,组对纵缝。纵缝焊接完毕应用气焊烤把加温,用大锤校圆整形。

(五) 裤形管的整体组对要求

裤形管的整体组对工作应该从腰部及裆部开始。首先应将腰部及裆部三段短管在平面实样上摆好逼住,用气焊工具严口,缝隙合适之后,气割坡口,用角向磨光机打磨,使坡口角度合适,无氧化物之后进行点焊焊接。翘腿部分的锥形短管与小腿部分的斜口直管也应在实样子上严口,气割坡口,打磨光滑点焊焊接。裆部短管与翘腿部分锥管的斜口组对,要在左视图的实样子上进行,沿实样子的边线立几根角钢,使之与地板垂直并点焊牢固。将腰部和裆部三叉形工件在实样上立起垫好,使腰部短管中心线水平,用角钢点焊逼住,再将翘腿部锥管及小腿部直管的两件组合件分别吊到实样子上,摆正垫平,分别与裆部短管的斜口严口组对,气割坡口,打磨光滑,组对点焊焊接。最后组对腰部上法兰及腿部下法兰,对口要求与前面所述相同,要注意的就是保证总高度 1330 mm,中心宽度 270 mm,法兰孔跨心与主体组对焊接,上下法兰平面要保持 30°角。

(六) 裤形管的焊接与检测

翘腿裤形管的焊接要求单面焊双面成型,坡口形式为 V 形,焊缝间隙为 3～4 mm 为宜,也可根据实际施焊者的习惯,适当调整焊缝的间隙,但一定要保证焊透。外表焊道成型要美观,焊道加强高在 3 mm 之内,表面不得有夹渣、裂纹、气孔,咬边深度不超过 0.5 mm,连续咬边长度不超过 100 mm,焊后做 X 光无损探伤,Ⅱ级为合格。为了便于焊接返修,X 光检测应分两次进行,第一次检测腰部短管及裆部短管组成的三叉形工件的焊道和翘腿锥形短管及小腿部直管的斜口焊道,第二次检测翘腿部锥形管与裆部管组对的焊道和法兰与主体组对的焊道,这样可以方便焊道返修,如果第一次检测的焊道有问题,可先进行返修,合格后再组对焊接下一步。无损探伤的比例为总焊道长的 20%。

全部制作焊接探伤完毕且合格后,要做水压强度试验,试验压力 4.5 MPa/cm²。按照法兰口直径及承压力计算出盲板的厚度,制作三块盲板,两腿部盲板各设一块 10 MPa 的压力表,设备充满水后,从腰部盲板处往里打水,够压力后保压 30 min,无问题后降至试验压力的 80%,再保持足够的时间,以便对焊道及法兰口处检查有无泄漏,如无问题即可放压放水,设备办理交工手续。

任务四　工作实例——支承座的制作

典型焊接结构支承座的制作,制作过程把理论知识与实际操作技能有机地结合起来,提高焊接技术人员的实践技能和分析问题与解决问题的能力,为今后从事焊接专业的工作打下良好的基础。

(一) 支承座的绘制

支承座各组成部分零件图如图 8.9,装配图如图 8.10 及效果图如图 8.11 所示。

(二) 支承座材料的选择

低碳钢适合学生的设计和工艺训练,因此我们选择低碳钢作为支承座材料。碳钢根据含碳量的不同,分为低碳钢(C≤0.25%)、中碳钢(C 为 0.25%～0.60%)、高碳钢(C≥0.60%)。由于支承座主要受压元件用碳钢,主要限于低碳钢。在《容规》中规定:"用于焊接结构压力容器主要受压元件的碳素钢和低合金钢,其含碳量不应大于 0.25%。在特殊条件下,如选用含碳量超过 0.25% 的钢材,应限定碳当量不大于 0.45%,由制造单位征得用户同意,并按相关规定办理批准手续"。

常用的支承座用碳钢牌号有 Q235-B、Q235-C、10、20 等。

1. 低碳钢焊接特点

低碳钢含碳量低,锰、硅含量少,在通常情况下不会因焊接而引起严重组织硬化或出现淬火组织。这种钢的塑性和冲击韧性优良,其焊接接头的塑性、韧性也极其良好。焊接时一般不需预热和后热,不需采取特殊的工艺措施,即可获得质量满意的焊接接头,故低碳钢具有优良的焊接性能,是所有钢材中焊接性能最好的钢种。

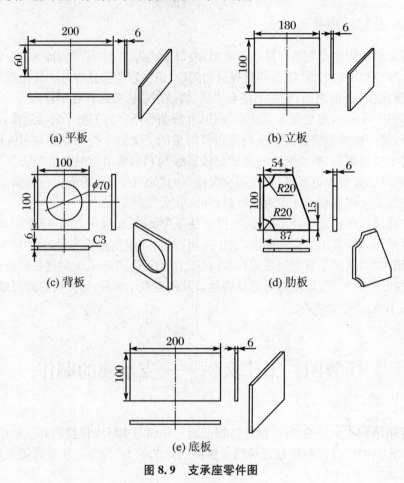

图 8.9　支承座零件图

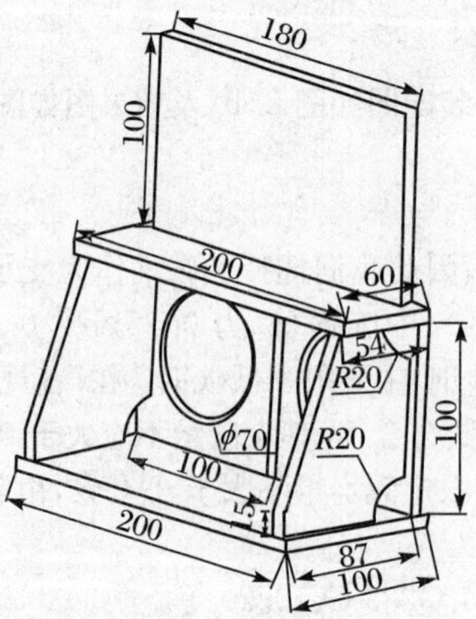

图 8.10　支承座装配图

技术要求:
板材厚度均为6 mm

图8.11　支承座效果图

2. 低碳钢焊接要点

（1）手工电弧焊（SMAW）时若焊接线能量过大，会使热影响区粗晶区的晶粒过于粗大，甚至会产生魏氏组织，从而使该区的冲击韧性和弯曲性能降低，导致冲击韧性和弯曲性能不合格。故在使用埋弧焊焊接，尤其是焊接厚板时，应严格按照焊接工艺评定合格的焊接线能量施焊。

（2）在现场低温条件下焊接、焊接厚度或刚性较大的焊缝时，由于焊接接头冷却速度较快，冷裂纹的倾向增大。为避免焊接裂纹，应采取焊前预热等措施。

（3）焊缝和热影响区脆化。焊接是不均匀的加热和冷却过程，从而形成不均匀组织。焊缝（WM）和热影响区（HAZ）的脆性转变温度比母材高，是接头中的薄弱环节。焊接线能量对低合金高强钢 WM 和 HAZ 性能有重要影响，低合金高强钢易淬硬，线能量过小，HAZ 会出现马氏体引起裂纹；线能量过大，WM 和 HAZ 的晶粒粗大会造成接头脆化。低碳调质钢与热轧、正火钢相比，对线能量过大而引起的 HAZ 脆化倾向更严重。所以焊接时，应将线能量限制在一定范围。

（三）支承座制作工艺设计

钢结构的焊接制造设计是保证合理，可靠，经济性生产的前提。是整个装焊的第一步，设计的正确与否直接关系到工艺过程的执行好坏及焊接产品的实用性和力学性能。

设计是根据图纸，技术要求，客户与第三方的要求在生产之前所做的技术性工作，我们针对支承座的装配－焊接加工设计如下。

由于焊接支承座的特殊要求设计时，应考虑这几个方面：

① 要充分考虑焊接应力；

② 按有关要求将组装图分为零件与部件；

③ 考虑各加工工序的联系和要求；

④ 充分预算成本与设备已达到高效，高质量，低能耗，低劳动强度的目的。

（四）支承座的放样及号料

1. 放样

放样是在放样平台上，利用放样工具根据图纸，技术标准和有关要求按一定比例（1∶1），按一定的投影规则（正投影）来画出产品的整体或部分投影图，并加以必要的计算和展开，以制作样板，样杆，放样草图和所需要的尺寸的全部工艺过程的总称。

放样是制造冷作产品的第一道工序，产品通过放样之后才能进行号料，切割，加工成型，装配－焊接等工序。放样是保证产品质量，缩短生产周期和节约用料的因素之一。因此，放样是装焊工作中一项十分重要的工作。

常用的方法有实尺放样,光学放样,自动下料。在此选用实尺放样。

放样工具有划针,圆规,角尺,样冲,手锤,划线规。

放样注意事项如下。

(1) 工作开始前必须看懂图纸,找好基准。

(2) 画完实样图后,要进行两个检查,一检画漏,二检尺寸。

(3) 如果图纸不清或有疑问,先向工程技术人员问清后并标注更正。

2. 号料

号料分为平面号料和立体号料,号料是指利用放样草图样板样杆和已知的尺寸在钢板或型钢上划出产品的加工线和孔口的位置,标出实际尺寸和零件、部件之间的位置关系与联系的全部工艺过程。

号料注意事项如下。

(1) 准备工具,如手锤,样冲,划线规,划针和铁剪。

(2) 检查图纸是否符合要求,以防造成废品。

(3) 材料有裂纹和夹层,厚度不足不号料。

(4) 号料时材料放在合适的位置以防发生安全事故,需要剪切的零部件,要考虑号料是否有利于剪切。

(5) 合理的号料方法是保证材料利用率最高,高效率,高质量,低成本,低劳动强度。具体的方法有集中下料法,长短搭配法,零料拼整法,排样套料法。

(五) 支承座的下料

钢材经放样号料后,还不能作为坯料,必须将零件从原材料上进行切割,然后进一步加工成型。

钢材的切割就是将放样下料的零件从原材料上进行分离。可分为:剪切,冲减,热切割三种不同方法来实现。常用的切割有:锯割(手工锯割或机器锯割),砂轮切割,剪切,冲减,气割,光电跟踪自动切割,数控气割,等离子切割等几种。

在此选用氧乙炔切割,氧气是一种无色无毒的气体,但不能自燃。乙炔是切割中燃烧的气体,它具有特殊的刺激性气味,有毒。

氧气切割的原理是利用高温将金属预热到燃点,喷出高压氧气金属燃烧,氧气吹渣。

氧气切割的设备有:乙炔发生器,回火防止器,氧气瓶,乙炔瓶,压力调节器,软管等。

氧乙炔切割注意事项如下。

(1) 切割金属燃点低于熔点。

(2) 切割金属氧化物熔点低于金属熔点。

(3) 切割过程中不生成阻碍氧气切割的物质和淬硬组织。

(六) 支承座的装焊

装配是焊接生产的核心,直接关系到焊接生产的质量和生产率。同一件产品由于生产批量,生产条件不同或结构布置不同将会有不同的装配方法和装配顺序。

焊接装配是在焊接结构生产中,将组成结构的各个零件按照一定的位置,尺寸关系和精度要求组合起来的工序。

装配可按照是将零件组合成部件,还是将零件和部件组合成产品,分为部装和总装。

装配的基本条件包括:定位,夹紧和测量。三者相辅相成,定位是装配的前提,夹紧是为了保障定位的准确牢靠,夹紧是对定位的夹紧。没有定位就没有夹紧可言,测量是装配精度的保障,没有它就无法知道装配质量的好坏。

零件的定位方法:划线定位,样板定位,定位元件,胎架定位。

在支承座中选择划线定位。划线定位是利用在零件表面或装配台表面划出工件的中心线,结合线和轮廓线等作为定位基准。这种方法简单、快捷、明了,适应于单件简单工件的生产。

(七) 支承座装配工序及定位焊

装配—焊接是焊接结构生产过程的核心,直接关系到焊接结构的质量和生产率。同一种焊接结构形式不同,可有不同的焊接工艺和装配方式,以及不同的焊接装配顺序。

装配是在焊接结构制造过程中,将组成结构的零件按照一定的位置,尺寸关系和精度要求组合起来的工序。在金属结构装配中,将零件装配成部件叫做部装。将零件部件装配成成品叫总装。

装配的基本条件包括:定位,夹紧,测量。定位是整个装配的第一步,夹紧是保证定位的牢固准确性,夹紧是对定位的夹紧。测量是判断定位和夹紧的正确与否,没有测量难以保障装配的质量。

装配中常有的工具:小锤,大锤,錾子,扳手及划线工具。常用的设备:平台,转台,专有胎零件的定位。

正确选择定位基准:在支承座装配过程中,必须根据一些指定的点、线、面来选择零件或部件的位置。

(八) 支承座焊缝尺寸和外观检查

支承座装焊完成后,进行尺寸和外观检查,具体见图 8.12 和图 8.13 检验报告。

支承座焊缝尺寸检验报告　　　　　　共　页　第　页

工程名称		编　　号	
样品名称		检验日期	
样品数量		检验地点	
检验依据			
检验仪器	仪器名称:	检定证书编号:	
焊缝尺寸检验结果				
构件编号	型号规格 (mm)	检　验　部　位	设计尺寸 (mm)	实测尺寸 (mm)
检验结论				

批准:　　　　　审核:　　　　　校核:　　　　　检验:

图 8.12　支承座焊缝尺寸检验报告

支承座焊缝外观检验报告

共 页 第 页

工程名称				
构件名称	焊缝类型		检验日期	
	构件材质		设计质量等级	编 号
检验仪器	仪器名称：	检验依据		检验地点
	检定证书编号：			

焊缝检查结果　（未表明尺寸均为 mm）

构件编号	型号规格	检验位置	表面裂纹	焊瘤	未焊满	根部收缩	咬边	弧坑裂纹	电弧擦伤	接头不良	表面夹渣	表面气孔	焊角尺寸	质量等级

检验结论

批准：　　　　　审核：　　　　　校核：　　　　　检验：

图 8.13　支承座焊缝外观检验报告

练 习 题

1. 灰斗的作用是什么？
2. 叙述灰斗制作的程序。
3. 铁砂扫炭的作用是什么？
4. 叙述铁砂扫炭炉底的制作程序。
5. 铁砂扫炭炉底放样的注意事项有哪些？
6. 叙述翘腿裤形管的制作程序。
7. 翘腿裤形管的放样要求是什么？
8. 裤形管的整体组对要求是什么？

参 考 文 献

[1] 朱小兵. 焊接结构制造工艺及实施[M]. 北京:机械工业出版社,2011.
[2] 邢玉晶,王维中. 铆工[M]. 2版. 北京:化学工业出版社,2011.
[3] 王维中,罗永和. 铆工[M]. 北京:化学工业出版社,2003.
[4] 戴建树,叶克力. 焊接结构零件制造技术[M]. 北京:机械工业出版社,2010.
[5] 王云鹏. 焊接结构生产[M]. 北京:机械工业出版社,2007.
[6] 陈裕川. 现代焊接生产实用手册[M]. 北京:机械工业出版社,2005.
[7] 戴建树. 焊接生产管理与检测[M]. 北京:机械工业出版社,2010.